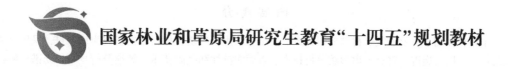
国家林业和草原局研究生教育"十四五"规划教材

生物质复合材料研究方法

潘明珠　主编

连海兰　闵辉华　甘　露　杨世龙　副主编

中国林业出版社
China Forestry Publishing House

内容简介

本教材介绍了生物质复合材料的研究方法。全书以生物质复合材料性能研究为切入点，采用直线式的结构，层层递进，重点突出形貌分析技术、表面润湿性和吸附技术、波谱分析技术、光谱分析技术、热性能分析技术、阻燃性能、力学性能、数字图像相关技术以及可降解、可循环性能分析技术等在生物质复合材料性能测试方面的应用。本教材着重论述了分析测试方法的基本原理及在生物质复合材料领域的应用，内容力求简明实用、适应学科的特色教学，并尽可能展现最先进的研究方法，如力学性能同步数字图像分析技术、可降解、可循环性能评价方法。

本教材可作为木材科学与技术专业研究生的教学用书，同时也可用作材料类及相关专业研究生、本科生和工程技术人员的参考用书。

图书在版编目(CIP)数据

生物质复合材料研究方法 / 潘明珠主编；连海兰等副主编. —北京：中国林业出版社，2024.8. —(国家林业和草原局研究生教育"十四五"规划教材).
ISBN 978-7-5219-2836-5

Ⅰ. Q81-3

中国国家版本馆 CIP 数据核字第 20244SW368 号

策划编辑：田夏青
责任编辑：肖基浒　田夏青
责任校对：苏　梅
封面设计：睿思视界视觉设计

出版发行：中国林业出版社
　　　　　(100009，北京市西城区刘海胡同7号，电话83223120)
电子邮箱：jiaocaipublic@163.com
网　址：https://www.cfph.net
印　刷：北京中科印刷有限公司
版　次：2024年8月第1版
印　次：2024年8月第1次
开　本：787mm×1092mm　1/16
印　张：16
字　数：400千字
定　价：50.00元

《生物质复合材料研究方法》编写人员

主　　编：潘明珠

副 主 编：连海兰　闵辉华　甘　露　杨世龙

编写人员：（按姓氏笔画排序）

丁春香（南京林业大学）

甘　露（南京林业大学）

杨世龙（南京林业大学）

连海兰（南京林业大学）

闵辉华（南京林业大学）

张　隐（西南林业大学）

潘明珠（南京林业大学）

主　　审：梅长彤（南京林业大学）

前　言

绿色植物利用叶绿素通过光合作用，把二氧化碳和水转化为葡萄糖，并把光能储存在其中，然后进一步把葡萄糖聚合成淀粉、纤维素、半纤维素、木质素等构成植物本身的物质，为人类利用材料提供了巨大的资源宝藏。世界范围内，十分注重生物质材料的开发与利用。生物质材料独特的形貌特征（包括各向异性、多层级性、孔隙构造）、木质-纤维素大分子网络组织为构建生物质复合材料提供了结构支撑和丰富的结合位点。通过引入功能材料或者先进结构，使得生物质及其复合材料在新材料、新功能、新应用等领域方兴未艾。众所周知，材料的研究和发展离不开科学技术的进步，生物质材料亦是如此。随着原子力显微镜、核磁共振、数字图像分析技术等一大批设备和技术的应用，为生物质及其复合材料的研究提供了强有力的手段。通过先进的研究方法和测试技术对材料的结构和性能进行表征和分析，亦能推动生物质及其复合材料的发展，这将有力推动我国经济社会发展全面绿色转型。

本教材为国家林业和草原局研究生教育"十四五"规划教材，主要介绍了生物质复合材料的研究方法。全书从生物质材料表面形貌、润湿性能、吸附性能出发，首先介绍了生物质材料的形貌结构和表面化学性质，为生物质材料的研究提供基础信息；其次由表及里、层层递进至生物质材料的分子和原子尺度，叙述了分子聚集态、界面作用形式和作用力，为生物质复合材料的构建和界面研究提供有效方法；最后，再到生物质复合材料的热性能、力学性能、阻燃性能、环境性能，为生物质复合材料应用性能研究提供测试方法，并借鉴近年来涌现的生物质复合材料先进研究方法，如界面力学分析中出现的力学性能同步图像分析技术为我们理解界面应力和应变的发展规律提供了可视化技术，环保、可循环性能分析、生命周期评价为我们开发节能固碳新材料提供了评价方法。本教材的编写采用直线式结构，力争捋清结构—性能—应用之间的相互关系，为生物质及其复合材料的发展提供研究方法。

本教材第1、3、7章由潘明珠编写，第2章由闵辉华编写，第4章(4.1)由杨世龙编写，第4章(4.2、4.3)、第5章由甘露编写，第6章由连海兰编写，第8章由丁春香编写，第9章由张隐编写，黄燕萍、张宇婷协助输入公式和文字校对。本教材由梅长彤主审，在此深表谢意！本书在编写和出版过程中，得到南京林业大学的大力支持，在此表示衷心的感谢！

本教材能满足木材科学与技术专业研究生的教学用书需要，同时也可作为材料类及相关专业研究生、本科生和工程技术人员的参考用书。

在教材的编写过程中，编者始终秉承严谨、认真的态度，但受水平所限和时间紧迫，难免存在疏漏，恳请读者批评指正，以便今后进一步修订。

编　者

2023 年 9 月

目 录

前 言

第1章 概述 ·· 1
1.1 生物质复合材料 ··· 1
1.2 材料结构 ··· 2
1.3 研究方法的分类 ··· 3
1.3.1 图像分析法 ··· 3
1.3.2 非图像分析法 ··· 4
参考文献 ··· 4

第2章 形貌分析 ·· 5
2.1 电子显微学基础及基本概念 ··· 5
2.1.1 散射 ··· 5
2.1.2 电子与固体作用产生的信号 ··· 6
2.2 扫描电子显微镜 ··· 9
2.2.1 扫描电镜的工作原理 ··· 9
2.2.2 扫描电镜的结构 ··· 9
2.2.3 扫描电镜的性能和特点 ··· 11
2.2.4 生物质复合材料扫描电镜应用举例 ··· 12
2.3 透射电子显微镜 ··· 15
2.3.1 透射电镜的工作原理 ··· 15
2.3.2 透射电镜的结构 ··· 17
2.3.3 透射电镜的性能和特点 ··· 20
2.3.4 生物质复合材料透射电镜应用举例 ··· 21
2.4 原子力显微镜 ··· 23
2.4.1 原子力显微镜的结构和成像原理 ··· 23
2.4.2 原子力显微镜的性能和特点 ··· 26
2.4.3 生物质复合材料原子力显微镜应用举例 ····································· 26
2.5 其他方法 ··· 29
参考文献 ··· 29

第3章 浸润性和吸附分析 ·· 31
3.1 Young方程和润湿接触角 ·· 31
3.1.1 沾湿、浸湿和铺展 ··· 31

  3.1.2 接触角及其与润湿的关系 33
  3.1.3 接触角测定方法 34
3.2 接触角滞后 36
  3.2.1 不平衡状态 37
  3.2.2 固体表面的粗糙性 38
  3.2.3 固体表面的不均匀性 39
3.3 动润湿 40
3.4 生物质材料的浸润性 42
  3.4.1 生物质材料的接触角 42
  3.4.2 生物质材料的表面自由能 44
3.5 气体在固体表面的吸附 46
  3.5.1 吸附作用 46
  3.5.2 物理吸附和化学吸附 47
  3.5.3 吸附平衡与吸附量、吸附热 47
  3.5.4 吸附等温线和吸附等温式 48
  3.5.5 多孔性固体的吸附 51
  3.5.6 影响吸附的因素 54
3.6 生物质材料的吸附 55
  3.6.1 木材的吸湿和吸湿滞后 55
  3.6.2 生物质炭的吸附行为 56
  3.6.3 生物质炭复合材料的吸附-催化行为 57
参考文献 60

第4章 波谱分析 63

4.1 核磁共振 63
  4.1.1 核磁共振的原理 63
  4.1.2 核磁共振谱图的特点 64
  4.1.3 生物质复合材料核磁共振应用举例 69
4.2 X射线衍射 82
  4.2.1 X射线衍射的原理 82
  4.2.2 X射线衍射设备的结构 89
  4.2.3 X射线物相分析 93
  4.2.4 X射线物相分析在生物质材料中的应用 97
4.3 X射线光电子能谱 101
  4.3.1 光电效应基本原理 101
  4.3.2 X射线光电子能谱的实验技术 103
  4.3.3 X射线光电子能谱的应用 104
  4.3.4 X射线光电子能谱在生物质材料中的应用 105
参考文献 107

第5章 光谱分析 ········· 109

5.1 红外光谱 ········· 109
5.1.1 红外光谱基本原理 ········· 109
5.1.2 傅里叶红外光谱仪的结构 ········· 113
5.1.3 红外吸收光谱法的应用 ········· 113
5.1.4 红外吸收光谱法在生物质材料中的应用 ········· 114

5.2 拉曼光谱 ········· 118
5.2.1 拉曼光谱的原理 ········· 118
5.2.2 拉曼光谱与红外光谱的区别 ········· 119
5.2.3 拉曼光谱的应用 ········· 119
5.2.4 拉曼光谱在生物质材料中的应用 ········· 120

5.3 紫外吸收光谱法 ········· 122
5.3.1 紫外吸收光谱的原理 ········· 122
5.3.2 紫外吸收光谱在材料中的应用 ········· 124
5.3.3 紫外吸收光谱在生物质材料中的应用 ········· 125

参考文献 ········· 126

第6章 热性能分析 ········· 128

6.1 热分析仪器简介 ········· 129
6.1.1 单一热分析仪器 ········· 129
6.1.2 热分析联用仪器 ········· 130

6.2 热分析曲线和影响因素 ········· 131
6.2.1 热分析曲线 ········· 131
6.2.2 影响因素 ········· 131

6.3 生物质复合材料的热性能及测试方法举例 ········· 133
6.3.1 热容量 ········· 133
6.3.2 热转变 ········· 135
6.3.3 热传导性 ········· 139
6.3.4 热膨胀性 ········· 142
6.3.5 耐热性和热稳定性 ········· 144
6.3.6 热解特性 ········· 147
6.3.7 热分解动力学 ········· 150

参考文献 ········· 154

第7章 阻燃性能 ········· 156

7.1 生物质复合材料的燃烧 ········· 156
7.1.1 生物质复合材料的燃烧过程 ········· 156
7.1.2 生物质复合材料的燃烧特点 ········· 158
7.1.3 阻燃性能评价方法 ········· 159

7.2 点燃性和可燃性测定 ········· 160

        7.2.1 氧指数测定 ··· 160
        7.2.2 水平及垂直燃烧试验 ·· 161
    7.3 点燃温度测定 ··· 162
        7.3.1 塑料燃烧性能试验方法 闪燃温度和自燃温度的测定(GB/T 9343—2008) ······ 163
        7.3.2 塑料 热空气炉法点着温度的测定(GB/T 4610—2008) ························· 163
    7.4 火焰性能测定 ··· 163
        7.4.1 隧道法 ··· 163
        7.4.2 辐射板法 ·· 165
        7.4.3 其他方法 ·· 167
    7.5 热释性测定 ··· 168
        7.5.1 锥形量热仪法 ··· 168
        7.5.2 美国俄亥俄州立大学(OSU)量热仪法 ··· 172
    7.6 生烟性测定 ··· 172
        7.6.1 光学法测定烟密度 ·· 173
        7.6.2 NBS 烟箱法 ·· 173
        7.6.3 XP2 烟箱法 ·· 174
        7.6.4 其他方法 ·· 174
    7.7 燃烧产物腐蚀性测定 ··· 175
    7.8 燃烧产物毒性测定 ··· 176
        7.8.1 化学分析法 ·· 176
        7.8.2 生物试验法 ·· 177
    7.9 阻燃机理分析 ··· 177
        7.9.1 X 射线光电子能谱分析法 ·· 178
        7.9.2 热重-红外联合分析法 ·· 179
        7.9.3 扫描电子显微镜分析法 ·· 179
        7.9.4 拉曼光谱分析法 ·· 181
    参考文献 ··· 182

第8章 力学性能 ··· 185

    8.1 宏观力学性能 ··· 185
        8.1.1 拉伸性能 ·· 185
        8.1.2 抗冲击性能 ·· 187
        8.1.3 弯曲性能 ·· 188
        8.1.4 压缩性能 ·· 189
        8.1.5 硬度测试 ·· 190
        8.1.6 蠕变性能 ·· 191
        8.1.7 应力松弛 ·· 191
    8.2 微观力学性能 ··· 193
        8.2.1 界面力学性能 ··· 193
        8.2.2 纳米力学性能 ··· 196
    8.3 动态力学性能 ··· 203

8.3.1 动态力学测试 ··· 203
　　　8.3.2 动态力学分析在生物质复合材料中的应用 ····························· 206
　8.4 数字图像相关技术 ·· 208
　　　8.4.1 数字图像相关技术测试方法 ·· 208
　　　8.4.2 数字图像相关技术测量原理 ·· 209
　　　8.4.3 数字图像相关技术在生物质复合材料中的应用 ····················· 211
　参考文献 ·· 214

第9章　可降解、可循环性能 ··· 216

9.1 生物质复合材料耐久性评价方法 ··· 216
　　9.1.1 耐老化性能测试 ··· 216
　　9.1.2 吸水性测试 ·· 218
　　9.1.3 腐朽性测试 ·· 219
　　9.1.4 降解性能测试 ·· 220
9.2 生物质复合材料环境影响评价 ·· 227
　　9.2.1 生命周期评价 ·· 227
　　9.2.2 环境影响评价的权重系数 ·· 233
　　9.2.3 经济损益分析模型 ·· 237
　　9.2.4 碳再生循环利用 ··· 241
参考文献 ·· 243

第1章 概述

1.1 生物质复合材料

材料是人类赖以生产、生活所必需的物质基础，也是社会文明进步的标志。在人类历史发展过程中，每一种新材料的出现和制造技术的进步，都不同程度地促进了社会生产力的发展。

复合材料(composite materials)是由2种或2种以上物理和化学性质不同的物质组合而成的一种多相材料。在复合材料中，通常有一相为连续相，称为基体(matrix)；另一相为分散相，称为增强材料(reinforcement)。分散相是以独立的相态分布在整个连续相中，两相之间存在着相界面。分散相可以是纤维状、颗粒状或是弥散的填料。复合材料中各个组分虽然保持着相对的独立性，但复合材料的性质却不是各个组分性能的简单加和，而是在保持各个组分材料的某些特点基础上，具有组分间协同作用所产生的综合功能。

21世纪以来，在世界范围内，各国十分注重生物质材料的开发与利用。生物质(biomass)泛指以二氧化碳通过光合作用产生的可再生资源为原料，生产并使用后，能够在自然界中被微生物或光降解为水和二氧化碳或通过堆肥作为肥料再利用的天然聚合物。它们的主要化学组成为纤维素、半纤维素和木质素，具有众多细胞组成的生物结构。以生物质材料(如木本植物、禾本植物和藤本植物及其加工剩余物、林地废弃物、使用过的木质废旧物和农作物秸秆等)为增强组元，与有机高聚物材料、无机非金属材料或金属材料为基体组元进行复合而成的材料即为生物质复合材料。在幅员辽阔、生物物种多样、生物质材料极其丰富且人力富足的中国，发展生物质及其复合材料具有极大优势。因此，现阶段及将来很长的一段时间内，生物质复合材料的研究、开发及生产都将具有非常广阔的应用前景。

生物质复合材料科学是研究生物质资源与材料及其衍生材料的结构、组成与性能，以及为这些资源的生长培育和材料加工利用提供理论和技术支撑的一门生物的、化学的、物理的学科。它具有双重属性，既是林业科学的一个分支，也是材料科学的一个分支。生物质复合材料研究领域涉及材料结构、性能的研究包含以下几个方面。

(1) 生物质材料结构、组成与性能

现代材料科学在很大程度上依赖于对材料的内部组织结构及其性能的理解，掌握了材料组分与组织结构的各种特征和性能以及它们之间的关系，就能为材料设计、加工、利用提供科学依据。本领域主要研究木本植物、禾本植物、藤本植物等生物质资源和材料衍生材料的内部组织结构形成规律、物理、力学性能和化学组成，包括生物质材料解剖学与超微结构、生物质材料物理学与流体关系学、生物质材料化学、生物质材料力学与生物质材料工程学等，为生物质资源定向培育和优化利用提供科学依据。

(2) 生物质材料性能的生物学形成及其对加工利用的影响

本领域是对生物质材料结构、组成与性能领域的两端延伸。本领域主要研究木本植物、禾本植物、藤本植物等生物质材料性能与生物学形成的关系，探明性能形成规律，以及对后续加工过程中加工工艺与产品质量的影响，揭示影响原理。一方面研究生物质材料性能与营林培育的关系，另一方面研究生物质材料性能与加工利用的关系，为实现生物质资源的优质培育和精深加工提供科学指导。

(3) 生物质重组材料设计与制备

本领域主要研究以木本植物、禾本植物、藤本植物及其加工剩余物、林地废弃物、使用过的木质废弃物和作物秸秆等生物质原料为基本组元进行重组原理和方法，研究范围包括木质人造板和非木质人造板的设计与制备，制成具有高强度、高模量和高性能的生物质工程材料、功能材料、环境材料和装饰材料。

(4) 生物质复合材料设计与制备

研究范围包括金属基生物质复合材料、无机非金属基生物质复合材料、聚合物基生物质复合材料、生物质纳米复合材料、生物质功能材料等复合材料的设计与制备，以满足经济社会发展对生物质复合材料功能要求、结构性能、环境性能等的需求。

(5) 标准化研究

本领域主要开展木材、竹材、藤材及其衍生重组材料和复合材料与合成材料等生物质材料产品的标准化基础研究、关键技术指标研究、标准制定与修订等。

1.2 材料结构

不同的材料拥有不同的性能。总体而言，材料性能要求包含功能要求、工艺性要求、可靠性和耐环境性4个方面。材料的不同性能是材料内部因素在一定外界因素作用下的综合反映。材料的内部因素一般来说包括物质的组成和结构。

结构是指材料系统内各组成单元之间的相互联系和相互作用方式。材料结构从存在形式来讲，包括晶体结构、非晶体结构、孔结构及它们不同形式且错综复杂的组合或复合；从尺度上来讲，可分为宏观结构、微观结构、亚微观结构、显微结构4个层次。每个层次上观察所用的结构组成单元均不相同。

结构层次大体上是按观察用具或设备的分辨率范围来划分的，如宏观与显微结构的划分以人眼的分辨率为界，显微结构和亚显微结构的划分以光学显微镜的分辨率为界，亚显微结构和微观结构的分界相当于普通扫描电子显微镜的分辨率。

宏观结构是指用人眼（有时借助放大镜）可分辨的结构范围，结构组成单元是相、颗粒，甚至是复合材料的组成材料，结构包括材料中的大孔隙、裂纹、不同材料的组合与复合方式（或形式）、各组成材料的分布等。如纤维增强材料中纤维的多少与纤维的分布方向等。材料的宏观结构是影响材料性质的重要因素。材料的宏观结构不同，即使组成与微观结构等相同，材料的性质与用途也不同。材料的宏观结构相同或相似，则即使材料的组成或微观结构等不同，材料也具有某些相同或相似的性质与用途。

显微结构是指在光学显微镜下分辨出的结构范围，结构组成单元是该尺度范围的各个相，结构是在这个尺寸范围内试样中所含相的种类、数量、颗粒的形貌及其相互之间的关系。

亚微观结构是指在普通电子显微镜（透射电子显微镜和扫描电子显微镜）下所能分辨的

结构范围，结构组成单元是微晶粒、胶粒等粒子。这里的结构主要是单个粒子的形状、大小和分布，如晶体的构造缺陷、生物质复合材料界面结构、凝胶粒子的形貌等。

微观结构是指高分辨电子显微镜所能分辨的结构范围，结构组成单元主要是原子、分子、离子或原子团等质点。所谓微观结构就是这些质点在相互作用下的聚集状态、排列形式（也称为原子级结构或分子级结构），如结晶物质的单胞、晶格特征、植物细胞壁纤丝的聚集状态。

1.3 研究方法的分类

研究材料必须以正确的研究方法为前提。研究方法从广义来讲，包括技术路线、实验方法、数据分析等。其中，技术路线是非常重要的，实验方法的选择也是十分关键。从狭义来讲，研究方法就是某一测试方法。由于每一种实验方法均需要一定的仪器，也可以说，研究方法是指测试材料组成和结构的仪器方法。仪器方法是以测量物质的物理性质为基础的分析方法。由于这类方法通常需要使用较特殊的仪器，故得名"仪器分析"。

除宏观结构可直接用肉眼观察外，其他层次结构的研究手段普遍需要借助仪器。仪器分析按信息形式可分为图像分析法和非图像分析法，按工作原理，前者主要为显微技术，后者主要是衍射法和成分谱分析。显微技术和衍射法均基于物理方法，其工作原理是以电磁波（可见光、电子、离子和X射线等）轰击样品激发产生特征物理信息，这些信息包括电磁波的透射信息、反射信息和吸收信息，如图1-1所示，将其收集并加以分析从而确定物相组成和结构特征。基于这种物理原理的具体仪器有光学显微镜、电子显微镜、场离子显微镜、X射线衍射仪、电子衍射仪、中子衍射仪等。

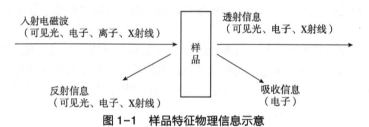

图1-1 样品特征物理信息示意

1.3.1 图像分析法

图像分析法是材料结构分析的重要研究手段，以显微技术为主体。光学显微技术是在微米尺度观察材料结构的较普及的方法，扫描电子显微技术可达到亚微观结构的尺度，透射电子显微技术把观察尺度推进到纳米甚至原子尺度（高分辨率电子显微技术可用来研究原子的排列情况）。图像分析既可根据图像的特点及有关的性质来分析和研究固体材料的组成，也可形象地研究其结构特征和各项结构参数的测定。其中最有代表性的是形态学和体视学研究。形态学是研究材料中组成相的几何形态及其变化，进一步探究它们与生产工艺和材料性能之间关系的科学。体视学是研究材料中组成相的二维形貌特征，通过结构参数的测量，确定各物相三维空间的颗粒形态和大小以及各相百分含量的科学，它需借助于辅助接口将显微镜与其他电子仪器及计算程序结合起来，构成自动的结构图像分析系统。

场离子显微技术利用被检测材料做成针尖表面原子层轮廓边缘的电场不同，借助惰性气体离子轰击荧光屏可以得到对应原子排布的投影像，也达到原子尺度的分辨率。20世纪80年代中期发展起来的扫描隧道显微镜和原子力显微镜，在材料表面的高度方向和平面方向的分辨率分别达到0.05 nm和0.2 nm，为材料表面的表征技术开拓了新的领域。

电子显微技术还可与微区分析方法(如电子能量损失谱、波谱、能谱等)相结合,定性甚至定量研究材料微区的化学组成及其分布情况。

1.3.2 非图像分析法

如前所述,非图像分析法分为衍射法和成分谱分析法,前者主要用来研究材料的结晶相及其晶格常数,后者主要测试材料的化学成分。

(1)衍射法

衍射法包括X射线衍射、电子衍射和中子衍射等。X射线衍射分析物相较简便、快捷,适用于多相体系的综合分析,也能对尺寸在微米量级的单颗晶体材料进行结构分析。由于电子与物质的相互作用比X射线强4个数量级,而且电子束又可以在电磁场作用下会聚得很细小,所以微细晶体或材料的亚微米尺度结构测定特别适合用电子衍射来完成。与X射线、电子受原子的电子云或势场散射的作用机理不同,中子受物质中原子核的散射,所以轻重原子对中子的散射能力差别比较小,中子衍射有利于测定材料中氢原子的分布。总之,这3种衍射法各有特点,应视分析材料的具体情况做选择。

(2)成分谱分析

成分谱用于材料的化学成分分析,成分谱种类很多:①光谱,包括紫外光谱、红外光谱、荧光光谱、激光拉曼光谱等;②色谱,包括气相色谱、液相色谱、凝胶色谱等;③热谱,包括差热分析仪、热重分析仪、差示扫描量热仪等;此外,还有原子吸收光谱、质谱等。上述谱分析的信息来源于整个样品,是统计性信息。与此不同的是用于表面分析的能谱和探针,前者有X射线衍射光电子能谱、俄歇电子能谱等,后者包括电子探针、原子探针、离子探针、激光探针等。另有一类谱分析是基于材料受激发的发射谱与具体缺陷附近的原子排列状态密切相关的原理而设计的,如核磁共振谱、电子自旋共振谱、穆斯堡尔谱、正电子湮没分析等。

材料的研究和发展离不开科学技术的进步,生物质材料也是如此。随着原子力显微镜、核磁共振、数字图像分析技术等一大批设备和技术的应用,为生物质及其复合材料的研究提供了强有力的手段。通过不同的研究方法,对材料的结构和性能进行表征和分析,也能极大地推动生物质及其复合材料的发展。

参考文献

李坚,2017. 生物质复合材料学[M]. 2版. 北京:科学出版社.
鲍甫成,2008. 发展生物质材料与生物质材料科学[J]. 林产工业,35(4):3-7.
梅尔·库兹,2005. 材料选用手册[M]. 陈祥宝,戴圣龙,等译. 北京:化学工业出版社.
王培铭,许乾慰,2005. 材料研究方法[M]. 北京:科学出版社.
邱明伟,高振华,2010. 生物质材料现代分析技术[M]. 北京:化学工业出版社.

第 2 章 形貌分析

人类对微观世界的认识有着漫长的历史，大致可分为 3 个阶段。第一阶段为早期形态研究，即全凭双眼观察大自然。但是，正常人眼在 25 cm 明视距离时，只能分辨相距 0.2 mm 的物体，也就是说小于 0.2 mm 的 2 个质点，人眼无法分辨。第二阶段为中期形态学研究，又称为显微形态学研究。1665 年，英国科学家罗伯特·虎克用自制的光学显微镜观察软木塞的薄切片时发现了细胞。1675 年，荷兰的列文·虎克用自制的光学显微镜观察了一位从未刷过牙的老人的牙垢，发现了细菌。经过 300 多年的发展，如今的光学显微镜分辨率已经提高到了 0.2 μm。第三阶段为超微结构形态学研究，也称为现代形态学研究。随着科技的进步，人类对微观世界的探索更加深入，必然要寻求更高分辨率和放大倍率的仪器，由此诞生了电子显微镜。20 世纪 30 年代，科学家利用磁透镜对电子束进行聚焦，发明了电子显微镜。经过近一个世纪的发展，电子显微镜的精度有了质的飞跃，借助优于 0.1 nm 的分辨率，如今科学家能够直观地观察大分子结构、病毒和细胞内部的超微结构，给科学研究提供了大量前所未有的信息。

借助仪器观察样品是对人眼在宏观及微观领域观察能力的延伸，微观形貌测量技术研究由早期的定性测量逐步发展到定量测量，直至发展到与现代科学技术相结合的高精度定量测量。近年来，基于各种原理的非接触微观形貌表征方法不断涌现，在测量精度和测量速度方面均有了很大的提高。尤其是扫描电子显微镜、透射电子显微镜、原子力显微镜等。本章主要叙述相关仪器的原理、结构、特点等，并对生物质及其复合材料的形貌表征选取了部分应用实例，以供读者参考。

2.1 电子显微学基础及基本概念

真空中相对集中而高速运动着的电子流称为电子束。电子具有与光波类似的特性，即具有波动性和粒子性。在材料现代分析测试方法中，电子束是一种最常用的入射激发源之一。入射电子照射固体时与固体中的粒子相互作用，它包括入射电子的散射、入射电子对固体的激发、受激发粒子在固体中的传播。电子散射源于库仑相互作用，它不同于光子在固体中的散射。

2.1.1 散射

入射电子照射固体时将与固体中的电子、原子核等相互作用而发生散射。根据散射过程中电子能量是否发生改变，可以将散射分为弹性散射和非弹性散射。

(1) 弹性散射

当入射电子与原子核的作用成为主要过程时，由于电子的质量相对原子核来说要小得多，因此电子只改变运动方向，能量几乎没变，这种过程称为弹性散射。设原子的质量为

M,质量数(质子数与中子数之和)为 A,电子的质量为 m_e,碰撞前原子处于静止状态。电子质量与原子质量的比值为 $m_e/M = 1/1836A$。根据能量守恒定理,入射电子与原子(核)碰撞后的最大能量损失可表示为:

$$\Delta E_{max} = 2.17 \times 10^{-3} \frac{E_0}{A} \sin^2\theta \tag{2-1}$$

式中 E_0——入射电子的能量;

θ——半散射角,散射角(2θ)即散射电子运动方向与入射方向之间的夹角。

以 100 keV 的电子为例,对于小角度散射($\theta<5°$),电子的能量损失在 $10^{-3} \sim 10^{-1}$ eV 的范围;对于背散射电子($\theta \approx \pi/2$),能量损失可以达到几个电子伏特。可见,电子的能量损失与入射能量相比,完全可以忽略。因此,原子核对电子的散射一般情况下均可视为弹性散射。

(2)非弹性散射

当入射电子与原子中电子的作用成为主要过程时,由于作用粒子的质量相同,散射后入射电子的能量发生显著变化,这种过程称为非弹性散射。在非弹性散射过程中,入射电子部分能量转移给原子,引起原子内部结构的变化,产生各种激发现象。因为这些激发现象都是入射电子作用的结果,所以称为电子激发。

(3)电子吸收

由于库仑相互作用,入射电子在固体中的散射比 X 射线强得多,同样固体对电子的"吸收"比对 X 射线的吸收快得多。随着激发次数的增多,入射电子的动能逐渐减少,最终被固体吸收(束缚)。电子吸收主要是指由于电子能量衰减而引起的强度(电子数)衰减,显然不同于 X 射线的"真吸收"。电子被吸收时所达到的深度称为最大穿入深度 R。在不同固体中,电子激发过程有差别,多数情况下激发二次电子是入射电子能量损失的主要过程。单位入射深度电子能量变化 dE/dz 与入射深度 z 的关系如图2-1所示,其中,入射电子能量分别选取 1 keV、3 keV、5 keV 和 8 keV。曲线与横坐标的交点即为入射电子的最大穿入深度。

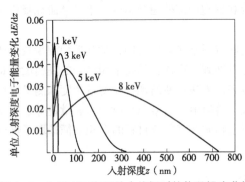

图 2-1 入射电子在固体中传播时的能量损失曲线

2.1.2 电子与固体作用产生的信号

具有一定能量的入射电子束轰击样品表面时,电子与样品的原子核及核外电子发生单次或多次弹性与非弹性碰撞,有一些电子被反射出样品表面,其余的渗入样品中,逐渐失去动能,最后被样品吸收。在此过程中有99%以上的入射电子能量转变成样品热能,而其余1%的入射电子能量从样品中激发出各种信号,其中主要的并被利用的有背散射电子、二次电子、吸收电子、透射电子、特征 X 射线等信号。电子束激发样品表面所产生的各种信号,当被不同检测器接收后,能形成不同信号的图像,入射电子与固体作用区及固体作用产生的信号可用图2-2简单描述。

(1)背散射电子

背散射电子(back scattered electron, BSE)是被固体样品中的原子核反弹回来的一部分入射电子,其中包括弹性背散射电子和非弹性背散射电子。弹性背散射电子是指被样品中原子核反

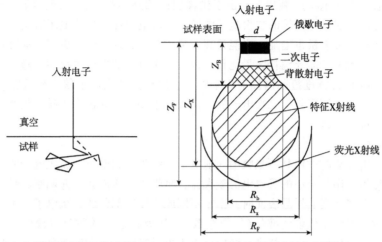

(a) 入射电子在固体中的运动轨迹　　(b) 入射电子与固体作用产生的信号

图 2-2　入射电子与固体作用区及与固体作用产生的信号

弹回来的，散射角大于90°的那些入射电子，其能量没有损失（或基本上没有损失）。非弹性背散射电子是入射电子和样品核外电子撞击后产生非弹性散射，不仅方向改变，能量也有不同程度的损失。如果有些电子经多次散射后仍能反弹出样品表面，这就形成非弹性背散射电子。从数量上看，弹性背散射电子远比非弹性背散射电子所占的份额多。背散射电子来自样品表层几百纳米的深度范围，由于它的产额随样品原子序数增大而增多，所以不仅能用作形貌分析，而且可以用来显示原子序数衬度，定性地用作成分分析。弹性背散射电子和非弹性背散射电子的比较见表 2-1。

表 2-1　弹性背散射电子和非弹性背散射电子的比较

项目	背散射电子	
	弹性背散射电子	非弹性背散射电子
产生原因	被原子核反弹回来	受核外电子撞击产生
是否改变方向	改变	改变
是否能量损失	基本不损失	损失
能量范围	数千至数万电子伏特	数十至数千电子伏特
数量	多	少

由于背散射电子始终按直线方向运动，因此只有对着检测器方向的电子才能被检测到。当其在前进方向上遇到障碍物时，即使在立体角以内的背散射电子，也不能进入检测器。显然，背散射电子像与用点光源照明物体时效果相似，其照明效果相当于一斜射的点光源。所以，背散射电子像可以认为是一种有影像，分辨率低于二次电子像。

(2) 二次电子

在入射电子束作用下被轰击出来并离开样品表面的核外电子叫作二次电子（secondary electron, SE）。一般在二次电子检测器收集器处加上 250 V 的偏压，使样品表面向各个方向发射的低能二次电子都能被收集到，即便是凹坑也能清楚识别，因此二次电子图像的立体感较强。二次电子的产额主要与样品表面的形貌密切相关，样品的凸出部位，如针状物尖端，常因起伏显著，二次电子产额越高。由于试样表面凹凸不平，各点产生的二次电子数量不等，这样就可以形成试样形貌的二次电子图像。二次电子还和加速电压有关，入射电子能量增加时，二次电子发射量也增加，当能量高于某数值时，入射电子更深地穿透到样品中，导致发射出来的二次电子需要消耗大量能量，因此二次电子的发射率反而下降。二次电子一般都是在表层 5~10 nm 深度范围内发射出来的，它对样品的表面形貌十分敏感，因而能非常有效地显示样品的表面形貌。二次电子的产额和原子序数之间没有明显的依赖关系，所以不能用它来进行成分分析。

（3）吸收电子

电子束轰击样品时被样品所吸收的入射电子，称为吸收电子。吸收电子的检测，是以样品本身为检测器，用高增益的吸收电流放大器，将吸收电流放大，并调制成吸收电子像。当电子束入射一个多元素的样品表面时，由于不同原子序数部位的二次电子产额基本上是相同的，则产生背散射电子较多的部位（原子序数大）其吸收电子的数量就较少；反之亦然。因此，吸收电子能产生原子序数衬度，同样可以用来进行定性的微区成分分析。吸收电子可以定性地表示样品元素的分布，但其分辨率较低，低于 1 μm。吸收电子图像与背散射电子图像反映着关于样品的同一信息，只是衬度相反。

（4）透射电子

如果被分析的样品很薄，就会有一部分入射电子穿过薄样品而成为透射电子。这种透射电子是由直径很小（<10 nm）的高能电子束照射薄样品时产生的，因此，透射电子信号由微区的厚度、成分和晶体结构来决定。透射电子中除了有能量和入射电子相当的弹性散射电子外，还有各种不同能量损失的非弹性散射电子，其中有些遭受特征能量损失 ΔE 的非弹性散射电子（即特征能量损失电子）与分析区域的成分有关，因此，可以利用特征能量损失电子配合电子能量分析器来进行微区成分分析。

（5）特征 X 射线

当具有一定能量的入射电子束激发样品时，样品中的不同元素将产生连续 X 射线和特征 X 射线。当某一元素的原子受到加速电子的轰击时，若入射电子的能量大于该元素的临界激发电压时，就可将某些原子轨道上的电子轰击出来，使其成为激发态。这时，处于高能级的外层电子随即向能量较低的内层跃迁，并以 X 射线的形式释放出多余的能量。一般发射深度为 0.5~5 μm 范围。由于各种元素的原子结构不同，跃迁方式各异，因而不同元素电子跃迁所产生的特征 X 射线能量也不同。只要测出特征 X 射线光子能量，便可确定原子序数 Z，即可确定特征 X 射线发射区所含的化学元素。通常把测定特征 X 射线波长的方法称为波长色散法（wavelength-dispersed X-ray analysis，WDX），测定特征 X 射线能量的方法称为能量色散法（energy-dispersed X-ray analysis，EDX）。扫描电子显微镜若配备上述附件，就可以进行元素定性、定量分析。

综上所述，如果使样品接地保持电中性，那么入射电子激发固体样品产生的 4 种电子信号强度与入射电子强度 i_0 之间满足以下关系：

$$i_0 = i_B + i_S + i_a + i_t \tag{2-2}$$

式中　i_B——背散射电子信号强度；

　　　i_S——二次电子信号强度；

　　　i_a——吸收电子（或样品电流）信号强度；

　　　i_t——透射电子信号强度。

在对固体样品进行表征时，会根据实验所需采集不同的信号来分析。电子与固体样品作

表 2-2 电子束与固体样品作用时产生的各种信号的比较

信号类型		分辨率(nm)	能量范围	来源	可否做成分分析	应用
背散射电子	弹性	50~200	数千至数万电子伏特			
	非弹性		数十至数千电子伏特			
二次电子		1~5	<50 eV,多数几个电子伏特	表层 5~10 nm	不能	成像
吸收电子		100~1000	—	—	可以	成像、成分分析
透射电子		<0.2(TEM)	—	—	可以	成像、成分分析
特征 X 射线		100~1000	—	表层 0.5~5 μm	可以	成分分析

用时产生的各种信号的比较见表 2-2。

2.2 扫描电子显微镜

扫描电子显微镜是一种大型精密仪器,它是集机械、光学、电子学、热学、材料学、真空技术等多门学科的综合应用。其原理和结构比较复杂,按照电子枪的不同主要分为 3 类:场发射、钨灯丝和六硼化镧/六硼化铈。其中,场发射又分为热场发射和冷场发射两类。虽然光源不同,但是基本的成像原理是一样的,本节以常见钨灯丝扫描电镜为例,简要介绍相关的原理和结构。

2.2.1 扫描电镜的工作原理

扫描电镜的工作原理如图 2-3 所示。由阴极电子枪发射出来的电子束(直径 30 μm),在加速电压的作用下经过磁透镜系统会聚,形成直径为 1~10 nm 的电子束,聚焦在样品表面上,在末级透镜上方的偏转线圈作用下,电子束在样品上做光栅式扫描,入射电子和样品相互作用,产生物理信号。这些信号经探测器收集并转换为光子,再通过电信号放大器加以放大处理,最终成像在显示系统上。

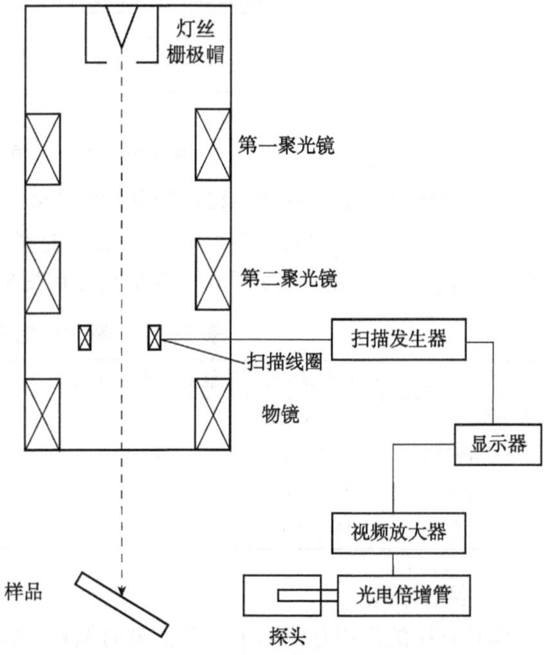

2.2.2 扫描电镜的结构

扫描电镜主要由电子光学系统(镜筒)、偏转系统、信号检测放大系统、图像显示和记录系统、电源系统和真空系统等组成,各部分的主要作用简介如下。

(1)电子光学系统

图 2-3 扫描电子显微镜工作原理

电子光学系统由电子枪、磁透镜、光阑、样品室等部件组成,如图 2-4 所示。它的作用是用来获得扫描电子束,作为使样品产生各种物理信号的激发源。此外,扫描电子显微镜所要求的电子束斑直径和亮度还要靠磁透镜协助完成。在图 2-4 扫描电镜的电子光路图中,共有 3 个聚光用的磁透镜,即第一聚光镜、第二聚光镜和第三聚光镜(物镜)。经过磁透镜二级或三级的聚焦,在样品表面上可得到极细的电子束斑,在采用场发射电子枪的扫描电镜中,可形成一个至几个纳米直径的电子束斑。最末级聚光镜因为紧靠样品上方,且在结构设计等方面有一定的特殊性,故也称为物镜。一般观察时,物镜极靴离样品的距离在 10 mm 左右,因此磁性材料很容易被吸上去。尤其是观察磁性粉末材料,极靴乃至整个物镜都将受到污染而报废。

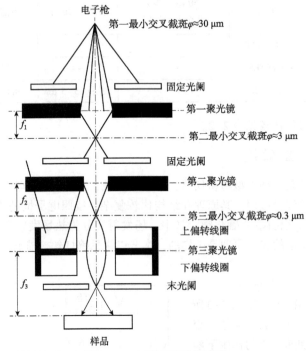

图 2-4　电子光学系统示意

为获得较高的信号强度和扫描图像(尤其是二次电子像)分辨率,扫描电子束应具有较高的亮度和尽可能小的束斑直径。电子束斑的亮度和直径与电子枪的类型有关,见表 2-3 所列。由表 2-3 可见,场发射电子枪是高分辨扫描电子显微镜较理想的电子源。

表 2-3　几种类型电子枪性能比较

电子枪类型	电子源尺寸	能量发散度(eV)	亮度(A/cm^2·srad)	阴极温度(K)	寿命
发夹形热钨丝	15~30 μm	3~4	10^5	2800	50 h
六硼化镧热阴极	10 μm	2~3	10^6	1900	500 h
冷场发射枪	5~10 nm	0.3	10^8	300	数年
热场发射枪	15~20 nm	0.7~1	10^8	1800	数年

(2) 偏转系统

偏转系统的作用是使电子束产生横向偏转,包括用于形成光栅状扫描的扫描系统,以及使样品上的电子束间断性消隐或截断的偏转系统。偏转系统可以采用横向静电场,也可以采用横向磁场。

(3) 信号检测放大系统

信号检测放大系统的作用是收集(探测)样品在入射电子束作用下产生的各种物理信号,并进行放大。不同的物理信号,要用不同类型的收集系统。闪烁计数器是最常用的一种信号检测器，它由闪烁体、光导管、光电倍增管组成。具有低噪声、宽频带(10 Hz~1 MHz)、高增益(10^6)等特点，可用来检测二次电子、背散射电子等信号。

(4)图像显示和记录系统

图像显示和记录系统的作用是将信号检测放大系统输出的调制信号转换为能显示在阴极射线管荧光屏上的图像，供观察和记录。

(5)电源系统

电源系统的作用是为扫描电子显微镜各部分提供所需的电源，由稳压、稳流及相应的安全保护电路组成。

(6)真空系统

真空系统的作用是确保电子光学系统正常工作、防止样品污染、保证灯丝的工作寿命等。在任何电子显微镜中，气压必须降低到能使电子与气体分子碰撞前就走完应走的路程，但真空度过高会使真空系统变得很复杂。采用普通热阴极的电子显微镜要保持优于 $1.33 \times 10^{-2} \sim 1.33 \times 10^{-4}$ Pa 的真空度。

2.2.3 扫描电镜的性能和特点

(1)分辨率

分辨率是扫描电子显微镜最主要的一项性能指标，通常是指图像上两亮点(区)之间的最小暗间隙宽度。应该注意，仪器标定的分辨率是指扫描电子显微镜处于最佳状态下达到的性能，并不保证在任何情况下都可以得到。影响扫描电子显微镜图像分辨率的主要因素有：

①电子束斑直径　一般情况下，扫描电子显微镜的最高分辨率与电子束斑直径相当。

②入射电子束在样品中的扩展效应　高能电子与样品相互作用区的形状和大小主要取决于样品的原子序数。轻元素样品，电子束散射的区域形状为"梨形作用体积"，而重元素样品，电子束散射的区域形状为"半球形作用体积"。改变入射电子束的能量只能引起作用体积大小的变化，而不会显著地改变形状。因此，提高入射电子束的能量对提高分辨率是不利的。

③操作方式及所用的成像信号　由于各种成像操作方式所用的成像信号不同，因而所得图像的分辨率也不一样。一般来讲，二次电子的分辨率最高。

(2)景深

扫描电子显微镜的景深比光学显微镜的大，成像富有立体感。表 2-4 给出了在不同放大倍数下，扫描电子显微镜分辨率和相应的景深值(发散角 $\beta = 1 \times 10^{-3}$ rad)。为便于比较，也给出相应放大倍数下光学显微镜的景深值。由此可见，同样放大倍数下，扫描电子显微镜的景深比光学显微镜的景深大 1~2 个数量级，所以特别适用于粗糙表面的观察和分析。

表 2-4　扫描电子显微镜景深

放大倍数	分辨率	视场	景深	
			光学显微镜	扫描电子显微镜
1	0.2 mm	100 mm		
10	0.02 mm	10 mm		1~10 mm
100	2 μm	1 mm	0.1 mm	0.1~1 mm
1000	0.2 μm	0.1 mm	1 μm	10~100 μm
10000	20 nm	10 μm		约 1 μm
100000	2 nm	1 μm		

扫描电镜是利用电子束作为照明源的一种新型显微镜,具有如下特点:

①成像立体感强　扫描电镜适用于粗糙表面和断口的分析观察,图像富有立体感、真实感,易于识别和解释。用扫描电镜观察植物的叶、花、果实,动物的毛以及细菌、真菌等表面形貌时栩栩如生,分辨起来较容易。

②分辨率高,放大倍数变化范围大　普通扫描电子显微镜的分辨率为 10 nm,中档的为 5～6 nm,高档的为 1 nm。大多数的扫描电子显微镜分辨率为 2～6 nm,最高可达 0.7 nm。扫描电子显微镜放大倍数一般为 50 倍～10 万倍,最高可达 100 万倍,它几乎包括了从放大镜到光学显微镜再到电子显微镜的一切倍率,而且同时给出一个比例尺,可方便地测量微结构的尺寸。

③对样品的辐射损伤轻、污染小　扫描电镜的电子束在样品上是动态扫描,其电子束流小,一般控制在 100 μA 以下,而且加速电压低,一般为 0.5～30 kV,这也是辐射损伤轻,污染小的原因。

④对观察的样品具有广泛的适应性　只要横向尺寸小于 150 mm,厚度在 20 mm 以内的样品均可用扫描电镜观察。其观察样品的种类也较广,从土壤、金相、集成电路到生物切片,直至新鲜的含水样品都可以用扫描电镜观察(含水样品的观察需要借助环境扫描电镜)。

⑤可进行多种功能的分析　扫描电镜除了可以作形貌观察外,如果配上能谱仪、波谱仪和光谱仪等附件,还可以在观察形貌的同时做微区的多种成分的定性、定量、定位分析;配有光学显微镜和单色仪等附件时,可观察阴极荧光图像和进行阴极荧光光谱分析等。若配备原位样品台,还可以根据观察目的,对样品进行加热、冷冻、拉伸等处理,实现动态原位观察。

2.2.4　生物质复合材料扫描电镜应用举例

2.2.4.1　表面形貌

(1)植物纤维的表面形貌

图 2-5 为麦秸纤维改性处理前后的扫描电子显微镜形貌图。改性前纤维的端面和表面均能观察到细小的丝状物[图 2-5(a)],这是由于在热磨过程中,纤维受到热、机械剪切力、拉伸力的共同作用,纤维表面被撕裂、拉断而产生的分丝和帚化现象。碱处理能清除麦秸纤维表面的油脂和灰分,溶解表面的部分半纤维素[图 2-5(b)]。乙酰化处理使得纤维变脆,从其表面上可以观察到纤维发生了很多断裂[图 2-5(c)],从而影响麦秸纤维的力学强度。麦秸纤维经马来酸酐接枝聚丙烯(MAPP)接枝处理后,其表面被一层凹凸物所覆盖[图 2-5(d)],这表明,MAPP 已被接枝到麦秸纤维上或者是被覆盖到麦秸纤维表面。

(2)载银细菌纤维素形貌

细菌纤维素(BC)负载银之后,可以作为一种高抗菌性能的功能材料被使用。采用金属钯(Pd)形成种核,在细菌纤维素上面形成位点。再利用酒石酸钾钠还原银离子结合到位点上,得到 Pd-Ag 纤维素纸。图 2-6 为 BC、BC 载 Pd、BC 载 Pd-Ag、BC 载 Pd-Ag-F127 的形貌。其中图 2-6(a)为 BC 的形貌图,由图可知这是细菌纤维素特有的典型的三维网状结构,同时单根细菌纤维素的宽度在 100 nm 左右。由于纤维素之间相互交织形成大量的氢键,并且纤维素之间的空隙非常多,这不仅使得 BC 具有很好的机械性能,同时也为 Pd 核提供了位点,使得 Pd 核能够很好地镶嵌在 BC 中。图 2-6(b)为经过 Pd 核处理过的样品形貌,处理过的 Pd 核均匀地分布在 BC 的表面,Pd 核的大小约为 100 nm。经过氧化还原处理后银纳米颗粒在 Pd 核上附载的样品如图 2-6(c)所示,从图中可以看到银纳米颗粒均匀地吸附到

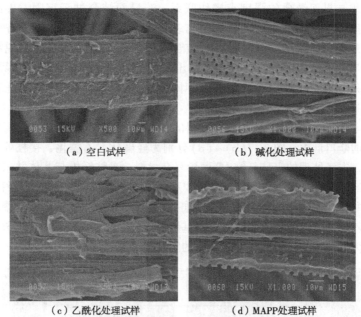

(a) 空白试样　　　　　　　　(b) 碱化处理试样

(c) 乙酰化处理试样　　　　　(d) MAPP处理试样

图2-5　麦秸纤维的扫描电子显微镜形貌

Pd核上，并且把Pd核紧紧地包裹住，形成一个个的团聚体，同时BC的结构并没有经过化学处理而产生变形和断裂。经过表面活性剂Pluronic F127处理后BC的三维网状结构被填充并且银纳米颗粒被紧紧地包覆在里面，如图2-6(d)所示。

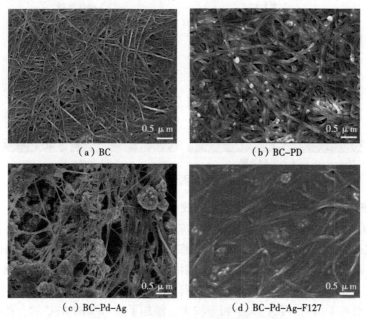

(a) BC　　　　　　　　　　　(b) BC-PD

(c) BC-Pd-Ag　　　　　　　　(d) BC-Pd-Ag-F127

图2-6　BC负载Ag纳米颗粒前后的形貌

2.2.4.2　界面形貌

(1) 植物纤维增强聚合物断口形貌

植物纤维经过适当表面处理的目的是加强纤维与基体界面结合。当复合材料破坏时，纤维断裂的形貌与界面结合的强度有密切联系。若界面结合过于牢固，界面结合强度大于复合材料强度，纤维不发生任何脱黏就与基体树脂同步被破坏，断面齐整，没有纤维拔出，试样呈现典型的脆性断裂。若界面结合得很弱，纤维与树脂完全脱黏，纤维断裂时从基体中剥出，纤维表面光滑，几乎看不出基体的残迹。若纤维与基体界面结合适度，当复合材料被破坏时，界面脱黏和基体破坏同时发生，从基体中拔出的纤维表面黏附许多基体树脂残迹。

图2-7所示为麦秸纤维-聚丙烯复合材料的断口形貌图。其中图2-7(a)为麦秸纤维-聚丙烯复合材料的断口形貌，图2-7(b)~(d)分别为经碱化、乙酰化、接枝处理后的断口形貌。由图可知，未经处理的麦秸纤维-聚丙烯复合材料，麦秸纤维与基体并未形成很好的界面结合强度；经碱化处理后，聚丙烯基体随麦秸纤维一起被拔出，表明麦秸纤维表面与基体之间有良好的黏结性；经乙酰化后，麦秸纤维-聚丙烯体系中，麦秸纤维从聚丙烯基体中拔出，这表明，乙酰化处理的麦秸纤维未能与基体形成良好的界面结合；经接枝处理的复合材料，纤维被聚丙烯层均匀地覆盖，两者之间的间隙很小。

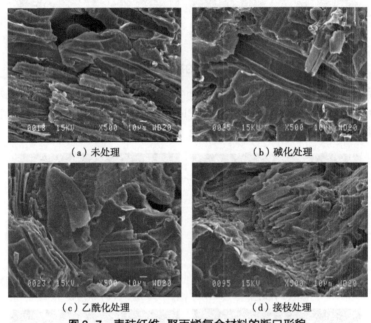

图2-7 麦秸纤维-聚丙烯复合材料的断口形貌

(2) 纳米纤维素增强海藻酸钠/明胶水凝胶

图2-8为经Ca^{2+}交联24 h后水凝胶的冷冻干燥样品形貌图，其中图2-8(a)样品中未添加纳米纤维素(nanofibrated cellulose, NFC)，图2-8(b)样品中加入了质量体积浓度0.75%的NFC。冷冻干燥后的凝胶具有三维多孔网络结构，符合天然聚合物水凝胶的典型特征。对于组织工程而言，三维多孔海绵结构有利于细胞的生长和营养物质的交换。未添加NFC的基体水凝胶孔洞分布不均匀，孔径大小相差较大，添加了0.75%的NFC后，孔洞分布相对均匀，且孔径大小相对均一。另外，NFC的加入，使冻干水凝胶孔壁表面粗糙度有所增加，这将有利于细胞的黏附与增殖。冷冻干燥是在真空环境下，冰晶从样品中升华，剩下三维多孔气凝胶结构，孔的形态是冰晶的原始形状。NFC的添加增强了水凝胶的结构稳定性，导致形成有序的冰晶，从而使孔隙更加均匀。

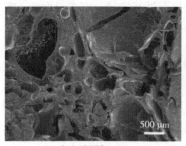 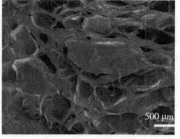

（a）未添加NFC　　　　　　（b）NFC添加量0.75%

图 2-8　纳米纤维素增强海藻酸钠/明胶水凝胶

2.3　透射电子显微镜

透射电镜以电子束透过样品经过聚焦与放大后所产生的物像，投射到荧光屏上或照相底片上进行观察。电子与样品中的原子碰撞而改变方向，从而产生立体角散射。散射角的大小与样品的密度、厚度相关，因此可以形成明暗不同的影像。通常，透射电镜的分辨率为 0.1~0.2 nm，放大倍数为几千倍至几十万倍，用于观察超微结构(即小于 0.2 μm，在光学显微镜下无法看清的结构，又称"亚显微结构")。由于电子易散射或被物体吸收，故穿透力低，样品必须很薄，通常要小于 100 nm。

2.3.1　透射电镜的工作原理

透射电镜在成像原理上与光学显微镜类似，它们的根本不同点在于光学显微镜以可见光作照明束，透射电镜则以电子为照明束。在光学显微镜中将可见光聚焦成像的玻璃透镜，在电子显微镜中相应的为磁透镜。

透射电镜的电子枪主要分为钨灯丝、场发射和六硼化镧 3 种类型，其中场发射分为冷场和热场。图 2-9 为透射电子显微镜的光路原理示意图。由电子枪发射出来的电子，在阳极加速电压的作用下，经过聚光镜(电磁透镜)会聚为电子束照射样品。穿过样品的电子携带了样品本身的结构信息，经过物镜在其像平面上形成样品形貌放大像，然后再经过中间镜和投影镜的 2 次放大，最终形成三级放大像，以图像或衍射花样的形式显示在计算机显示屏上。

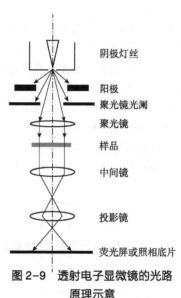

图 2-9　透射电子显微镜的光路原理示意

2.3.1.1　像衬度

像衬度是图像上不同区域间明暗程度的差别。正是由于图像上不同区域间存在明暗程度的差别，即衬度的存在，才使得我们能观察到各种具体的图像。透射电镜的像衬度与所研究样品材料的组织结构、所采用的成像操作方式和成像条件有关。只有了解像衬度的形成机理，才能对各种具体的图像给予正确解释，这是进行材料电子显微分析的前提。

总的来说，透射电镜的像衬度来源于样品对入射电子束的散射。当电子束穿越样品时，其振幅和相位都将发生变化，这些变化都可以产生像衬度。所以，透射电镜像衬度从根本上可分为振幅衬度和相位衬度，其中振幅衬度又可细分为质厚衬度和衍射衬度。在多数情况下，不同衬度对同一幅图像的形成都有贡献，只不过其中之一占主导而已。本节仅限于介绍质厚衬度和衍射衬度，它们分别是非晶体样品和晶体样品衬度的主要来源。

(1) 质厚衬度

非晶体样品透射电镜图像的衬度是由于样品不同区域间存在原子序数或者厚度的差异而形成的，即质量厚度衬度，简称质厚衬度。

质厚衬度来源于电子的非相干弹性散射。随着样品厚度增加，将发生更多的弹性散射。所以，样品中原子序数较高或样品较厚的区域比原子序数较低或样品较薄的区域，可将更多的电子散射而偏离光轴。

透射电镜总是采用小孔径角成像，在图 2-10 所示的明场成像（选用透射电子成像）即在垂直入射并使光阑孔置于光轴位置的成像条件下，偏离光轴一定程度的散射电子将被物镜光阑挡掉，使落在像平面上相应区域的电子数目减少（强度较小），原子序数较高或样品较厚的区域在荧光屏上显示较暗的区域。反之，质量或厚度较低的区域对应于荧光屏上较亮的区域。所以，图像上明暗程度的变化就反映了样品上相应区域的原子序数（质量）或样品厚度的变化。此外，也可以利用任何散射电子来形成显示质厚衬度的暗场像。显然，在暗场成像条件下（选用散射电子成像），样品上较厚或原子序数较高的区域在荧光屏上显示较亮的区域。可见，这种建立在非晶体样品中原子对电子的散射和透射电镜小孔径角成像基础之上的质厚衬度是解释非晶体样品电子显微图像衬度的理论依据。

(2) 衍射衬度

对于晶体样品，电子将发生相干散射即衍射。所以，在晶体样品的成像过程中，起决定作用的是晶体对电子的衍射。由样品各处衍射束的差异形成的衬度称为衍射衬度，简称衍衬。影响衍射强度的主要因素是晶体取向和结构振幅。对没有成分差异的单相材料，衍射衬度是由样品各处满足布拉格条件程度的差异造成的。

衍射衬度和质厚衬度成像有一个重要的差别。在形成显示质厚衬度的暗场像时，可以利用任意的散射电子。而形成显示衍射衬度的明场像或暗场像时，为获得高衬度、高质量的图像，总是通过倾斜样品台获得所谓"双束条件"，即在选区衍射斑点上除强的直射束外，只有一个强衍射束。图 2-11 是晶体样品中具有不同取向的 2 个相邻晶粒在明场成像条件下获

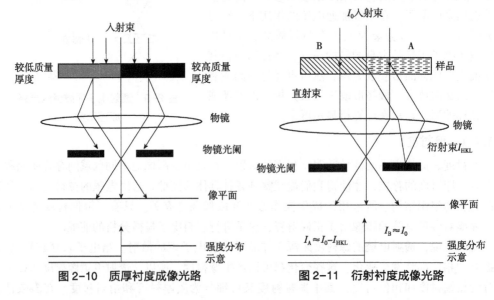

图 2-10　质厚衬度成像光路　　　　　图 2-11　衍射衬度成像光路

得衍射衬度的光路原理图。图中，在强度为 I_0 的入射束照射下，A 晶粒的(HKL)晶面与入射束间的夹角正好等于布拉格角 θ，形成强度为 I_{HKL} 的衍射束，其余晶面均与衍射条件存在较大的偏差；而 B 晶粒的所有晶面均与衍射条件存在较大的偏差。这样，在明场成像条件下，像平面上与 A 晶粒对应的区域的电子束强度 $I_A \approx I_0 - I_{HKL}$，而与 B 晶粒对应的区域的电子束强度为 $I_B \approx I_0$。反之，在暗场成像条件下，即通过调节物镜光阑孔的位置，只让衍射束 I_{HKL} 通过光阑孔参与成像，则 $I_A \approx I_{HKL}$，$I_B \approx 0$。由于荧光屏上像的亮度取决于相应区域的电子束的强度，因此，若样品上不同区域的衍射条件不同，图像上相应区域的亮度将有所不同，这样在图像上便形成了衍射衬度。

2.3.1.2 成像操作

(1) 普通形貌像

照明系统提供了一束相干性很好的照明电子束，这些电子在穿越样品后携带了样品的结构信息，沿着不同方向传播。将电镜置于成像模式时，通过调节放大倍数可以得到合适的图像。此操作一般用于非晶体样品形貌表征和晶体样品低倍观察。

(2) 选区电子衍射

电子衍射花样包含了来自样品上整个照明区域的电子，这种花样的用处不大，因为样品在大范围上常被弯曲，衍射花样质量很差。在实际操作过程中，往往需要对样品特定区域进行电子衍射分析，我们把这种方法叫作选区电子衍射。

选区电子衍射是通过在物镜像平面上插入选区光阑实现的，其作用如同在样品所在平面(物镜的物平面)内插入一虚光阑，使虚光阑以外的照明电子束被挡掉。如图 2-12 所示，当电镜在成像模式时，中间镜的物平面与物镜的像平面重合，插入选区光阑可选择感兴趣的区域。调节中间镜电流使其物平面与物镜背焦面重合，将电镜置于衍射模式，即可获得与所选区域相对应的电子衍射花样。

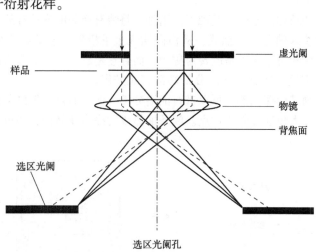

图 2-12 在物镜像平面上插入选区光阑实现选区衍射的示意

2.3.2 透射电镜的结构

透射电镜主要由电子光学系统、真空系统和电源系统 3 个主要部分组成。

2.3.2.1 电子光学系统

电子光学系统是透射电镜的主体，按功能可分为照明系统、样品装置系统、成像系统和观察记录系统。

(1) 照明系统

照明系统分成电子枪和聚光镜两部分。

①电子枪　是发射电子的场所，由阴极(灯丝)、栅极、阳极组成，灯丝主要分为钨灯丝、六硼化镧和场发射3类。阴极管发射的电子通过栅极上的小孔形成电子束，电子束有一定的发射角，经阳极电压加速后射向聚光镜，形成很小的平行电子束，电子束的束流可通过聚光镜的电流来调节。作为电镜的光源，产生和加速电子，要求电子枪具有很高的亮度、稳定的加速电压及电子发射稳定。阴极钨灯丝(图2-13)，是利用直径0.1~0.12 mm的钨丝做成的，通常做成发夹式形状，当电流加热至2200~2500 K时，灯丝产生热电子，成为电子源。

阳极和阴极之间有一加速电压，对电子起加速作用。一般采用负高压，经加速而具有能量的电子从栅极帽的孔中射出，射出的电子束能量与加速电压有关，通常生物类材料电镜的加速电压设定为60 kV、80 kV和100 kV，其他材料的加速电压为200 kV、300 kV，最高可达3000 kV。加速电压的大小，决定了电子束的波长，也左右着电镜的分辨率。

栅极可以控制阴极发射电子束的形状和发射强度，对电子发射起限制和稳定的作用。加热电流的变化或加速电压的变化会引起束流的相应变化。在栅极上加上偏压，可以起到稳定束流的作用。通过调节偏压，还可以改变图像的亮度。

②聚光镜　作用是将电子枪所发出的电子束会聚，调节电子束的孔径角、电子束的电流密度和电子束光斑的大小。常见的电镜一般有2个聚光镜，第一聚光镜是一个短焦距的强磁透镜，可将电子枪交叉点缩小几十倍到一百倍，使束斑为零点几微米或几个微米。第二聚光镜是一个长焦距弱磁透镜，将第一聚光镜的像再次成像在物平面上。聚光镜装有固定光阑和活动光阑，调节光阑孔尺寸，可以得到不同的照明孔径角。

(2) 样品装置系统

①样品杆　是装载样品进行电镜观察的附件，将装有样品的样品杆放入透射电镜有2种方式。从极靴上方装入的称为顶插式，从横向插入上下极靴之间的称为侧插式(图2-14)。对于顶插式，样品座相对于光轴是旋转对称的，而且它是放入透射电镜内部的，所以具有很好的抗震性和热稳定性，缺点是样品分析功能很难兼顾。现代的透射电镜，基本采用侧插式。其优点在于借助其他探测器，可以进行能谱分析、电子能量损失谱分析等，而且具有探测效率高，能使样品大角度倾斜等优点。配备加热或者冷冻样品杆，还可以对样品进行不同条件下的原位观察。

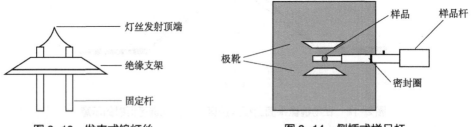

图2-13　发夹式钨灯丝　　　　图2-14　侧插式样品杆

②样品台　透射电镜样品是直径不大于3 mm，厚度为几十纳米的薄试样。在透射电镜上装载3 mm直径的试样的装置称为样品台。在移动装置控制下，可以带着样品杆移动。使样品可以在 X、Y 方向移动，以便找到所需要观察的位置。配备双倾样品杆还可以对样品进行 X、Y 方向的倾斜操作，用于晶体样品晶带轴方向的确定以便采集电子衍射花样。

(3) 成像系统

成像系统包括物镜、中间镜、投影镜、聚光镜光阑、物镜光阑、选区光阑及其他电子光学部件。

①物镜　为放大倍率很高的短焦距磁透镜，它是透射电镜分辨率和成像质量的关键。物镜将来自样品不同部位、传播方向相同的电子在其背焦面上会聚成一个斑点，沿不同方向传播的电子相应地形成不同的斑点，其中散射角为0的直射束被会聚于物镜的焦点，形成中心斑。这样，在物镜的背焦面上形成了衍射花样，而在物镜的像平面上，这些电子束重新组合相干成像。可见，物镜提供了第一幅衍射花样和第一幅显微像。物镜所产生的任何缺陷都将被随后的中间镜和投影镜接力放大。

②中间镜　是一个可变倍率的弱磁透镜，可以对电子像进行二次放大。通过调节中间镜的电流，使中间镜的物平面与物镜的背焦面重合，可以在荧光屏上得到衍射花样；若调节中间镜的电流，使中间镜的物平面与物镜的像平面重合，则得到显微像。

③投影镜　为高倍的强磁透镜，是最后一级放大镜，用来放大中间像后在荧光屏上成像。它的特点是具有很大的景深和焦长，这使得在改变中间镜电流以改变放大倍数时，无须调整投影镜电流，仍能得到清晰的图像，同时容易保证在离开荧光屏平面一定距离处放置的感光片上所成的像与荧光屏上的相同。

④光阑　聚光镜光阑位于第二聚光镜的下方，其作用是限制照明孔径角。物镜光阑又称衬度光阑，在物镜后焦面上安放一个孔径可调的物镜光阑，可以挡住散射角较大的电子，提高像的衬度。物镜光阑的另一作用是在后焦面上套取衍射束的斑点成像。选区光阑又称场限光阑或视场光阑，一般放在物镜的像平面上，有了选区光阑，可以使电子束只通过光阑限定的微区，进行选取电子衍射操作。

(4) 观察记录系统

在投影镜之下是像的观察室(大荧光屏、小荧光屏)和摄影室。摄影室在观察室的下方，把选择好的像记录在照相底片上，有专门的快门装置。像的记录除照相底片外，还可以采用视频摄像机、成像板、慢扫描CCD相机等方法。目前几乎所有透射电镜都配备了CCD相机，传统的照相底片已经停产，不容易买到。

2.3.2.2　真空系统

真空系统主要由机械泵、扩散泵、分子泵、离子泵、真空测量仪器及各种真空管道组成。它的作用是排除镜筒内气体，使镜筒达到真空工作要求。因为气体分子与高速运动的电子相互作用会随机散射电子，从而影响成像。一般要求真空度达到 $1.33 \times 10^{-3} \sim 1.33 \times 10^{-5}$ Pa。如果真空度不到要求的话，电子与气体分子之间的碰撞会引起散射而影响反差，还会使电子枪栅极与阳极之间高压电离导致极间放电，残余的气体还会腐蚀灯丝，污染样品。电子枪中存在的残余气体会产生电离和放电，从而引起电子束不稳定或闪烁。

2.3.2.3　电源系统

透射电镜的电源系统主要由高压直流电源、透镜激磁电源、偏转器线圈电源、电子枪灯丝加热电源，以及真空系统控制电路、真空泵电源、照相驱动装置等。这些系统通过分工合作来控制和调节电镜的工作状态。其中高压电源供给电子加速的加速电压。透镜电源提供电子束会聚和各个磁透镜的激磁电流，对其稳定性要求很高，任何波动都会引起像的变化，从而降低分辨率。真空系统电源提供各真空装置电源，保持电镜的高度真空是观察样品得到满意结果的前提。

2.3.3 透射电镜的性能和特点

透射电镜的主要性能指标有分辨率和加速电压。

(1) 分辨率

分辨率是透射电镜最主要的性能指标,它反映了电镜显示亚显微组织、结构细节的能力。可用2种指标表示:一是点分辨率,表示电镜所能分辨的2个点之间的最小距离;二是线分辨率,也称为晶格分辨率,表示电镜所能分辨的2条线之间的最小距离。

点分辨率的测定一般采用贵金属(如Pt)蒸发法,将贵金属真空加热蒸发到支持膜上,可得到粒径小于1 nm的颗粒。在高倍下拍摄粒子像,从像片上找粒子间能分辨的最小间隙,量出间隙距离,即为点分辨率。线分辨率与点分辨率是不同的,点分辨率是实际分辨率,线分辨率是通过测量标样某些晶面的晶面间距来测定的,高分辨透射电镜常用的标样是金(Au),其(220)晶面间距为0.14 nm。

(2) 加速电压

加速电压是指电子枪的阳极相对于阴极的电压,它决定了电子枪发射的电子的能量和波长。阿贝(Abbe)根据衍射理论导出了光学透镜分辨率的公式为:

$$r = \frac{0.61\lambda}{n\sin\alpha}(\text{nm}) \tag{2-3}$$

式中　r——分辨率;

　　　λ——照明源的波长;

　　　n——透镜上下方介质的折射率;

　　　α——透镜的孔径半角;

　　　$n\sin\alpha$——数值孔径,用$N\cdot A$表示。

由上式可知,透镜的分辨率r值与$N\cdot A$成反比,与照明源波长成正比,r值越小,分辨率越高。根据波粒二象性,并引入相对论校正,透射电镜电子束的波长可用以下公式表示:

$$\lambda = \frac{1.225}{\sqrt{V(1+0.9785\times10^{-6}V)}}(\text{nm}) \tag{2-4}$$

式中　V——加速电压。

可见,随着加速电压的增加,分辨率总体上是提升的,表2-5列出了按式(2-4)计算的不同加速电压下的电子波长值。加速电压高,电子束对样品的穿透力也强,可以观察较厚的样品。目前普通透射电镜的最高加速电压一般为120 kV和200 kV,对于生物材料研究一般选前者,无机材料研究一般选后者更为适宜。

表2-5　电子波长(经相对论校正)

加速电压(kV)	电子波长(nm)	加速电压(kV)	电子波长(nm)
1	0.038 8	80	0.004 18
10	0.012 2	100	0.003 70
20	0.008 59	200	0.002 51
30	0.006 98	500	0.001 42
50	0.005 36	1000	0.000 87

透射电镜最突出的优越性表现在具有很高的分辨本领,最高分辨率优于 0.1 nm,已经达到原子水平,适用于研究各种样品。在生物质材料纳米级的研究领域中,是其他仪器无法取代的,但是透射电镜也有它的局限性和特殊要求,其表现如下:

①由于样品制备技术的限制,大多数生物质材料,一般只能达到 2 nm 的分辨水平。

②电镜图像的分辨能力不仅取决于电镜本身,而且也取决于样品自身的结构特点。

③电镜所用的光源是电子束,波长在非可见光范围内无颜色反应,所形成的图像是黑白的,要求图像必须有一定的反差,即衬度。

④生物质材料的成分主要由 C、H、O、N 等轻元素组成,它们的原子序数较低,电子散射能力弱,相互之间的差别又很小,所以电镜下的图片衬度一般偏低。

⑤由于电子束的穿透能力较弱,样品必须制成超薄切片。虽然电镜的分辨率很高,生物样品制样技术制约了电镜性能的发挥,一般要求切片厚度 50~70 nm。

⑥电子束的强烈照射,容易损伤样品,发生变形、碳化等,甚至直接被击穿破裂,影响实验结果。

⑦观察时,电镜镜筒必须保持真空,为了保证样品在真空下不损伤,对样品要求应无水分,因此,不能观察活体生物样品。

⑧制样复杂,在步骤繁多的制样过程中,样品容易产生收缩、膨胀、破碎以及内含物质丢失等结构改变。

⑨TEM 的视野小,为 1 mm~10 μm。景深较大,在相同分辨率下,比光学显微镜大 1000 倍。

2.3.4 生物质复合材料透射电镜应用举例

(1)纳米纤维素

研究表明,四正丁基乙酸铵/二甲亚砜(TBAA/DMSO)溶剂体系能溶解纤维素材料,而 TBAA 和 DMSO 的比值能直接影响纤维素的溶解效率。图 2-15 所示为随着 TBAA/DMSO 比例的变化,在一定条件下制备所得到的纤维素纳米纤丝(CNFs)。从图 2-15 可以看出,在含有 1.0 wt% TBAA 的二元溶剂中制备的 CNFs 样品,可以观察到较大的微原纤维[图 2-15(a)]。当 TBAA 含量增加到 2.0 wt%时,纤维分离的程度显著增加[图 2-15(b)]。当 TBAA 的含量超过 3.0 wt%时,在较大的区域内可以观察到单根 CNFs[图 2-15(c)、(d)]。一般来说,随着 TBAA 含量的增加,CNFs 的直径有减小的趋势。大部分 CNFs 分散均匀,直径在 3~5 nm。此外,TBAA 含量高的 CNFs 比 TBAA 含量低的 CNFs 直径更均匀。

(2)Ag-ZnO/生物质炭复合材料

图 2-16 为 Ag-ZnO、ZnO/Biochar、Ag0.01-ZnO/Biochar 复合材料的微观形貌图像。从图中可以看出,在 Ag-ZnO 复合材料中,纳米 ZnO 多呈球状,团聚现象严重,Ag 纳米粒子呈球状,均匀分布在 ZnO 周围[图 2-16(a)]。以 CNC 为模板,碳化后所得的 ZnO/Biochar 复合材料中,纳米 ZnO 分散性较好,其粒径尺寸分布窄[图 2-16(b)]。进一步引入 Ag 掺杂,制得的 Ag0.01-ZnO/Biochar 复合材料同样具有良好的分散性,纳米 ZnO 和 Ag 纳米粒子均匀分布[图 2-16(c)]。这是由于 CNC 结构中含有大量的羟基,对金属阳离子具有高吸附性,在反应初期,CNC 通过静电作用吸附并固定 Zn^{2+} 和 Ag^+,随后在 CNC 表面生成 ZnO 和 Ag 纳米粒子,因此 ZnO 沿着 CNC 的生长方向排列。随着进一步碳化处理,CNC 转化为生物质炭,但其模板结构得以保留,纳米 ZnO 和 Ag 纳米粒子仍均匀分散在生物质炭表面,团聚现象得到改善。

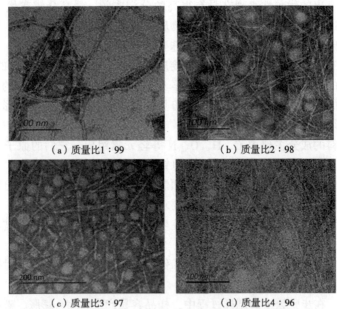

(a) 质量比1∶99　　　　(b) 质量比2∶98

(c) 质量比3∶97　　　　(d) 质量比4∶96

图 2-15　不同 TBAA/DMSO 比例制备的 CNFs

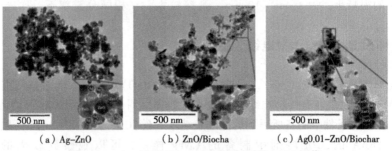

(a) Ag-ZnO　　(b) ZnO/Biochar　　(c) Ag0.01-ZnO/Biochar

图 2-16　Ag-ZnO/Biochar 复合材料的 TEM 图像

(3) CNC/SiO_2

图 2-17 所示分别为 CNC、纯 SiO_2 颗粒和 CNC/SiO_2 复合后的 TEM 形貌图。其中，CNC/SiO_2 复合材料通过以正硅酸乙酯为原料，CNC 为模板，采用溶胶-凝胶法制备得到。从图 2-17(c) 中可以明显地观察到，Si 均匀地分散在 CNC 表面。

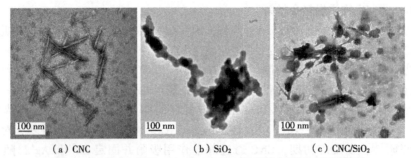

(a) CNC　　　　(b) SiO_2　　　　(c) CNC/SiO_2

图 2-17　CNC、纳米 SiO_2 和 CNC/SiO_2 复合材料的 TEM 图像

(4) 负载银纳米立方体的醋酸纤维素(CA)纳米纤维

图 2-18 为采用同轴静电纺丝法制备的负载 Ag 纳米颗粒的醋酸纤维素纳米纤维，该种

材料可作为表面拉曼(Raman)散射活性衬底,用于微量环境污染物的快速检测。由于团聚态 Ag 纳米颗粒之间存在等离子体耦合作用,利用丙酮促进 Ag 颗粒适度团聚,制备的材料比单分散的 Ag/CA 纳米纤维 Raman 散射灵敏度更高。

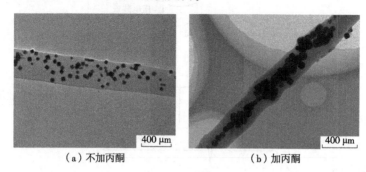

(a) 不加丙酮　　　　　　(b) 加丙酮

图 2-18　负载 Ag 纳米颗粒的醋酸纤维素纳米纤维 TEM 图像

2.4　原子力显微镜

原子力显微镜(atomic force microscope,AFM)没有任何镜头,当考虑它如何工作时,第一件需要考虑的事情就是无视所有传统显微镜的设计概念。事实上,AFM 是通过"触摸"而非"观察"来对样品进行成像的。一个很好的比喻就是"盲人摸象",盲人通过他们的手指触摸物体并通过他们所触摸的结果来构建大脑中的图像。如同盲人的手指,AFM 能产生清晰的细节图,不仅包括被触摸物体的表面形态,还包括其质地或材料的特征,如软或硬、弹性或柔软、黏或滑等。

2.4.1　原子力显微镜的结构和成像原理

图 2-19 是原子力显微镜的结构与原理图。一个对微弱作用力很敏感的弹性微悬臂(简称悬臂)一端固定于压电陶瓷扫描器上,另一端附有端头十分尖锐的针尖。针尖与试样表面相接触时,针尖端头原子与试样表面间存在的微弱作用力(引力或斥力)将使悬臂发生相应的微小弹性形变。假设 2 个原子一个是在悬臂的探针尖端,另一个是在样品表面,它们之间的作用力会随着距离的改变而变化。当原子与原子很接近时,彼此电子云斥力的作用大于原子核与电子云之间的吸引力作用,所以整个合力表现为斥力作用;反之若 2 个原子分开有一定距离时,其电子云斥力的作用小于彼此原子核与电子云之间的吸引力作用,故整个合力表现为引力作用。作用力 F 与形变 Δz 之间的关系遵循胡克定律。

$$F = k \cdot \Delta z \tag{2-5}$$

式中　k——悬臂的弹性常数。

据此,测定悬臂形变量的大小,可获得针尖与试样之间作用力的大小。

有许多方法可以检测悬臂微小形变的大小,如光学检测法、电容检测法、隧道电流检测法和压敏电阻检测法等。其中,光学检测法中的光束偏移技术原理简明,技术上容易实现,是目前应用最为广泛的方法。光学检测法由压电转换器移动试样而不是移动悬臂实现扫描,借助软件,压电陶瓷扫描器对试样表面的扫描可以实现精密的三维方向线性移动。横向尺寸的测量可达到埃(Å,1Å=10^{-10} m)尺度的分辨率,而垂直方向则能达到更高的次埃尺度分辨率。常用压电陶瓷扫描器的最大扫描区域尺度约为 150 μm。安置试样的载物台能做 X 和 Y 方向移动,以便能扫描试样表面感兴趣的区域。

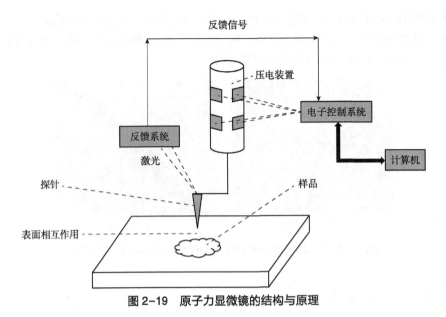

图 2-19 原子力显微镜的结构与原理

2.4.1.1 成像模式

AFM 有许多成像模式,这些往往是根据每种情况下涉及的力相互作用的性质来区分的。每种模式都有自己的优点和缺点,以下简要介绍一些最重要的成像模式。

(1) 接触直流模式

在这种模式下,AFM 探针针尖与样品的表面直接接触,并且在许多 AFM 设备中,样品在探针针尖下扫描,该模式可以在空气中或液体中进行。在软件中调整预设成像力的值,使得在整个扫描过程中悬臂维持小而固定的弯曲量,因此这种模式称为"恒力模式"。悬臂的弯曲程度越大,样品经受的成像力就越高。当然,弯曲程度相似时,具有较大力常数的悬臂比具有低力常数的悬臂产生更大的力。通过调整力,可以改变图像对比度和(或)减少对样品的损伤。这种模式的特点是不需要特殊的探针,事实上,几乎任何合理柔性的探针都可以使用。通过在液体中采用接触直流模式,可以消除毛细管力,从而在控制施加的力方面可以获得更高的精度。

(2) 交流模式:轻敲模式和非接触模式

①空气轻敲模式 在这种模式下,仪器在空气中操作,使用相对刚性的矩阵或"梁型"悬臂。使用此模式的目的是防止 AFM 探针被样品周围极薄的水膜所引起的"毛细管力"所影响。悬臂被电振荡器激发到幅度约为 100 nm,使其在样品上扫描时上下有效反弹(或者在表面上跳动)。放置 AFM 探针的玻璃基座被一滴胶水或一个弹簧夹固定到直接被精密信号发生器产生的信号所激励的压电材料小块上。除了消除毛细管黏附的影响外,由于探针针尖在样品表面上花费的时间较短,轻敲模式还减少了样品上的侧向力。这意味着可以对易损的样品(如分子网络)进行成像而不会因为这些剪切力产生严重的变形或损伤,因此,这是很有用的模式。

②液体轻敲模式 在这种模式下,样品浸没在液体中,没有"毛细管力"导致成像困难,所以不需要超级刚性悬臂。悬臂可以被非直接地驱动产生振动,例如,悬臂可以被施加到高压放大器 z 通道上的小正弦电信号而激发。这使得主压电扫描器在垂直 z 方向上下振动,同时仍然执行其对来自控制回路的信号进行相应的正常任务。因此,样品和周围的液体开始振动。该振动通过黏性耦合传递到浸入液体中的悬臂,或者,一个小的压电振荡器附接到液体单元外部或集成到探针装针器中且用于更直接地激发悬臂。因为振动耦合更为有效,所以这

种方法通常更受青睐。

③非接触式交流模式　在该成像模式中，探针从未实际接触到样品的表面。悬臂在样品上方移动时以数纳米的振幅在振动。样品和 AFM 探针之间的相对长程范德瓦尔斯力对振荡悬臂产生阻尼作用，因此其振幅随着接近表面而降低。由于在真正的非接触式交流模式中，探针与样品没有明显接触，因此施加在样品上的力非常低，这导致样品的变形和剪切非常小。更重要的是，图像对比度可以显著提高。事实上，非接触模式可用来实现真正的原子级分辨率。

(3) 偏转模式

为了在施加低力的情况下针尖在样品上仍能准确检测，系统控制回路的增益有必要尽可能调节到最佳值。然而，偏转模式将增益故意设置为相对较低的值，使控制回路相应非常缓慢。在这种情况下，图像当然不会在恒定的力作用下进行记录。事实上，AFM 探针针尖逐步地压向特征样品，而不是轻轻地抬升过去。在这种情况下，AFM 记录的就是样品的力图，力图中大的特征表示大的悬臂弯曲，因而代表高力区域。"偏转"模式的名字起源于其是采用悬臂偏转来产生图像对比度的事实，更精细的偏转模式是所谓的"误差信号"模式。基本上，该反馈回路只允许增益正好消除样品形貌中的低频背景波动，但不足以处理由精细结构引起的高频变化。对于高或粗糙的样品，"误差信号"模式会产生一个损失成像目标整体形状而获得表面细节增强的图像。误差信号模式是非常有用的技术，特别当用于成像粗糙的样品时。有许多样品对于 AFM 来说太粗糙，在整个扫描过程中如果不连续调节增益将无法获得良好的图像。

2.4.1.2　成像类型

成像类型与成像模式相反，通常可以在单次扫描期间获得多种图像类型。例如，在对样品形貌成像的同时相对容易获得样品的摩擦数据。

(1) 形貌

形貌是 AFM 记录图像最常用的方法，仪器软件用于创建图像的信息是压电扫描管的垂直和水平运动。这种图像类型通过使用"线轮廓"软件可以测量图像中目标的高度。

(2) 摩擦力

这种操作类型也称为侧向力成像。在摩擦力成像中，当扫描具有显著摩擦组分的样品区域时，AFM 探针针尖被侧向力限制运动，因此发生悬臂的扭转从而检测到摩擦。这项功能非常强大，能够解释形貌图像中不可获得的信息。

(3) 相位

相位(或者更准确地描述为"相位滞后")是可以在交流轻敲模式下记录的量。这种模式下，控制回路使用振荡悬臂的振幅下降来确定压电扫描管的垂直运动。此外，当探针针尖敲击样品时，它的振荡相位受到干扰，不再精确地与驱动它的电振荡器的相位一致。这主要是因为每次探针针尖敲击样品时，它会传递少量的能量给样品，能量的多少取决于样品的黏弹性。相位图像中合理的对比度主要取决于样品中至少有 2 个组分具有足够不同的黏弹性。理想的材料可能类似于嵌入柔性聚合物基体中的小刚性金属颗粒。

2.4.1.3　基体

为了采用 AFM 对材料进行成像，需要将样品沉积并固定在刚性基体上。生物 AFM 实验中常用的基体类型如下：

(1) 云母

由于广泛性和低成本优势，云母是最流行的 AFM 基体，特别适用于研究单个分子。它由一系列薄且平的结晶平面组成,通过在其边缘插入一个针或者使用胶带使其可以很容易地被撕开。其结果是形成一个真正的新的没有暴露在空气中的表面。此外,云母片具有平整的大面积(通常为几微米),如果要实现分子分辨率,这是必不可少的。

(2)玻璃

玻璃通常是抛光的盖玻片,是成像较大样品的理想基体。在这种情况下,分子级分辨率通常是不必要的。考虑到盖玻片的成本低,它可以说是相当平的,在几微米范围内粗糙度可以降至几纳米。

(3)石墨

这种材料在扫描隧道显微镜(scanning tunneling microscope,STM)早期就已经使用,因为STM要求基体必须导电。除非需要同时获得STM数据,否则对于AFM研究来说基体导电是没必要的。石墨可以使用胶带分开,需要注意的是石墨是非常疏水的,因此水溶液样品的沉积"湿润和扩散性"非常差。然而,当样品与云母表面相互作用而影响到成像时,石墨仍是AFM基体的一个选择。

2.4.2 原子力显微镜的性能和特点

过去几十年,传统的透射电子显微镜(transmission electron microscope,TEM)是用成像方法研究材料微观结构的主要手段。在检测材料微观结构方面,近代发展起来的AFM和传统的TEM有若干共同之处。两者能达到的最高空间分辨率也相近(0.1 nm),然而AFM具有其独特的特点。

①AFM可以在大气条件下或液相环境中进行检测,这使得AFM具有实时实体观测功能,使其能用于在线观测。

②AFM可以在三维尺度检测样品结构单元的尺寸,而且有很高的纵向分辨率。

③AFM具有测定材料局部微区力学和物理性能的功能。

④有些材料对电子束轰击敏感,常造成试样的电子束损伤或微结构改变,严重时会达到无法观察的程度,AFM则完全可避免这些情况。

⑤AFM的试样准备十分简便,而TEM通常要求丰富的经验和熟练的技巧,同时需要较长的准备时间。

⑥AFM使用的仪器结构紧凑、操作简便,而TEM的装备价格昂贵,操作复杂。

显然,AFM最重要也是应用最广泛的功能是能够以高空间分辨率描述物质表面微观结构,它的另一个重要功能是能够用于表征固体物质表面局部微小区域的力学和物理性质,例如,定量测定弹性模量、硬度、吸附性和黏弹性等。近年来随着AFM功能的迅速发展,已经使其应用超越了上述范围。例如,分子原子的搬迁,AFM的微机械加工,应用AFM针尖在纳米尺度对材料表面做机械加工或表面改性或改变大分子取向和信息技术中的高密度存储技术等。实际上AFM的功能已经超出了通常的测试技术所具有的测试功能。

2.4.3 生物质复合材料原子力显微镜应用举例

(1)水性丙烯酸涂料

水性丙烯酸涂料是以聚丙烯酸(poly acrylic acid,PAA)树脂为成膜物质,水为溶剂,添加其他助剂混合而成的一类水性涂料(简称水性PAA涂料),具有良好的防腐性、耐水耐候性、耐碱性、成膜性和保色性。目前,水性PAA涂料已广泛应用于木器家具涂饰、玻璃涂装和汽车涂饰等领域。图2-20所示为改性前后水性PAA漆膜的AFM三维形貌。由于纯PAA涂料中存在颜料粒子和其他助剂,PAA漆膜[图2-20(a)]表面有许多小凸起,红色圈中的较大凸起为漆膜自然干燥时的灰尘颗粒。采用纤维素纳米晶体(cellulose nanocrystals,

CNC)改性后,CNC/PAA 漆膜[图 2-20(b)]变得较为光滑,这是由于 CNC 在水性 PAA 涂料中的定向排列会对涂料中的颗粒产生空间重排,使颗粒随着 CNC 的定向排列而排列,表现出较为规整光滑的表面结构。在水性 PAA 涂料中添加 SiO_2 后,SiO_2/PAA 漆膜[图 2-20(c)]表面变得凹凸不平,SiO_2 团聚大颗粒成堆出现。当在水性 PAA 涂料中添加 5.0 wt% 的 CNC/SiO_2 复合胶体后,从 CNC/SiO_2/PAA 漆膜[图 2-20(d)]中可以看出,SiO_2 颗粒分布均匀,团聚现象得到明显改善。这进一步说明 CNC 的模板效应促进了 SiO_2 在水性 PAA 涂料中均匀分散,使 CNC/SiO_2/PAA 漆膜变得较为平整。

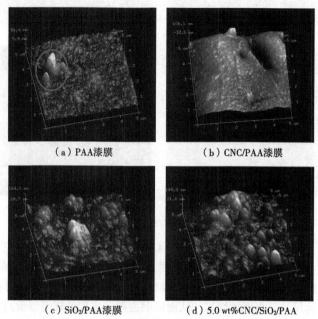

(a) PAA 漆膜　　　(b) CNC/PAA 漆膜

(c) SiO_2/PAA 漆膜　　　(d) 5.0 wt% CNC/SiO_2/PAA

图 2-20　改性前后水性 PAA 漆膜的 AFM 图

(2) 氧化石墨烯和 NFC

力学性能优异的合成纤维(如碳纤维)在飞机、风力发电的涡轮叶片制备中扮演重要的角色。但这些合成纤维价格昂贵,性能有限。NFC 具有力学性能优异、来源广泛等特点,已被用来制备高强度材料或者用作材料的增强剂。二维纳米氧化石墨烯(GO)也具有优异的机械性能、高比表面积,可以用来制备超强材料的结构单元材料。因此,采用将 GO 和 NFC 相结合的方法制备高强度微米纤维是个不错的选择。用于制备混合微米纤维的 GO 横向尺寸约为 1.5 μm[图 2-21(a)],其平均横向尺寸约为 1.2 μm。得到的 GO 在水中分散性好。制备得到的 NFC 直径约 10 nm,长度在 100~400 nm 范围内[图 2-21(b)]。图 2-21(c)所示为采用湿纺法制备的高强度 GO-NFC 微米纤维,该纤维具有良好的柔性,可以打结或者拧搓成绳[图 2-21(d)]。湿纺法制备的微米纤维其直径是可控的,也是制备微米纤维常用且可以大规模化生产的方法。

(3) 麦草备料废渣纤维素纳米纤丝微观形貌

近年来,可再生的生物质资源代替石油等化石资源已成为世界各国的优先发展主题,其中农业秸秆、森林加工剩余物、富含纤维素的工业加工废弃物和天然植物等木质纤维素资源是替代石油的重要原料。制备纳米纤维素是麦草备料废渣有效的利用途径之一,图 2-22 所示为盘磨处理水解残渣制备的麦草备料废渣纤维素纳米纤丝(lignocellulose nanofibril,LCNF)微观形貌。其中,图 2-22(a)为麦草备料废渣通过对甲基苯磺酸和机械盘磨处理制备得到的纳米纤维

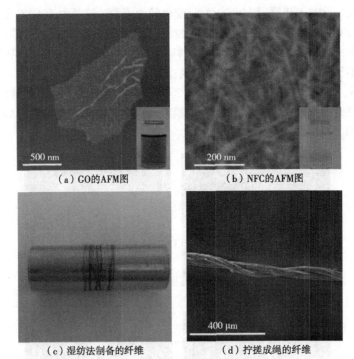

(a) GO的AFM图　　(b) NFC的AFM图
(c) 湿纺法制备的纤维　　(d) 拧搓成绳的纤维

图 2-21　GO/NFC 复合纤维

素原子力显微镜图，酸水解盘磨处理后得到的 LCNF 成浓密的网状结构，它们相互缠绕，且其中部分纤维的尺寸仍保持在微米级，与此同时，样品中还残留大量木质素纳米颗粒和灰分。图 2-22(b) 表明，去离子水预处理后的麦草备料废渣，在相同的酸处理条件下，得到的 LCNF 有更好的分散性，且尺寸分布更加均匀，从而证明去离子水预处理可以促进酸水解后原料残渣的微纤丝化。通过 AFM 图像处理软件计算分析可以得到麦草备料废渣和水洗麦草备料废渣的 LNCF 纤丝尺寸分别约为 160 nm 和 60 nm [图 2-22(c)]，这是因为高灰分和高木质素含量的麦草备料废渣纤维在机械处理过程中会引起设备堵塞，降低盘磨处理效率，不利于微纤丝间的剥离，从而得到的 LNCF 形态不均，易于絮聚；反之，木质素和灰分含量越低，制备的 LCNF 尺寸分布更均匀。

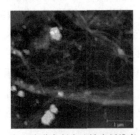 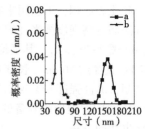

(a) 麦草备料废渣纳米纤维素　　(b) 水洗麦草备料废渣纳米纤维素　　(c) 两种纳米纤维素AFM高度分布图

图 2-22　样品 AFM 形貌图和高度分布图

(4) 竹材表面 ZnO 超疏水涂层

竹材具有生长快、产量高、成材早和用途广等优点。而作为一种木质纤维原料，竹材具有大量的亲水基团和发达的孔隙结构，因此，对水分几乎没有任何抵御能力。水分的进入容易导致竹材出现变形、开裂、霉变和腐朽等现象，严重影响竹制品的性能和使用周期。因此，为较好地阻止水分进入，对竹材进行疏水处理显得尤为重要。ZnO 具有特殊的六角晶格结构，容易自组装成各种纳米形貌，而逐渐用于生物质超疏水材料的制备。利用传统一步法和晶核辅助生长法分别合成不同形状的 ZnO 纳米颗粒，再采用层层自组装法在竹材表面构建 ZnO 微纳结构层，并通过低表面能物质进行修饰，最终制备超疏水竹材可以缓解竹材制品的霉变、腐朽等现象，从而延长产品使用周期。

图 2-23 所示为竹材表面 ZnO 纳米颗粒在原子力显微镜下的 2D 和 3D 形貌图。图中（a）（c）为传统一步法合成 ZnO 纳米颗粒的 2D 和 3D 形貌，由图中（a）（c）可知，ZnO 纳米颗粒分布较为均匀，颗粒呈明显的分散状态，在竹材表面形成微纳结构的粗糙度约 18.6。这可能是由于球形 ZnO 纳米颗粒在竹材表面易于滚动，不易聚集，从而导致疏水层分散度较高，粗糙度较小。图中（b）（d）为晶核辅助生长法合成 ZnO 纳米颗粒在竹材表面的 2D 和 3D 形貌，ZnO 纳米颗粒在竹材表面呈聚集状态，且呈现出明显的分层结构，粗糙度为 28.9。这可能是由于纺锤形 ZnO 纳米颗粒相对不易滚动，更容易聚集，从而形成明显的分层结构。

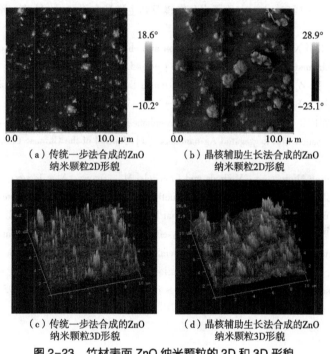

(a) 传统一步法合成的 ZnO 纳米颗粒 2D 形貌　　(b) 晶核辅助生长法合成的 ZnO 纳米颗粒 2D 形貌

(c) 传统一步法合成的 ZnO 纳米颗粒 3D 形貌　　(d) 晶核辅助生长法合成的 ZnO 纳米颗粒 3D 形貌

图 2-23　竹材表面 ZnO 纳米颗粒的 2D 和 3D 形貌

2.5　其他方法

其他种类的显微镜也有很多种，如偏光显微镜（POM）、扫描隧道显微镜（STM）、扫描近场光学显微镜（SNOM）、磁力显微镜（MFM）、扫描近场红外显微镜（SNIM）、扫描近场热显微镜（SNTM）等。根据仪器的原理和样品表征的目的，可以选择相应的仪器来观测样品，这里我们不再展开叙述。

参考文献

高莹，卞辉洋，戴红旗，等，2019. 对甲基苯磺酸预处理麦草备料废渣制备纳米纤维素[J]. 纤维素科学与技术，27(1)：31-37.

郭素枝, 2008. 电子显微镜技术与应用[M]. 厦门：厦门大学出版社.
黄慧玲, 张隐, 潘明珠, 等, 2020. Ag-ZnO/生物质炭纳米复合材料的制备及协同可见光催化性能[J]. 复合材料学报, 37(5)：1148-1155.
潘明珠, 2008. 麦秸纤维/聚丙烯复合材料制造工艺与性能研究[D]. 南京：南京林业大学.
邵淑娟, 郝立宏, 2014. 电子显微镜技术在医学领域的应用[M]. 沈阳：辽宁科学技术出版社.
邵淑娟, 杨佩萍, 许广沅, 等, 2007. 实用电子显微镜技术[M]. 长春：吉林人民出版社.
徐柏森, 杨静, 2008. 实用电镜技术[M]. 南京：东南大学出版社.
杨序纲, 杨潇, 2012. 原子力显微术及其应用[M]. 北京：化学工业出版社.
杨阳, 张爱文, 陈志鹏, 等, 2019. 竹材表面 ZnO 超疏水涂层的制备及表征[J]. 林业工程学报, 4(3)：46-51.
袁帅, 2020. 原子力显微镜纳米观测与操作[M]. 北京：科学出版社.
翟淑芬, 李端, 1991. 扫描电子显微镜及其在地质学中的应用[M]. 武汉：中国地质大学出版社.
左演声, 陈文哲, 梁伟, 2000. 材料现代分析方法[M]. 北京：北京工业大学出版社.
[英]莫里斯, 柯尔比·冈宁, 2019. 原子力显微镜及其生物学应用[M]. 钟建, 译. 上海：上海交通大学出版社.
FANG L, LIU L, ZHAO X, et al., 2020. Preparation and characterization of cellulosic conductive paper[J]. Journal of Wood Chemistry and Technology, 41(1)：34-45.
HAN C, WANG X, NI Z, et al., 2020. Effects of nanocellulose on alginate/gelatin bio-inks for extrusion-based 3D printing[J]. Bioresources, 15(4)：7357-7373.
KE Y, CHEN B, ZHOU N, et al., 2021. Surface-enhanced Raman scattering from electrospun cellulose acetate nanofibers loaded with aggregated Ag-nanocubes[J]. Journal of the Chinese Ceramic Society, 49(2)：220-228.
KUO J, 2014. Electron Microscopy：Methods and Protocols[M]. Totowa, New Jersey：Humana Press.
LI Y, ZHU H, SHEN F, et al., 2014. Highly conductive microfiber of graphene oxide templated carbonization of nanofibrillated cellulose[J]. Advanced Functional Materials, 24(46)：7366-7372.
SONG Y, MIN H, PAN H, et al., 2018. An energy-efficient one-pot swelling/esterification method to prepare cellulose nanofibers with uniform diameter[J]. ChemSusChem, 11(21)：3714-3718.
ZHAO G, DING C, PAN M, et al., 2018. Fabrication of NCC-SiO_2 hybrid colloids and its application on waterborne poly(acrylic acid) coatings[J]. Progress in Organic Coatings, 122：88-95.

第3章 浸润性和吸附分析

研究液体，如胶黏剂、涂料、防水剂、阻燃剂、防腐剂等在生物质材料表面的渗透或浸润能力，有利于选择合适的胶黏体系、化学药剂对生物质材料进行加工处理，提升产品的性能。上述现象均与润湿作用有关。研究固体，如生物质材料、生物质碳材料对气体的吸附行为，有利于对多孔性材料的孔隙结构、表面化学状态进行调控，提升吸附能力、催化能力。本章主要介绍生物质材料浸润性和吸附性能的相关研究方法。

3.1 Young方程和润湿接触角

润湿是一种界面现象，从更普遍意义上来说，润湿作用是指在固体表面上一种液体取代另一种与之不相混溶液体的过程。润湿作用必然涉及三相，其中有两相是液体。常见的润湿现象是固体表面上的气体被液体取代的过程。

在日常生活和工农业生产中，有时候需要液固间润湿性很好，有时则相反。例如，纸张不同使用场合，要求水对其润湿性能不同。如滤纸，要求水对其润湿性能好；包装水泥用的牛皮纸袋，则因水泥需要防水，要求水对其不浸润；写字用的稿纸或练习本，要求墨与纸有适当的润湿性，若不润湿，字是"立"在纸面上，一抹就掉，若过分润湿，写到纸上的字，立即扩散开，字也就不可辨识了。

研究润湿现象，目的是了解液体对固体润湿的规律，从而按人们的要求改变液体对固体的润湿性。又因为润湿现象是固体表面结构与性质、液体性质以及固液界面分子间相互作用等微观特性的宏观结果，因此，研究润湿现象也可为不易得到的表面性质提供信息。

3.1.1 沾湿、浸湿和铺展

液体在固体表面上的润湿现象可分为沾湿、浸湿和铺展3种情况，分别介绍如下。

（1）沾湿

这是将气液界面与气固界面变为固液界面的过程，如图3-1所示。设界面均为单位面积，在某温度压力下，该过程的吉布斯函数变化为：

$$\Delta G = \gamma_{ls} - \gamma_{gs} - \gamma_{gl} \quad (3-1)$$

式中 γ_{ls}，γ_{gs}，γ_{gl}——液固、气固和气液界面张力。并令 $W_a = -\Delta G$，则：

$$W_a = -\Delta G = \gamma_{gs} + \gamma_{gl} - \gamma_{ls} \quad (3-2)$$

式中 W_a——黏附功，是固液沾湿时体系对环境所做的最大功。

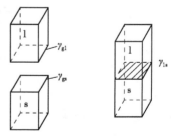

图3-1 液固沾湿过程示意

显然，W_a 越大，体系越稳定，则液固沾湿性越好。所以 $W_a \geq 0$ 是液体沾湿固体的条件。如农药能否附在植物枝叶上，这就是沾湿问题。

(2) 浸湿

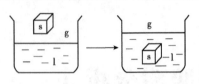

图 3-2 浸湿过程

浸湿是将固体完全浸入液体的过程，如将衣服浸泡在水中。浸湿过程是将气固界面变为液固界面的过程，而液体表面在这个过程中没有变化，如图 3-2 所示。在一定的温度压力下，设浸湿面积为单位面积，此过程的吉布斯函数变化为：

$$\Delta G = \gamma_{ls} - \gamma_{gs} \tag{3-3}$$

或

$$W_i = -\Delta G = \gamma_{gs} - \gamma_{ls} \tag{3-4}$$

式中 W_i ——浸润功。

$W_i > 0$ 是液体自动浸润固体的条件。W_i 值越大，则液体在固体表面上取代气体的能力越强。W_i 在润湿作用中又称为黏附张力，常用 A 表示。

$$A = W_i = \gamma_{gs} - \gamma_{ls} \tag{3-5}$$

另外，还有一种较特殊的浸湿过程，即多孔性固体表面(又称软固体表面)的浸湿过程，常称为渗透过程。渗透过程与毛细现象有关，如图 3-3 所示。

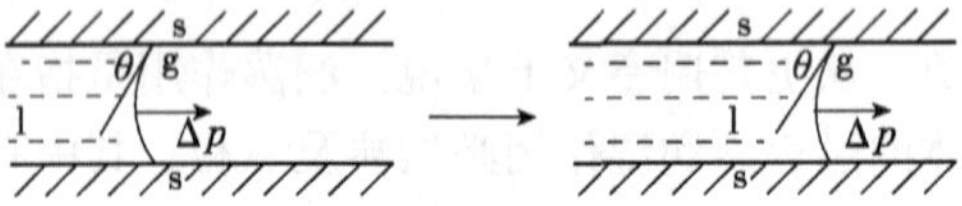

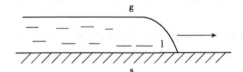

图 3-3 渗透过程

渗透过程的驱动力是由弯月面产生的附加压力 Δp。

$$\Delta p = \frac{2\gamma_{gl} \cos \theta}{r} \tag{3-6}$$

式中 r ——毛细孔半径；

θ ——接触角。

当 $0° \leq \theta \leq 90°$ 时，Δp 向着气体一方，渗透过程可以自发进行。渗透过程是受润湿方程制约的。

(3) 铺展

铺展过程是固液界面取代气固界面的过程，同时还扩大了气液界面，如图 3-4 所示。在一定温度压力下，设铺展了单位面积，则体系吉布斯函数的变化为：

图 3-4 液体在固体表面上的铺展

$$\Delta G = \gamma_{gl} + \gamma_{ls} - \gamma_{gs} \tag{3-7}$$

或

$$S = -\Delta G = \gamma_{gs} - \gamma_{gl} - \gamma_{ls} \tag{3-8}$$

式中 S ——铺展系数。

$S > 0$ 是液体在固体表面自动展开的条件。当 $S > 0$ 时，只要液体的量足，就会连续地从固体表面上取代气体，自动铺满固体表面。这是胶卷制备、涂刷涂料、喷洒农药等必须考虑的问题。

将式(3-2)~式(3-5)及式(3-8)整理得:

$$W_a = A + \gamma_{gl} \tag{3-9}$$
$$W_i = A \tag{3-10}$$
$$S = A - \gamma_{gl} \tag{3-11}$$

这说明3种润湿过程均与黏附张力有关。对于统一体系,有 $W_a > W_i > S$,故只要 $S>0$,即能自动铺展体系,其他润湿过程皆能自发进行。因此,常用铺展系数作为体系润湿性能的表征。

以上是用热力学方法对3种润湿情况的讨论。但在3种界面张力中,只有 γ_{gl} 可由实验测出,而 γ_{gs} 和 γ_{ls} 目前还无法测定,因此以上分析有理论意义,实际应用会遇到困难。幸而人们发现润湿现象还与接触角有关,而接触角是可以通过实验进行测定的。

3.1.2 接触角及其与润湿的关系

将少量液体滴加于固体表面上,液体可能形成液滴。在达到平衡时,处在某种固体表面上的某种液体,会保持一定的液滴形状,如图3-5所示。

接触角是在气液固三相交界线上任意点 O 的液体表面张力 γ_{gl} 与液固界面张力 γ_{ls} 之间的夹角,以 θ 表示。

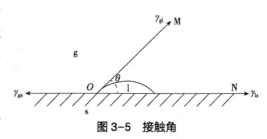

图3-5 接触角

液滴在固体表面上保持一定的形状,是3个界面张力在三相交界线任意点上合力为零的结果,即

$$\gamma_{gs} = \gamma_{gl} \cos\theta + \gamma_{ls} \tag{3-12}$$

式(3-12)是 T. Young 在1805年提出来的,故又称杨氏方程。因为这是润湿的基本公式,该式也常称为润湿方程。将润湿方程与式(3-12)结合得:

$$W_a = \gamma_{gl}(\cos\theta + 1) \tag{3-13}$$
$$A = W_i = \gamma_{gl} \cos\theta \tag{3-14}$$
$$S = \gamma_{gl}(\cos\theta - 1) \tag{3-15}$$

以上3个公式说明,原则上只要测定了液体的表面张力 γ_{gl} 和接触角 θ,就可以计算出黏附功、黏附张力和铺展系数,从而可以判断出给定温度、压力条件下的润湿情况。还可以看出,接触角的数据也可以作为判别润湿情况的判据。

① $\theta \leq 180°$,$W_a \geq 0$,沾湿自发进行;
② $\theta \leq 90°$,$A \geq 0$,浸湿自发进行;
③ $\theta \leq 0°$,$S \geq 0$,铺展自发进行。

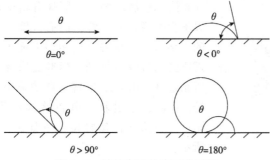

图3-6 液体在固体表面的铺展

实用时,通常以90°为界,如图3-6所示:

① $\theta = 0°$,或不存在平衡接触角,此时液体能完全润湿固体;
② $0° < \theta < 90°$,液体能润湿固体;
③ $\theta = 90°$,液体在固体表面基本不能浸润;
④ $90° < \theta < 180°$,液体不能润湿固体,特别当 $\theta = 180°$,完全不润湿,液滴此时

呈球状。

从式(3-12)可以看出,改变研究体系中的界面张力,就可以改变接触角 θ,也就可以改变体系的浸润状况。Mantains 利用 Wilhelmy 法测试了 30 种有机液体分别与云杉、糖槭的接触角。表3-1 为部分液体分别与 2 种木材的接触角。从表 3-1 可以看出,不同的液体在木材表面浸润能力各不相同,所形成的接触角差异也很大。其中,水在云杉、糖槭表面的接触角分别为 60.4°和 62.2°,浸润能力均不佳。而与乙醇、丙酮、乙酸和乙烯乙二醇接触角均为零或接近于零,液体在其表面完全铺展。二碘甲烷在 2 种木材表面的接触角分别为 13.4°和 32.3°,浸润能力较强,但相对于同一种液体,云杉的接触角小于糖槭,液体在其表面的浸润效果好于糖槭。

表 3-1 云杉和糖槭与不同液体的接触角

液体	云杉		糖槭	
	$\cos\theta$	$\theta(°)$	$\cos\theta$	$\theta(°)$
水	0.486	60.4	0.464	62.2
甲酰胺	0.882	27.8	0.786	37.9
乙烯乙二醇	0.999	0.8	0.975	10.6
乙醇	1.17	0	1.15	0
丙酮	1.18	0	1.14	0
乙酸	1.29	0	1.16	0
二碘甲烷	0.953	13.4	0.841	32.3

3.1.3　接触角测定方法

3.1.3.1　角度测量法

角度测量法应用最为广泛。这种方法是通过观测与固体表面相接触的液滴或液体中的气泡外形,然后通过各种仪器直接测量出三相交界处流动界面与固体界面的夹角,即为接触角。具体方法有投影法、摄影法、显微量角法、斜板法和光点反射法等。前 2 种方法分别是把三相交界处的液面形状投影放大到屏幕上或摄影后放大出照片,然后在所得到影像的三相交界处作液面的切线,测量出它与固体表面的夹角。显微量角法则是用低倍显微镜观察液面,借助安装在显微镜镜筒内的叉丝和量角器直接测量接触角。这类方法有时被称为切线法,切线法虽然直接方便,但切线往往很难做得很准,误差有时非常大。

角度测量法通常采用影像测量技术进行。影像分析法是通过滴出一滴满足要求体积的液体于固体表面,通过影像分析技术,测量或计算出液体与固体表面的接触角值的简易方法。采用影像分析技术测试接触角仪器的基本组成为:光源、样品台、镜头、图像采集系统、进样系统。最简单的一个影像分析法可以不含图像采购系统,而通过镜头里的十字形校正线去直接相切于镜头里观察到的接触角得到。标准的影像分析系统会采用 CCD 摄像和图像采集系统,同时,通过软件分析接触角值。影像分析法测试接触角过程如图3-7所示。

图 3-7 影像分析法测试接触角

影像分析法的优点在于影像分析法接触角仪可使用环境远高于力测量法，容易测得各种外形品的接触角值，而力测量法接触角仪对于材质的均匀度和平整性均有较高的要求。影像分析法还可以用于测试高温条件下的样品的表面张力值，如熔化后的聚合物。

影像分析法同样存在缺点：①人为误差较大。这种缺陷是由于使用者的人为判断误差所致，接触角切线的再现能力较差；水平线的确认较困难，而水平线的高低不同，导致的结果也会有较大误差。②在前进、后退角测试过程中，样品进样过程的重复性较差。相对于力测量法测试动态接触角而言，这种缺陷是非常明显的。③无法准确测试纤维接触角和粉体接触角值。

插板法接触角测量仪也称倾板法接触角测量仪，其原理是固体板插入液体时，只有板面与液体的夹角恰好为接触角时液面才直平伸至三相交界处，不出现弯曲，如图3-8(b)所示。否则，液面将出现如图3-8(a)或图3-8(c)所示的弯曲现象。因此，改变板的插入角度直至液面三相交界处附近无弯曲，这时，板面与液面的夹角即为接触角。斜板法避免了作切线的困难，提高了测量的精度，但突出的缺点是液体用量较多。这在许多情况下妨碍了它的应用，且该法只能测试接触角小于90°的样品。

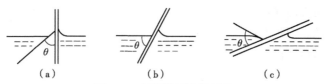

图3-8 斜板法测定接触角

3.1.3.2 力测量法(Wilhelmy法)

利用Wilhelmy法测定液体与固体样品板表面接触角如图3-9所示。在接触角不为零时，作用于材料上的力F为：

$$F = P\gamma_{gl}\cos\theta \tag{3-16}$$

式中　F——作用在材料上的总力，由接触角仪称重传感器测得；

P——材料横截面的周长；

γ_{gl}——液体的表面张力；

θ——液体-固体-空气的接触角。

若已知液体表面张力γ_{gl}和试样周长P，就可以求出接触角θ；若接触角为零，则可求出液体的表面张力，对于某些液体而言，利用铂金板即可求出其表面张力。

力测量法的优点在于：①力测量法接触角仪通过不断地升降板，可以测得整个样品的平均接触角值。②可以测得动态体系的接触角值，主要考察随时间变化而变化。特别对于接触角滞后现象能够有一个更好地观察。

力测量法的缺点在于：①首先得保证有足够的液体量使试样浸入。②样品必须切除，且最好知道周长、高度等几何参数。③要求样品均匀，足够小和轻。若超过传感器量程，测试是不可能完成的。④受温度影响较大，无法测得高温条件下的接触角值。

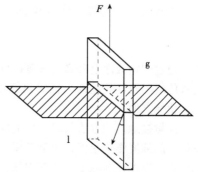

图3-9 Wilhelmy法测接触角的示意

3.1.3.3 透过测量法

透过测量法主要用于测量粉体接触角。此接触角测量仪的基本原理是：在装有粉末的管中固体粒子间的间隙相当于一束毛细管。毛细作用使可润湿固体粉末表面的液体透入粉体柱中。由于毛细作用取决于液体的表面张力和对固体的接触角，故测定已知表面张力液体在粉末柱中的透过性可以提供液体对粉末的接触角知识。在具体应用中，又把它分为透过高度法（又称透过平衡法，如图 3-10 所示）和透过速度法 2 种方法进行。

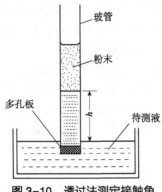

图 3-10 透过法测定接触角

(1) 透过高度法（透过平衡法）

测量原理：

$$h = \frac{2\gamma \cos\theta}{\rho g r} \tag{3-17}$$

式中　h——上升最大高度；
　　　γ——液体的表面张力；
　　　ρ——液体的密度；
　　　θ——接触角；
　　　r——粉末柱的等效毛细半径。

具体测定方法为用一已知表面张力 γ_0 和密度 ρ_0 且对所研究粉末接触角为 0 的液体测平衡透过高度 h_0，应用上式算出等效毛细半径 r，然后用同样的粉末柱测定其他液体的透过高度。

$$\cos\theta = \frac{\rho \gamma_0 h}{\rho_0 \gamma h_0} \tag{3-18}$$

由于粉末柱的等效毛细半径与粒子大小、形状及填装紧密程度密切相关，故粉末样品及装柱方法的同一性十分重要。

(2) 透过速度法

测试依据为可湿润粉末的液体在粉末柱中上升可看作液体在毛细管中的流动：

$$h^2 = \frac{\gamma r \cos\theta}{2\eta} \cdot t \tag{3-19}$$

由式(3-19)可以推导出 Washburn 方程：

$$\theta = \cos^{-1} \frac{-2\eta S}{\gamma r} \tag{3-20}$$

通过测定液面上升高度 h 随时间 t 的变化，作 h^2 对 t 的图，在一定温度下得一直线，从直线的斜率及等效毛细半径等可算出接触角 θ。其中 S 为直线斜率。此法与透过高度法相比，快捷方便。

测量接触角的方法很多，但要准确测量却不容易，主要是影响接触角的因素较多，尤其是样品的纯度影响很大，少量杂质的存在会使结果差别很大。因此，对液体与固体样品都要预处理，以保证其纯度，甚至空气也要净化。

3.2 接触角滞后

接触角的数值与液体是在"干"的固体表面上前进时测量的，还是在"湿"的固体表面上后退时测量的有关。前者的测量值称为前进角,以 θ_a 表示;后者为后退角,以 θ_r 表示。如图 3-11 所示,斜板法测接触角时,将板插入液体时 θ_a 将大于板抽出时的 θ_r。又如图 3-12(a) 所示,若注射液体到液滴中使液滴增大,此时的接触是前进角 θ_a,它将大于用注射器吸去液体使液滴缩小时的 θ_r,如图 3-12(b) 所示。例如,金属-水-空气的前进角是 95°,而后退角只有 37°。

前进角与后退角不等的现象称为接触角滞后,通常总是前进角大于后退角。引起接触角滞后的原因有很多,其中最主要的有 3 种:不平衡状态、固体表面的粗糙性和不均匀性。

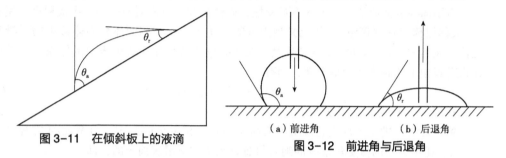

图 3-11　在倾斜板上的液滴

(a) 前进角　　(b) 后退角

图 3-12　前进角与后退角

3.2.1　不平衡状态

接触角的测定应该是在平衡状态下进行,也就是说,滴在固体表面的液滴、固体及气体所组成的体系处于热力学平衡状态。但由于某些原因,体系达不到平衡状态,如高黏度液体在固体表面上就难以达到平衡态。

例如,将一小玻璃珠放在热的铁板上,让玻璃慢慢熔化并铺展在固体局部表面上,当停止铺展时的接触角为前进角 θ_a。另外,将同种玻璃粉放在热的铁板上使其熔化,此时熔化玻璃在铁板上收缩,当它停止收缩时的接触角为后退角 θ_r。实验结果是,当温度在 1030~1225 ℃ 时,玻璃的黏度为 100.0 Pa·s,$\theta_a = \theta_r = 0° \sim 54°$。而温度降低,黏度增加,若高到 200~1100 Pa·s,$\theta_r = 0$,即玻璃粉熔化后不能收缩,$\theta_a - \theta_r = 29° \sim 132°$。这是因为收缩时黏度太大,无法达到平衡,因而 θ_a 与 θ_r 不等。

又如,采用 Wilhelmy 板法测定麦秸秆表面的接触角,分别采用水和脲醛树脂作为液体,对麦秸外表面和内表面及麦秸整秆进行接触角的测定,结果见表 3-2。可以看出,不论麦秸的哪个层面,与脲醛树脂的接触角略小于与水的接触角。这是因为脲醛树脂的表面张力为 67.3 mN/m,与实验中所用水的表面张力为 71.5 mN/m 相比要小,根据 Young 方程可知,接触角 θ 由固气、固液和液气界面张力所决定。在干净的空气中,对于指定的固体,液体的表面张力越小,其在固体上形成液滴的 θ 越小,因此麦秸的各层面与脲醛树脂的接触角要小于与水的接触角,但外表面差别最小,仅为 2.8°,而相比较而言,差别最大的是整秆的前进角,麦秸与水的接触角比与脲醛树脂的高 10.3°。由于后退角测定的是整根麦秸全部浸入液面下一定深度后向上回升的过程中液体与麦秸的接触角,因而其影响因素很多,差别较小。

表 3-2　麦秸的接触角(°)

秸秆类型		水	脲醛树脂
麦秸外表面		109.8	107.0
麦秸内表面		64.0	57.5
整秆	前进	86.0	75.7
	后退	49.0	46.3

注:表中液滴在麦秸表面的停留时间,外表面为 5 min,内表面为 30 s。

从表3-2中还可看出，麦秸内表面与水的接触角为64°，与脲醛树脂的接触角为57.5°，所以无论与水还是脲醛树脂接触，麦秸外表面的接触角要远大于内表面，内层的接触角均小于90°，属于可浸润；同理，麦秸外层的接触角均大于90°，不浸润。这是由于麦秆外表面很光滑，形成的角质层阻碍胶滴的润湿、扩散和渗透，而内表面没有角质层，利于胶滴的润湿、扩散和渗透。所以，采用脲醛树脂为胶黏剂生产复合材料时，麦秸通常需进行预处理。

3.2.2 固体表面的粗糙性

由于固体表面原子或分子的不可动性，固体表面总是高低不平的。粗糙程度常用粗糙因子(又称粗糙度)r来度量。r的定义是固体的真实表面积与相同体积固体假想的平滑表面积之比，显然$r \geqslant 1$。r越大，表面越粗糙。将Young方程应用于粗糙表面的体系，若某种液体在粗糙表面上的表观接触角为θ'，则有

$$r(\gamma_{gs}-\gamma_{ls}) = \gamma_{gl}\cos\theta' \tag{3-21}$$

式(3-21)称为Wenzel方程。

Wenzel方程的重要性是它说明了表面粗糙化对接触角的影响。由Wenzel方程可知，由于$r>1$，粗糙表面的接触角余弦的绝对值总是大于在平滑表面上的，即

$$r = \frac{\cos\theta'}{\cos\theta} > 1 \tag{3-22}$$

式(3-22)表明：

①$\theta<90°$时，$\theta'<\theta$，即表面粗糙化使接触角变小，润湿性更好；

②$\theta>90°$时，$\theta'>\theta$，即表面粗糙化会使润湿体系更不润湿。

例如，大多数有机液体在抛光的金属表面上接触角小于90°，因而在粗糙金属表面上的表观接触角更小。纯水在光滑石蜡表面上接触角为105°～110°，但在粗糙的石蜡表面上，实验发现θ'可高达140°。在应用吊片法测定液体表面张力的时候，为促使吊片与试液润湿良好，总是把吊片打毛，使其表面粗化；在制造防水材料时也要保持表面粗糙以达到更好的不润湿性。值得注意的是Wenzel方程只适用于热力学稳定平衡状态。

以正硅酸乙酯(TEOS)为原料，采用溶胶凝胶法制备得到SiO_2颗粒，随之与聚乙烯醇(PVA)溶液充分混合后，采用滴涂法将PVA/SiO_2悬浮液均匀涂覆在杨木表面。室温干燥12 h。进一步采用十八烷基三氯硅(OTS)单分子层自组装的方法进行表面改性，如图3-13所示。OTS水解产生的羟基与PVA/SiO_2复合物的羟基发生反应，从而将长链疏水烷基引入类花瓣状复合聚合物表面。PVA/SiO_2粗糙结构与长链疏水烷基相结合，使处理材表面与水接触角达到159°，实现超疏水，如图3-14(f)所示。

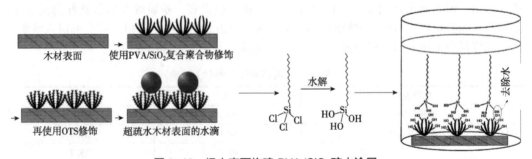

图3-13 杨木表面构建PVA/SiO_2疏水涂层

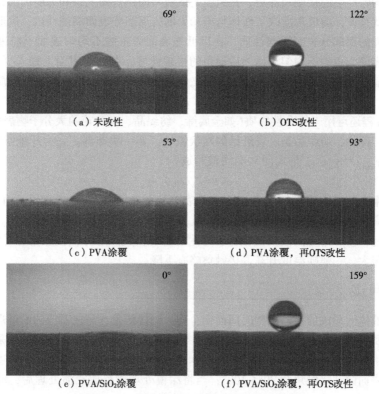

图 3-14　杨木表面构建疏水涂层的接触角

③粗糙的固体表面给准确测定真实接触角带来困难，如图 3-15 所示。

④由式(3-22)可以估计实验的误差，例如：
当 $\theta=10°$ 时，若 $r=1.02$，则 $\theta-\theta'=5°$；
当 $\theta=45°$ 时，则 $r=1.1$，才使 $\theta-\theta'=5°$；
当 $\theta=80°$ 时，则 $r=2$，才使 $\theta-\theta'=5°$。

由此可见，接触角越小时，表面粗糙程度的影响越大，要得到准确的真实接触角，表面需光滑。

3.2.3　固体表面的不均匀性

固体表面不同程度的污染或多晶性等会形成不均匀表面。设固体表面分别是由物质 A 和物质 B 组成的复合表面，两者各占分数为 x_A 和 x_B。复合表面的接触角 θ 与纯 A 表面和纯 B 表面的接触角 θ_A 与 θ_B 之间的关系为：

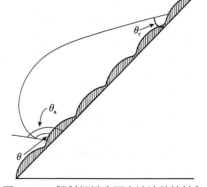

图 3-15　倾斜粗糙表面上液滴的接触角

$$\gamma_{gl}\cos\theta = x_A(\gamma_{gs}-\gamma_{ls})_A + x_B(\gamma_{gs}-\gamma_{ls})_B \quad (3-23)$$

或

$$\cos\theta = x_A\cos\theta_A + x_B\cos\theta_B \quad (3-24)$$

式(3-23)与式(3-24)称为 Cassie 方程。

可见，污染是造成接触角滞后的重要原因。例如，水能在清洁的玻璃表面上铺展，而不能在被污染的玻璃表面上铺展。这种污染有时是由于气相中极少量物质在固体表面上吸附造成的。

表面不均匀性引起接触角滞后，其原因是试液与固体表面上亲和力弱的部分的接触角是前进角。也就是说，前进角反映了液体与亲和力弱的那部分表面润湿性质，后退角反映了液体与亲和力强的那部分表面润湿性质。在以低能表面为主的不均匀表面上前进角的再现性好；以高能表面为主的不均匀表面上后退角的再现性好。在高能表面上掺入少量低能杂质，将使前进角显著增加而后退角影响不大。反之，以低能表面上掺入少量高能杂质，会使后退角大大减小。

Cassie 方程还可用于筛孔性物质（如金属筛、纺织品、有凸花的大分子物表面等）上润湿性质的研究。例如，纺织品是一种纤维的网状织物，如一块布料。x_B 为纤维空隙面积分数，$\gamma_{gs(B)}$ 为零，$\gamma_{ls(B)}$ 为 γ_{gl}。于是式（3-24）可改写成：

$$\cos\theta = x_A \cos\theta_A - x_B \tag{3-25}$$

研究结果表明，水滴在筛网和织物上的表观接触角与式（3-25）相符。由式（3-25）可见，若要提高织物的防水性，则应降低纤维孔隙的大小，把织物编织得紧密些。

综上所述，接触角与固液气三相物质的性质密切相关。此外，接触角也受温度的影响，但影响不是很大。一般随温度升高，接触角略有下降。

3.3 动润湿

固体与液体间形成的接触角随时间而变，称为动接触角，与之对应的润湿现象称为动润湿。在生物质复合材料生产与制造过程中，许多润湿是在运动过程中发生的。采用酯化处理的木质素对木材表面进行涂覆处理后，水在木材表面的动接触角为 90°～120°（涂覆型），乙二醇在木材表面的动接触角为 70°～100°；当将涂覆处理调整成浸渍处理后，动接触角分别为 120°～140°（水）、110°～130°（油），如图 3-16 所示。

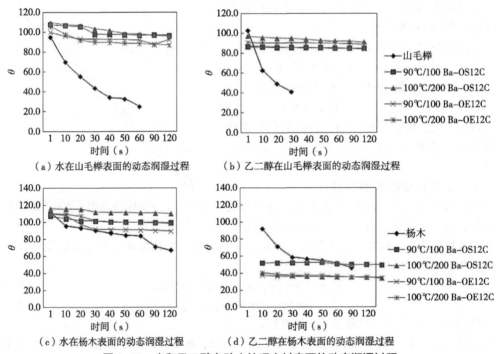

(a) 水在山毛榉表面的动态润湿过程　　(b) 乙二醇在山毛榉表面的动态润湿过程

(c) 水在杨木表面的动态润湿过程　　(d) 乙二醇在杨木表面的动态润湿过程

图 3-16　水和乙二醇在疏水处理木材表面的动态润湿过程

动接触角与动润湿研究对于一些黏度较大的液体在固体平面上的流动或铺展有重要意义，高黏度的胶黏剂在固体表面上难以达到平衡态，平衡时间长。表3-3为部分胶黏剂和涂料在木材表面润湿达到平衡时所形成的平衡接触角。该动润湿过程受到树种类型、木材构造特性、含水率以及胶黏剂种类及黏度等的影响。

表3-3 胶黏剂和涂料在木材表面的平衡接触角

材料	胶黏剂	平衡接触角(°)	达到平衡所需时间(s)
南方松 (Southern pine, *Pseudotsuga menziesii*)	聚二苯基甲烷二异氰酸酯(PMDI)	心材 顺纹 18.3[a]	80
		心材 横纹 26.5[a]	80
		边材 横纹 31.3[a]	80
	酚醛树脂(PF)	心材 顺纹 44.5[a]	80
		心材 横纹 56.4[a]	80
		边材 横纹 69.0[a]	80
道格拉斯杉 (Douglas-fir, *Pinus* spp.)	聚二苯基甲烷二异氰酸酯(PMDI)	心材 顺纹 21.0[a]	80
		心材 横纹 37.8[a]	80
		边材 横纹 24.7[a]	80
	酚醛树脂(PF)	心材 顺纹 51.0[a]	80
		心材 横纹 58.0[a]	80
		边材 横纹 56.7[a]	80
山毛榉(European beech wood, *Fagus sylvatica*)	苯酚间苯二酚甲醛树脂(PRF)	90[b]	600
速生杨木 (NL-6583)	脲醛树脂(UF)	35.4[c]	240
	酚醛树脂(PF)	71.6[c]	240
麦秸 (未处理外表面)	脲醛树脂(UF)	54.5[d]	900
	酚醛树脂(PF)	52.0[d]	900
	聚二苯基甲烷二异氰酸酯(PMDI)	37.5[d]	900
桦木单板(未处理)	单组分湿固化聚合物异氰酸酯	29.5	700
桦木单板(染色处理)		33.5	700
桦木单板(壳聚糖涂覆处理)		35.0	700

注：a 重复测试7次，b 重复测试10次，c 重复测试6次，d 重复测试5次。

(1) 树种和胶黏剂种类

木材表面胶黏剂平衡接触角受树种和胶黏剂种类共同影响。由于不同树种心、边材存在显著结构和化学成分差异，胶黏剂在其表面形成的平衡接触角变化规律表现出显著差异(如南方松边材胶黏剂平衡接触角大于心材，道格拉斯杉则表现相反趋势)。早材平衡接触角小于晚材。

(2) 各向异性

胶黏剂在木材表面形成的平衡接触角受木材各向异性影响，顺纹方向平衡接触角小于横纹方向。

(3) 含水率

木材表面自由能随含水率上升而增加，胶黏剂初始接触角随之减小，平衡接触角则由于胶黏剂与木材水分反应（如异氰酸酯）或是被木材水分稀释（如脲醛树脂），黏度迅速上升或下降，平衡接触角则随木材含水率增加相应增大或减小。

(4) 胶黏剂黏度

黏度越低，其在木材表面的渗透和铺展性能越好，平衡接触角越小。

实际的动态湿润过程常常需要寻求最大的湿润速度，同时保证湿润的均匀。湿润过程，动态接触角随湿润速度的增大逐渐增大；退润过程，动态接触角随退湿润速度的增大逐渐减小。如果表面湿润性能差，流体界面前进速度可能超过接触线移动速度，从而导致前进流体运动过快，后退流体被夹带。在镀膜工艺中，夹带的空气会破坏镀膜的均匀性，大大影响镀膜质量。

3.4 生物质材料的浸润性

3.4.1 生物质材料的接触角

液体在生物质材料表面的浸润是一个非常复杂的过程，受很多因素的影响。材料的多孔性、吸湿性、各向异性、构造的复杂性及抽提物含量都会对材料表面的热动力学特性、浸润性和表面自由能产生影响。

3.4.1.1 多孔性

Young 方程是对理想状态的材料而得出的，生物质材料（如木材）是由细胞壁和细胞腔构成的多孔性材料，其表面并非由均一物质组成。细胞腔充满了空气，故可将其看作细胞壁物质和空气组合而成的复合材料。木材的实质接触角（θ_W，即 Cassie 方程中的 θ_A）是无法直接测得的，但可以通过以下方法获得。当木材刚开始浸润时，木材表面的空隙充满了空气，此时的接触角可称为起始接触角（θ_0）。由于液体和空气不浸润，故式（3-25）中 $\theta_B = 180°$，式（3-25）可写成：

$$\cos\theta_0 = x_A \cos\theta_W - x_B \tag{3-26}$$

当木材的浸润至平衡时，其接触角称为平衡接触角（θ_u），平衡方程为：

$$\cos\theta_u = x_A \cos\theta_W - x_B \tag{3-27}$$

又由于

$$x_A + x_B = 1 \tag{3-28}$$

由式（3-26）～式（3-28）可知，利用实验方法得出 θ_0 和 θ_u，再代入以上三式通过联立方程，就可以求出 x_A，x_B，θ_W。Liptáková 利用此法得出榉木的 θ_0 为 55.39°，θ_u 为 18.82°，θ_W 为 21.01°，并分别利用不同的接触角数值计算了榉木的表面自由能，见表 3-4。从表 3-4 可以看出，利用 θ_W 计算得到的 γ_s 大于其他文献得到的 γ_s，且其极性分量比例较大，这可能是由于木材的多孔性造成的。

表 3-4 利用不同的接触角计算榉木的表面自由能

接触角	数值（°）	γ_s（mJ/m²）	γ_s^d（mJ/m²）	γ_s^p（mJ/m²）
θ_0	55.39	50.03	31.88	19.18
θ_W	21.01	68.08	24.48	45.53

3.4.1.2 抽提物含量

生物质材料的浸润性与其抽提物含量有关。Chen 利用倾板法测试了蒸馏水与几种热带木材的前进角(θ_a),表明当抽提物含量降低时,木材的浸润能力提高,pH 值增加。另外,他认为木材的浸润能力与木材和脲醛树脂胶黏剂的黏结特性呈线性相关。

Wålinder 和 Johansson 利用 Wilhelmy 法测试了蒸馏水、乙烯、乙二醇、甲酰胺、二碘甲烷、辛烷分别与短叶松心、边材以及经抽提处理的短叶松心、边材的接触角。研究表明,测试试液易受木材中所含抽提物的影响。在木材-液体的交界面或木材-液体-空气的交界线上,由于抽提物的溶解会使所测得的液体的表面张力有所降低,从而影响接触角的计算。此外,他们认为抽提物对液体的"污染"不仅存在于 Wilhelmy 法测接触角,在其他方法(如小液滴法、吸附法)中,这种影响同样存在。

3.4.1.3 测定时机

Wålinder 利用 Wilhelmy 法测接触角时发现,随着试样浸入液体的深度变化,接触角的数值会不断发生变化。研究表明,在一次浸润循环中,液体和生物质材料之间会发生吸附现象,这种现象可分为两种情况讨论:①当试样刚接触到液体时,在试样表面发生"原始吸附",原始吸附和液体的密度、构造特征(如多孔性、表面粗糙度)有关,而与表面能量无关,原始吸附常数可以通过测试不同试样和辛烷的浸润得到;②当"原始吸附"结束后,就会发生"次吸附"。当木片浸入一定深度时,次吸附的产生会使得接触角变为零。因此,从吸附作用和抽提物对液体的"污染"作用考虑,接触角的测定应以初始部分的接触角为准。

3.4.1.4 其他

(1) 老化过程

老化过程会降低生物质材料的浸润能力。Herczeg 通过对北美木材浸润性的研究,发现当新鲜木材放置了 45 h 后,其接触角从 40.8°增加至 77.2°。砂光处理可提高生物质材料表面的浸润性。Gindle 利用酸基理论研究了云杉、落叶松、榉木和橡木经砂光前后浸润性能的变化,研究结果见表 3-5。经砂光后,木材与二碘甲烷、甲酰胺和蒸馏水的接触角均有所降低,浸润性提高。通过扫描电镜观察,砂光后,木材表面的纤维、锯屑和一些纤维素成分被破坏了,有一部分进入细胞腔和纹孔中,木材表面的粗糙度降低。这种现象对于针叶材尤为明显。

表 3-5 砂光处理对木材表面接触角和自由能的影响

表面处理	树种	接触角(°)			表面自由能(mJ/m²)		
		二碘甲烷	甲酰胺	蒸馏水	γ_s	γ_s^{LW}	γ_s^{AB}
未砂光	云杉	16.46	3.48	32.28	58.79	48.73	10.05
	落叶松	16.94	6.9	30.97	58.29	48.59	9.7
	榉木	19.22	4.32	26.33	58.02	47.99	10.03
	橡木	19.6	4.45	37.23	59.04	47.88	11.16
砂光	云杉	14.87	0.95	19.82	57.48	49.1	8.37
	落叶松	13.16	2.96	16.33	56.95	49.42	7.48
	榉木	12.69	3.52	17.97	57.11	49.54	7.58
	橡木	12.7	2.78	26.62	58.26	49.59	8.67

(2) 含水率

Y. Zhang 利用 Wilhelmy 法研究了北美黄杉刨花的表面接触角和自由能，表明刨花的浸润性与刨花的质量、含水率有关，与刨花的密度和厚度无太大联系。

(3) 温度

Gunnell 利用动态接触角测试仪测试了黄杨、红橡的接触角和自由能，表明在温度 60 ℃ 时，木材表面发生了疏水性转化。造成这种转化的原因是木材表面非极性大分子的扩散，如抽提物的转移和重置，纤维素、半纤维素大分子的重新定向，或者两者皆而有之。

3.4.2 生物质材料的表面自由能

生物质材料的表面自由能和接触角一样，也是反映生物质材料热力学特性及浸润能力的一个参数。从 Young 方程来看，要使固体表面有被液体浸润的可能，固体表面自由能 γ_{gs} 必须大于液体的表面张力 γ_{gl}。关于生物质材料表面自由能的计算方法，一般采用研究高聚物表面自由能的理论，有临界表面张力法、几何平均求解法、倒数平均法、酸基理论计算法等。

3.4.2.1 Zisman 的浸润临界表面张力法

Zisman 等发现，液体同系物在同一固体表面上的接触角随着表面张力的降低而变小，若以 $\cos\theta$ 对液体表面张力作图，可得一直线，将直线外延到 $\cos\theta=1$ 处，所对应的液体表面张力值称为临界表面张力 γ_c，如图 3-17 所示。γ_c 是表征固体表面润湿性的经验参数，对某一固体而言，γ_c 越小，说明能在此固体表面上铺展的液体越少，其可润湿状态越差。

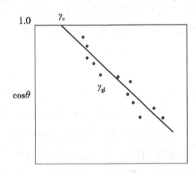

图 3-17 Zisman 临界表面张力法

利用 Zisman 的临界表面张力法估算生物质材料表面自由能应用广泛，但所选液体会对计算结果产生很大的影响。适合计算木材 γ_c 的液体为水-酒精，水-乙酸溶液体系。当一种液体的表面张力低于木材的浸润临界表面张力时，即 $\gamma_{gl}<\gamma_c$，则该液体能在木材表面上铺展。

3.4.2.2 Young-Good-Girifalco-Fowkes 的几何平均求解法

Good-Girifalco 理论认为固液界面张力为：

$$\gamma_{ls}=\gamma_{gs}+\gamma_{gl}-2\sqrt{\gamma_{gs}\gamma_{gl}} \tag{3-29}$$

将上式和 Young 方程结合得：

$$(\cos\theta+1)\gamma_{gl}=2\sqrt{\gamma_{gs}\gamma_{gl}} \tag{3-30}$$

Fowkes 假定液体的表面张力和生物质材料的表面自由能可分为色散力作用和极性力作用，则：

$$\gamma_i=\gamma_i^d+\gamma_i^p \tag{3-31}$$

将上式与 Young-Good-Girifalco 方程联立，则可得到：

$$(\cos\theta+1)\gamma_{gl}=2(\sqrt{\gamma_{gs}^d\gamma_{gl}^d}+\sqrt{\gamma_{gs}^p\gamma_{gl}^p}) \tag{3-32}$$

3.4.2.3 Wu 的倒数平均求解法

Wu 利用倒数平均法计算固体的表面自由能。

$$(\cos\theta+1)\gamma_{\mathrm{gl}}=4\left(\frac{\gamma_{\mathrm{gs}}^{\mathrm{d}}\gamma_{\mathrm{gl}}^{\mathrm{d}}}{\gamma_{\mathrm{gs}}^{\mathrm{d}}+\gamma_{\mathrm{gl}}^{\mathrm{d}}}+\frac{\gamma_{\mathrm{gs}}^{\mathrm{p}}\gamma_{\mathrm{gl}}^{\mathrm{p}}}{\gamma_{\mathrm{gs}}^{\mathrm{p}}+\gamma_{\mathrm{gl}}^{\mathrm{p}}}\right) \quad (3-33)$$

3.4.2.4 酸基理论计算法

van Oss 等(1988)认为液体或固体的表面张力由非极性分量——Lifshitz-范德瓦尔斯力 $\gamma_{\mathrm{i}}^{\mathrm{LW}}$(相对应于色散分量 $\gamma_{\mathrm{i}}^{\mathrm{d}}$)和极性分量——Lewis 酸碱 $\gamma_{\mathrm{i}}^{\mathrm{AB}}$(相对应于极性分量 $\gamma_{\mathrm{i}}^{\mathrm{p}}$)组成。而 $\gamma_{\mathrm{i}}^{\mathrm{AB}}$ 可表达成：

$$\gamma_{\mathrm{i}}^{\mathrm{AB}}=2\sqrt{\gamma_{\mathrm{i}}^{+}\gamma_{\mathrm{i}}^{-}} \quad (3-34)$$

根据酸基理论和 Young-Good-Girifalco-Fowkes 等式联立，则得到：

$$(\cos\theta+1)\gamma_{\mathrm{gl}}=2(\sqrt{\gamma_{\mathrm{gs}}^{\mathrm{LW}}\gamma_{\mathrm{gl}}^{\mathrm{LW}}}+\sqrt{\gamma_{\mathrm{gs}}^{+}\gamma_{\mathrm{gl}}^{-}}+\sqrt{\gamma_{\mathrm{gs}}^{-}\gamma_{\mathrm{gl}}^{+}}) \quad (3-35)$$

以上公式中，液体的 $\gamma_{\mathrm{gl}}^{\mathrm{LW}}$、$\gamma_{\mathrm{gl}}^{+}$、$\gamma_{\mathrm{gl}}^{-}$ 和接触角均可以通过实验确定，故利用 3 种不同的液体进行实验，再联立方程，即可计算出 $\gamma_{\mathrm{gs}}^{\mathrm{LW}}$、$\gamma_{\mathrm{gs}}^{+}$、$\gamma_{\mathrm{gs}}^{-}$ 及 γ_{gs}。表 3-6 为利用此法计算得到的木材表面自由能及其组成，从中可以看出，木材的表面自由能小于 60 mJ/m²，主要由色散分量构成，其比例为 81%~83%；极性成分所占比例较小，在极性成分中，主要由 Lewis 碱，即电子给予者(γ_{s}^{-})组成，故木材表面表现出弱酸性。

表 3-6 木材的表面自由能及其组成   mJ/m²

树种	γ_{s}	$\gamma_{\mathrm{s}}^{\mathrm{LW}}$	$\gamma_{\mathrm{s}}^{\mathrm{AB}}$	γ_{s}^{+}	γ_{s}^{-}
云杉	58.79	48.73	10.05	0.71	36.02
落叶松	58.29	48.59	9.7	0.63	37.82
榉木	58.02	47.99	10.03	0.63	41.24
橡木	59.04	47.88	11.16	1.01	30.63

3.4.2.5 几种方法的比较

表 3-7 为利用不同方法计算得到的木材的表面自由能。木材的表面自由能在 30~60 mJ/m² 的范围内，属于低能表面。相对于同一种液体，木材表面自由能 γ_{gs} 越大，越易被浸润。表 3-7 反映出利用 Zisman 临界表面张力法、酸基理论计算法、几何平均求解法、倒数平均求解法 4 种方法分别计算得到的木材的表面自由能结果并不相同。几何平均求解法所求得的结果比其他 3 种方法都高，其他 3 种方法求得的结果较为一致。利用 Zisman 临界表面张力法所求得的临界表面张力 γ_{c} 偏低，但与酸基理论计算法求得的结果比较接近，因此可以用 Zisman 的临界表面张力来近似求出总的表面张力。

表 3-7 利用不同方法计算的木材表面自由能

树种	木材表面自由能的求解方法(mJ/m²)			
	Zisman 临界表面张力法	酸基理论计算法	几何平均求解法	倒数平均求解法
白蜡树	42.9	43.23	76.91	45.64
樱桃木	48.1	54.3	62.24	46.13
枫木	46.8	53.3	69.12	47.12
红橡	46.8	47.97	67.00	47.05
白橡	31.4	40.00	54.84	43.71
胡桃木	10.8	42.55	71.46	44.59

此外，几何平均求解法和倒数平均求解法只需采用2种液体，而表3-7中利用酸基理论计算木材表面自由能时用了5种液体，故其所得结果准确性较高，能解释大部分木材的表面自由能组成和酸性特点。

3.5 气体在固体表面的吸附

3.5.1 吸附作用

固体不具有流动性，这使得固体不能像液体那样以尽量减小表面积的方式降低表面能。但固体表面的剩余力场能对碰到固体表面上的气体分子产生吸引力，使气体分子在固体表面上发生相对地聚集，其结果可以减少剩余力场，以降低固体的表面能，使具有较大表面积的固体系统趋于稳定。

气体分子在固体表面上相对聚集的现象称为气体在固体表面上的吸附，简称气-固吸附。

吸附作用使固体表面能降低，是自发过程，因而难以获得真正干净的没有吸附气体的纯固体表面。

当固体处于气相中时，气相中的分子可以被吸附到固体表面上来；已被吸附的分子也可以解吸回到气相中。吸附气体的固体称为吸附剂；被吸附的气体称为吸附质。吸附剂的选择应具有良好的选择性，巨大的表面积和具有良好的再生能力和耐磨强度，同时也要考虑物源丰富，成本低廉。常用的吸附剂有硅胶、分子筛和活性炭。例如，防毒面具就是以活性炭为吸附剂来吸附有毒气体的。活性炭对于非极性成分，饱和键化合物和分子直径、相对分子质量大的气体选择性吸附的倾向很强。

固体的吸附性能与其表面能密切相关。单位质量的吸附剂具有的表面积为比表面积。比表面积是物质分散程度的一种表征方法。可按式(3-36)计算：

$$A_0 = \frac{A}{W} \tag{3-36}$$

式中　A_0——物质的比表面积，m^2/g；
　　　A——物质的总表面积，m^2；
　　　W——物质的质量，g。

物质被粉碎成微粒后，其总表面积急剧增大，提高了固体比表面积从而提高固体的吸附能力。表3-8总结了通过氮吸附法测定的几种纳米材料的比表面积。从表中可看出，与常态材料相比较，纳米材料比表面积都较大。例如，TiO_2的比表面积为$80\sim120\ m^2/g$，而纳米TiO_2的比表面积高达$170\sim200\ m^2/g$。通常粒子的形态不一样，所测定的比表面积也不一样，如纳米微晶纤维素与纳米纤丝，两者形态不一，则比表面积也有差别。

表3-8　纳米材料的比表面积

材料种类	比表面积(m^2/g)	材料种类	比表面积(m^2/g)
纳米微晶纤维素	150~1000	纳米纤丝	150~200
纳米二氧化硅	200~1000	纳米二氧化钛	170~200
二氧化钛	80~120	纳米氧化锌	30~50
纳米氧化铝	100~200		

提高固体吸附能力的另一种方法是使固体具有许多内部空隙，即具有多孔性。多孔性吸附剂孔径的大小及分布对其吸附性能有重要的影响，被吸附分子的尺寸与吸附剂孔径的大小应相适应。这就使得某些吸附剂具有一定的选择性，这一特性在挥发性有机气体（VOCs）的智能检测和治理中非常重要。

3.5.2 物理吸附和化学吸附

根据吸附剂和吸附质之间相互作用力不同，可以将吸附分为物理吸附和化学吸附2种。物理吸附时，吸附剂和吸附分子间的作用力主要是范德瓦尔斯力（包括氢键的形成）。因此，物理吸附层可看作蒸汽冷凝形成的液膜，物理吸附热的数值与液化热相似，一般在 40 kJ/mol 以下。发生物理吸附时，吸附剂表面和吸附分子的化学组成与性质不发生变化；而发生化学吸附时，吸附剂和吸附质分子间发生化学反应，以化学键相结合，化学吸附热也与化学反应热相似，一般在 80~400 kJ/mol。

由于物理吸附和化学吸附在分子间作用力上有本质不同，所以表现出许多不同的吸附性质。物理吸附仅仅是一种物理作用，没有电子转移，没有化学键的生成与破坏，也没有原子重排等，基本上无选择性，任何固体都可以吸附任何气体。吸附可以是单分子层，也可以是多分子层；吸附了气体分子的表面仍可以再吸附气体分子。吸附力弱，吸附速率快，很容易达到平衡，也易解吸。物理吸附不需要活化能，所以吸附速率一般不受温度的影响。一般来说，物理吸附热与气体的液化热相近。化学吸附相当于吸附剂表面分子与吸附质分子发生了化学反应，在红外、紫外、可见光谱中会出现新的特征吸收带，吸附热与化学反应热相近，但比物理吸附热大得多；固体表面的分子只能与特定类型的气体分子形成化学键，所以化学吸附选择性较强，只能是单分子层吸附；吸附速率慢，难以达到平衡，解吸较难，需要的活化能大，所以速率一般较小，且随温度的升高，吸附速率增加。

物理吸附和化学吸附不是截然分开的，两类吸附常常同时发生，并且在不同的情况下，吸附性质也可以发生变化。一般来说，低温下主要是物理吸附，高温下主要是化学吸附。物理吸附和化学吸附的具体区别见表 3-9。

表 3-9 物理吸附和化学吸附的比较

性质	物理吸附	化学吸附
吸附力	范德瓦尔斯力	化学键
吸附强度	弱	强
吸附层数	单层或多层	单层
吸附热	小，近于液化热	大，近于反应热
选择性	无或很差	较强
可逆性	可逆	不可逆
吸附平衡	快，易达到	慢，不易达到
活化能	小	大

3.5.3 吸附平衡与吸附量、吸附热

在一定的温度和压力条件下，当吸附速率与解吸速率相等，即单位时间内被吸附到固体表面上的气体量与解吸回到气相中的气体量相等时，即达到吸附平衡。此时吸附在固体表面上的气体量不再随时间而变化。达到吸附平衡时，单位质量的吸附剂所吸附气体在标准状况

下所占的体积或气体的物质的量计算公式如下。

(1) 单位质量的吸附剂所吸附气体的体积

$$\Gamma = \frac{V}{m} \tag{3-37}$$

式中 Γ——吸附量，m^3/kg；
V——所吸附气体的体积，m^3；
m——吸附剂的质量，kg。

(2) 单位质量的吸附剂所吸附气体物质的量

$$\Gamma = \frac{n}{m} \tag{3-38}$$

式中 Γ——吸附量，mol/kg；
m——吸附剂的质量，kg；
n——所吸附气体物质的量，mol。

吸附过程中所放出的热量称为吸附热。吸附热的大小可以衡量吸附的强弱程度，吸附热越大，吸附越强。吸附是自发的，因此吸附过程中吉布斯自由能减少。当气体分子被固体表面吸附后，气体分子从原来的三维空间运动变成固体表面的二维运动，有序性增加，混乱度降低，因此熵值减少。根据热力学基本公式，焓变必定小于 0，所以吸附通常都是放热过程。

3.5.4 吸附等温线和吸附等温式

3.5.4.1 吸附曲线

以吸附发生时压力与其他饱和蒸气压之比所表示的相对压力为 x 轴、气体吸附量 V 为 y 轴作图得到吸附等温线，一般可归纳为 5 种类型，如图 3-18 所示。其中第 1 种为单分子层吸附，其余 4 种皆为多分子层吸附。

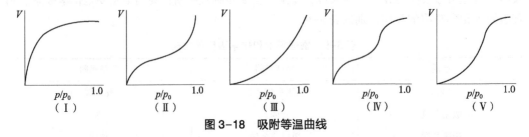

图 3-18 吸附等温曲线

（Ⅰ）在一定压力后成型接近饱和的情况，限于单层吸附的化学吸附属于这种类型，常称为 Langmuir 型。物理吸附也有这种情况，常出现于微孔吸附剂的吸附。由于孔壁邻近效应，引起吸附的作用能显著提高，在相对压力很小的范围内，微孔就逐渐填满，以后随相对压力的增加，微孔吸附逐渐呈饱和。表征微孔填充的主要几何参数是微孔体积，而不是微孔壁的表面积。

（Ⅱ）常称为"S"形等温线。吸附剂孔径大小不一，发生多分子层吸附。在比压接近 1 时，发生毛细管和孔凝现象。如 -196 ℃ 时 N_2 在铁催化剂上的吸附。

（Ⅲ）这种类型较少见。当吸附剂和吸附质相互作用很弱时会出现这种等温线，如 79 ℃ 时 Br_2 在硅胶上的吸附。

（Ⅳ）多孔吸附剂发生多分子层吸附时会有这种等温线。其解释与类型（Ⅱ）相似，不同的是吸附剂含相当多的中孔，在一定的相对压力范围吸附质在中孔内的毛细管凝聚呈现饱和。如 50 ℃时苯蒸气在氧化铁凝胶上的吸附。

（Ⅴ）发生多分子层吸附，其与类型（Ⅲ）的区别正如（Ⅲ）和（Ⅱ）的区别一样，也是由于吸附剂含相当多的中孔产生了毛细管凝聚，在一定的相对压力范围内呈现饱和。如 100 ℃时水蒸气在活性炭上的吸附。

3.5.4.2 吸附等温式

对于这些吸附曲线，人们提出了各种吸附模型，得到吸附等温方程，试图从理论上解释一些现象。其中比较经典的主要有 Langmuir 吸附等温式、Freundlich 经验式和 BET 吸附等温式。

(1) Langmuir 吸附等温式

Langmuir 吸附等温式描述了吸附量与被吸附蒸气压力之间的定量关系，是理想的吸附公式，它代表了在均匀表面，吸附分子互不发生相互作用，并且是单分子层情况下的吸附达到平衡时的规律。他在推导该公式的过程引入了两个重要假设：一是吸附是单分子层；二是固体表面是均匀的，被吸附分子之间无相互作用。但木质材料表面是不均匀的，且属于多孔性物质，当气体压力较高时，气体在毛细孔中可能发生液化，Langmuir 的理论和公式就不适用。

(2) Freundlich 吸附等温式

Freundlich 吸附等温式主要是在中压范围内，由实验数据总结出的经验公式，有 2 种表示形式：

$$q = kp^{1/n} \tag{3-39}$$

$$\Gamma = \frac{x}{m} = kp^{1/n} \tag{3-40}$$

式中　q——吸附量，cm^3/g；
　　　m——吸附剂的质量，g 或 kg；
　　　x——被吸附的气体量，mol、g 或 L；
　　　Γ——吸附量；
　　　x/m——单位质量吸附剂吸附的气体之量；
　　　p——吸附平衡时气体的压力；
　　　k，$1/n$——经验常数（在一定温度下，对一定的吸附剂而言为常数），它们的大小与温度、吸附剂和吸附质的性质有关。k 值可视为单位压力时的吸附量，一般随温度的升高而降低，$1/n$ 是一个真分数，在 0~1。其值越大，表示压力对吸附的影响越显著。为了求出 k 和 n 的值，对式(3-40)两边取对数。可以得到一个直线方程式：

$$\lg \Gamma = \lg K + \frac{1}{n} \lg p \tag{3-41}$$

若以 $\lg \Gamma$ 为纵轴，$\lg P$ 为横轴作图，可得一直线，其斜率为 $1/n$，直线在纵轴上的截距为 $\lg K$，由此可求得常数 K 和 n。

Freundlich 吸附等温式为一经验公式，它的形式简单，使用方便，应用广泛，通常适用于中压范围。但经验常数 k 和 n 没有明确的物理意义，不能说明吸附作用的机理。

(3) BET 吸附等温式

气体吸附是测量和研究固体表面结构的重要方法之一。BET 吸附法一般被认为是测量颗粒物质比表面积的标准方法。该方法是在 1938 年由 Brunauer、Emmett 和 Teller 三人提出的多分子层吸附公式，简称 BET 公式。他们接受了 Langmuir 理论中关于吸附和脱附两个相反过程达到平衡的概念以及固体表面是均匀的、吸附分子的脱附不受四周其他分子的影响等看法。改进之处是认为表面已经吸附了一层分子之后，由于气体本身的范德瓦尔斯引力，还可继续发生多分子层的吸附。

固体表面的分子或原子存在剩余的表面张力。当气体分子运动到固体表面附近时，会由于表面引力相互作用而被吸附。吸附可分为物理吸附和化学吸附。物理吸附也称为范德瓦尔斯吸附，是由分子间作用力引起的，如蒸气凝聚成液体，这种类型的吸附只有在低于气体临界温度的条件下才能进行。在一定压力下，物理吸附的气体量随温度下降而增加。所以，大部分的比表面积分析都是在低温下进行的。物理吸附是固体与气体间比较弱的相互作用结果。所以几乎所有被吸附的气体可在吸附时的同样温度下通过抽真空被除去。物理吸附通常都是可逆的，即吸附平衡后若气体压力降低，则会迅速发生脱附。化学吸附相当于吸附剂表面分子与吸附质分子发生了化学反应，其吸附能相当大。化学吸附的气体通过降低压力是不易去除的，并且当化学吸附的气体除去时，可能同时发生化学反应。通常比表面积的分析方法以物理吸附为主。

在固体表面上吸附的气体只有一个分子的厚度，称为单层吸附。通常情况下，固体表面吸附了一个分子后，由于表面引力场的作用以及被吸附分子与气体分子间也有引力，其上面仍可再吸附一个或几个吸附质分子，称为多层吸附。

根据孔隙的大小，孔截面尺寸大于 50 nm 的称为大孔(macropore)，2~50 nm 的称为中孔(mesopore)，小于 2 nm 的称为微孔(micropore)。对于通常的吸附，表面只有大孔的颗粒可以作为无孔颗粒，仅有上述所说的层吸附。对于中孔，除了在孔壁上能进行层吸附外，在孔中会发生毛细管凝聚现象。这是由于已形成的吸附层连成的液面凹形弯月面，致使吸附质在低于通常蒸气压的压力下就产生了液化。至于微孔，孔壁的固体表面间距非常近，固体表面的引力场必然产生空间中的重叠，比平坦固体表面的引力场不但大得多，而且是体积性的。在微孔情况下，气体分子会低于较低的压力就大量进入孔中而富集，成为吸附态。这种吸附称为微孔填充(micropore filling)。实际测量的物理吸附包括层吸附、毛细管凝聚与微孔填充。

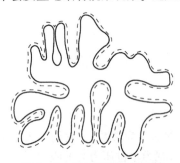

图 3-19　吸附法测量的颗粒表面积(图中虚线部分)

通过测量吸附于固体表面的气体吸附质的量，包括吸附质覆盖于固体最外部和可到达的内部孔的表面(图 3-19)而形成的单一分子层的量，依据 BET 公式，计算固体单分子层吸附体积 V_m，从而求出固体的比表面积。

$$\frac{p}{V(p_s-p)} = \frac{1}{V_m C} + \frac{C-1}{V_m C} \cdot \frac{p}{p_s} \tag{3-42}$$

式中　p——平衡吸附压力，Pa；

　　　p_s——吸附温度 t 时氮气的饱和蒸气压，Pa；

　　　V——吸附体积(标准状态)，mol/g；

　　　V_m——单分子层吸附体积(标准状态)，mol/g；

　　　C——与吸附热和冷凝热有关的常数。

可以使用能在固体表面形成微弱的键(范德瓦尔斯力)而被物理吸附的任何气体，氮气在它的沸点(约 77 K)时，通常是最合适的吸附质。对于小比表面积的样品，可以使用大相对分子质量的吸附质或饱和蒸气压低于氮气的吸附质(如氪气)。

当气体吸附质(如氮气)送入处于恒温状态下(液氮低温浴)的样品管,在平衡状态下,测量处于某一压力 p 时的气体吸附质的量,以气体吸附质的量对相对压力 p/p_s 作图,得到吸附等温线。气体吸附质的量可以通过容积法、重量法、载气法等测定。

3.5.5 多孔性固体的吸附

3.5.5.1 毛细凝结现象

对凹液面的 Kelvin 公式有：

$$\ln\frac{p_r}{p_0}=-\frac{2V_m\gamma\cos\theta}{RTr} \tag{3-43}$$

式中的负号是因为凹液面而引入的,则曲率半径 r 总是取正值。由式(3-43)可知,若吸附质液体可以润湿毛细孔孔壁,则吸附液膜在孔中形成凹形弯月面,其平衡蒸气压小于相同温度下平液面上的蒸气压,毛细孔越小,即 r 越小,p_r 越小。因此,对正常平液面未达饱和的蒸气压,可以在毛细孔的弯月液面上凝结,随着气体压力增加,能发生气体凝结的毛细孔越大,这种现象称为毛细凝结现象。这是多孔性固体所具有的特殊吸附现象。首先将毛细管凝结理论联系到多孔性固体吸附现象的是 Zsigmondy。根据式(3-43),当吸附质蒸气的压力为 p_r 时,凡是半径小于 r 的毛细孔壁上将只发生正常的吸附。通常认为在发生毛细凝结之前,毛细孔壁会先吸附一个单分子层,换言之,式(3-43)中的 r 是 Kelvin 半径,用 r_k 表示,并不是毛细孔真实半径。设真实半径为 r,它是 r_k 与吸附层厚度 τ 之和,如图3-20所示。

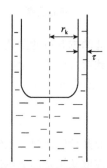

图 3-20　毛细孔中 Kelvin 半径与真实半径

$$r=r_k+\tau \tag{3-44}$$

将式(3-43)改写成：

$$r_k=-\frac{2\gamma V_m}{RT\ln\left(\dfrac{p_r}{p_0}\right)} \tag{3-45}$$

若吸附剂含有大大小小不同毛细孔时,则随着吸附质蒸气压增加,吸附剂中毛细孔将由小到大逐步被凝聚液体充满,吸附量也就增加了。当所有的孔为吸附质液体充满后,吸附量基本上不再增加,这就是图3-18中第Ⅳ类和第Ⅴ类吸附等温线的特点。

毛细凝结的证据之一是几种不同吸附质气体在其饱和蒸气压时在同一多孔固体上吸附总体积(按液态体积计算)相等,见表3-10。

表 3-10　不同吸附质 $p=p_0$ 时在同一种硅胶上的吸附体积　　　20℃,mL/g

吸附质	吸附体积	吸附质	吸附体积
甲酸	0.961	乙醇	0.958
乙酸	0.956	四氯化碳	0.961
丙酸	0.984		

3.5.5.2 吸附滞后现象

以多孔固体作吸附剂时,吸附质的吸附曲线往往有一段不相重合,而且脱附线总在吸附

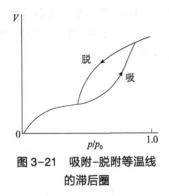

图 3-21 吸附-脱附等温线的滞后圈

线的左边,这种现象称为吸附滞后现象。图 3-21 是吸附-脱附等温线的滞后圈。大量实验结果表明,滞后圈的形状有多种,且与多孔性吸附剂的孔结构有关,换言之,由于毛细管的形状不同,可产生各种形状的滞后圈。故常通过各种模型的孔来说明滞后圈的形成。多孔性吸附剂孔结构大致可分为 3 种情况。

① 一端封闭的圆柱形或平行板形孔 在这种毛细孔中随着相对压力 p/p_0 增加,凝结过程所形成的弯曲面变化,和相对压力减小时脱附过程所形成的弯曲面变化正好可逆,所以吸附等温线与脱附等温线重合,不产生滞后现象。

② 两端开口的圆孔或平行板孔 开始毛细凝结时是在孔壁上的环状吸附膜液面上进行的,此弯月面的一个主曲率半径为 ∞,若吸附质液体完全润湿管壁,接触角 $\theta = 0°$,吸附时 Kelvin 公式可写成:

$$\ln \frac{p_{吸}}{p_0} = -\frac{V_m \gamma}{rRT} \tag{3-46}$$

而开始脱附时,毛细孔已被液态吸附质所充满,脱附是从毛细管口球形弯月液面开始,所以应服从正常的 Kelvin 公式,即:

$$\ln \frac{p_{脱}}{p_0} = -\frac{2V_m \gamma}{rRT} \tag{3-47}$$

由以上两式得:

$$\frac{p_{脱}}{p_0} = \left(\frac{p_{吸}}{p_0}\right)^2 \tag{3-48}$$

因为 $\frac{p_{脱}}{p_0}$ 或 $\frac{p_{吸}}{p_0}$ 是小于 1 的分数,所以同样大小的孔,$p_{吸} > p_{脱}$,产生吸附与脱附不重合的滞后圈。也就是说,若实验结果与式(3-48)相符,则多孔固体的孔可视为两端开口的均匀的圆柱形或平行板形的孔。

③ 口小内腔大的墨水瓶形状的孔 如图 3-22 所示,凝结是从瓶底开始,当吸附质气体的压力达到瓶底半径的平衡压力时,气体在瓶腔内凝结。压力增大,腔体逐渐被液体充满,直到孔口。脱附是从孔口即墨水瓶口开始的,故只有在低压时才能开始脱附,即 $p_{吸} > p_{脱}$,因而形成滞后圈。

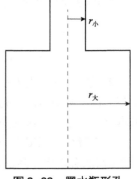

图 3-22 墨水瓶形孔

3.5.5.3 孔径分布

要了解多孔性吸附剂的孔结构全貌,就必须测定样品的孔径分布。特别是催化剂的催化活性常与其孔径分布有关。多孔性物质的孔径分布测定方法,随其孔径范围大小而定。通常孔半径在 10 nm 以下的多孔物,用低温氮吸附或有机蒸气吸附法测定;孔半径在 10 nm 以上的多孔物常用压汞法测定,且孔径越大,用压汞法测定越方便。

由于汞对固体一般不润湿,若汞滴大于孔径,则不能进入孔中。若要使汞进入孔,必须加压,如图 3-23(a)所示。因为孔端面面积为 πr^2,所以将汞压入的力为 $f_1 = \pi r^2 p$。图 3-23(b)为汞压入孔隙的示意。加压时汞表面要扩大,表面能也变大,因而使它又产生了缩小的

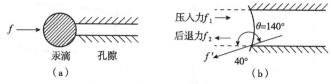

图 3-23 汞压入孔隙中的示意

趋势,即汞要回缩,其方向为 f',则水平方向的力 f_2 为:

$$f_2 = f' \cos 40° = -2\pi r\gamma \cos 140° \quad (3\text{-}49)$$

平衡时压汞力 f_1 和由表面张力引起的后退力 f_2 相等,则:

$$\pi r^2 p = -2\pi r\gamma \cos 140° \quad (3\text{-}50)$$

整理后得:

$$r = -\frac{2\gamma \cos 140°}{p} \quad (3\text{-}51)$$

式中 p——外加压力;

r——孔半径;

γ——汞的表面张力,通常取 480 mN/m;汞与孔壁表面的接触角通常取值 140°。

式(3-51)是用压汞法测孔径分布的基本公式。

于是:

$$r = -\frac{2 \times 0.480 \times (-0.766)}{p} = \frac{7350 \times 10^5}{p} (\text{nm}) \quad (3\text{-}52)$$

由式(3-52)可知,若 $p = 1.013 \times 10^5$ Pa,即正常压力下,则 $r = 7260$ nm,即半径为 7260 nm 的孔,必须施加 1.013×10^5 Pa 的压力才能将汞压入。同理,对于半径为 7.3 nm 的孔,必须以 $1000 \times 1.013 \times 10^5$ Pa 的压力,即为正常压力的 1000 倍。压力越高,实验条件越困难,因而压汞法常用于孔径较大的多孔性物质的孔径测定。目前压汞仪常用的最大压力约为 200 MPa。

3.5.5.4 微孔填充

大比表面的活性炭、沸石及一些微孔硅胶、氧化铝等的孔大多是微孔,其孔径大小和一般分子大小同数量级,物质在这类吸附剂上的吸附,其吸附机理与毛细凝结是完全不相同的。

在微孔内填充的吸附分子不能以吸附层的概念来描述,表征微孔吸附的重要参数不是微孔的表面积,而是微孔孔容。由于微孔中弯月面的含义是不确切的,微孔吸附剂也不能应用 Kelvin 公式,因而也不存在吸附滞后现象。

图 3-24 给出了苯和正己烷在沸石上的吸附实例。由图 3-24 可见,微孔填充有以下几个特点:

①在低压下即可开始微孔填充并很快使吸附达到最大吸附量。

②吸附等温线基本上是 Langmuir 型的,当 p/p_0 接近 1 时吸附量增加,是因为微孔填满后在沸石颗粒间发生了吸附(或多层吸附)。

③等温吸附线和脱附线是重合的,无吸附滞后圈。

由图 3-24(b)还可以看出,由于正己烷是直链型分子,可以进入这两类沸石的孔穴,所以正己烷在 5A 和 13X 沸石上的吸附等温线没有多大差别。然而苯分子比 5A 沸石的孔径大,不能进入 5A 沸石中,其吸附量极小,因而 5A 沸石又称 5A 分子筛,起到了筛分分子的作

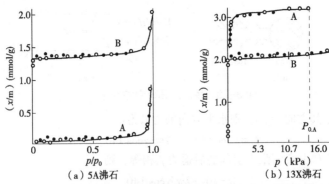

图 3-24 苯(A)和正己烷(B)在沸石上的吸附(空心点)-脱附(实心点)等温线

用。13X 沸石的孔径较大,苯能进入其微孔中,且与沸石表面作用强烈,故苯的吸附等温线在正己烷之上。

Dubinin 等根据吸附势理论提出了微孔填充理论,认为是微孔势能场的叠加,加大了固体表面与吸附质分子间的作用能,从而在极低压力下就可以有大的吸附量,直到微孔全部填满。

3.5.6 影响吸附的因素

3.5.6.1 温度

气体吸附一般是放热过程,因此无论物理吸附还是化学吸附(有例外),温度升高时,吸附量是减少的。在实际体系中,可根据需要确定最适宜的温度,温度并不是越低越好。

在物理吸附中,要有明显的吸附作用,一般温度控制在气体的沸点附近。例如,常用的吸附剂活性炭、硅胶、Al_2O_3 等,对吸附质 N_2 要在其沸点 $-195.8\ ℃$ 附近才能进行吸附,对吸附质 He 要在沸点 $-268.6\ ℃$ 才能进行吸附,而在室温下这些吸附剂都不吸附 He 和 N_2 或空气,所以气相色谱实验中常用 He 或 N_2 等作载气。

在化学吸附中,情况比较复杂,例如,H_2(沸点为 $-252.5\ ℃$)在室温下,不被上述吸附剂所吸附,但在 Ni 或 Pt 上则被化学吸附。

温度不仅影响吸附量,还能影响吸附类型。如 H_2 在 $MgO-Cr_2O_3$ 催化剂上的吸附,$-78\ ℃$ 时为物理吸附,而 $100\ ℃$ 时为化学吸附。

3.5.6.2 压力

无论是物理吸附还是化学吸附,增加吸附质平衡分压,吸附速率和吸附量都是增加的。物理吸附类似于气体的液化,故吸附随压力的改变会可逆地变化,图 3-18 的 5 种类型吸附等温线反映了压力对吸附量的影响。

化学吸附实际上是一种表面化学反应,吸附过程往往是不可逆的,即在一定压力下吸附达平衡后,要使被吸附的分子脱附,单靠降低压力是不可行的,必须同时升温。因此,对吸附剂或催化剂进行纯化时,必须在真空条件下同时加热来驱逐其表面上的被吸附的物质。压力对化学吸附的平衡几乎无影响,即使在很低的压力下化学吸附也会发生。

3.5.6.3 吸附剂和吸附质性质

①遵循相似相吸的规则,即极性吸附剂易于吸附极性吸附质,非极性吸附剂易于吸附非极性吸附质。如活性炭、炭黑是非极性吸附剂,故其对烃类和各种有机蒸气的吸附能力较强。但炭黑的表面含氧量增加时,其对水蒸气吸附量将增大。又如硅胶、硅铝催化剂、

Al_2O_3 等是极性吸附剂,易于吸附极性的水、氨、乙醇等吸附质。

②无论是极性还是非极性吸附剂,一般吸附质分子的结构越复杂,沸点越高,被吸附的能力越强。这是因为分子结构越复杂,范德瓦尔斯力越大;沸点越高,气体越易凝结,这些都有利于吸附。

③酸性吸附剂易吸附碱性吸附质,反之碱性吸附剂易吸附酸性吸附剂。如硅铝催化剂、分子筛、酸性白土等均为酸性吸附剂或固体酸催化剂,故它们易吸附碱性气体,如 NH_3、水蒸气和芳烃蒸汽等。碱性吸附剂或催化剂如 Pt/Al_2O_3 易吸附酸性吸附质 H_2S 或 AsH_3 而中毒。这也可能是因为这些气体分子中有孤对电子,它们极易与 Pt 原子的空轨道形成配键。这是一种很强的化学吸附,故使催化剂中毒。

3.5.6.4 多孔性吸附剂的孔结构

上述反映的是吸附剂表面性质对吸附的影响。实际上,多孔性吸附剂的孔隙大小不但影响吸附速率,还直接影响吸附量的大小。

例如,A 型分子筛孔径为 0.4~0.5 nm,X 型和 Y 型分子筛孔径为 0.9~1 nm,苯分子的临界大小为 0.65 nm,故 X 型和 Y 型分子筛能吸附苯,而 A 型则完全不能吸附苯。又如,硅胶是极性吸附剂,有很大的吸水能力,但若将硅胶进行扩孔,比表面积大大降低,从而对水蒸气的吸附量也大大减小。

3.6 生物质材料的吸附

3.6.1 木材的吸湿和吸湿滞后

3.6.1.1 吸水与吸湿

(1) 吸水

木材吸水指木材吸收液体状态的水分,当木材浸渍于水中时,在细胞腔、细胞间隙及纹孔腔等大毛细管中,由于表面张力的作用,对液态水进行机械的吸收所产生的现象。在木材达到最大含水率前的任何含水率状态下,吸水都能进行。当干木材浸渍于水中时,首先是细胞腔等大毛细管作用吸收液态水,然后再将细胞壁物质润湿。

(2) 吸湿

木材吸湿指木材吸收气体状态的水分,是木材中的主要成分纤维素、半纤维素和木质素等的羟基以氢键形式所联结的水分子,是一种吸收扩散状态。在多数情况下这种吸收只有一层分子的厚度(即单分子层),即使是以多分子层形式出现,也不会超过 10 个分子厚度。所以这种吸湿只有木材含水率低于 30% 以下才有可能。木材中水分在此限界以下,随周围空气相对湿度和温度而变化。当空气中的水蒸气压力大于木材表面水蒸气压力时,木材能从空气中吸收水分,把这种现象称为吸湿;反之,木材中水分向空气中蒸发称为解吸。木材的这类性质称为吸湿性。吸湿和解吸仅指吸着水的吸收和排除;干燥可指自由水和吸着水的排除。

当木材置于湿润空气中,由于细胞壁的吸附作用,而将细胞壁润湿。如空气相对湿度高达 99.5% 时,则细胞壁可以完全被水饱和,但细胞腔中仍不可能有液态水存在,因为细胞腔的直径还未达到足以使水蒸气凝结的程度。一定的相对蒸气压,一定毛细管半径内,对应的气态水才能凝结。相对湿度 99.5%,相对应能凝结毛细半径为 0.21 μm,它能使细胞腔内最大孔径如纹孔膜上小孔那类径级内的气态水凝结,而不能使纹孔腔、细胞间隙和细胞腔这类径级的水凝结(细胞腔最小直径一般都大于 5 μm)。

3.6.1.2 吸湿滞后

木材长期暴露在一定温度和相对湿度的空气中,木材最后会达到相对恒定的含水率,即蒸发水分和吸收水分的速率相等,此时,木材所具有的含水率称平衡含水率。木材从高湿度侧到达的平衡含水率称为解吸平衡含水率,从低湿度侧到达的平衡含水率称为吸湿平衡含水率。此2种含水率除零点以外,其水分含量均不相等,前者总大于后者2%~3%,即在同一相对湿度下,解吸平衡含水率总大于吸湿平衡含水率,把这种现象叫作吸湿滞后现象,如图3-25所示。

产生此现象的原因为木材干燥时,细胞壁内微纤丝间及基本纤丝之间的间隙缩小,氢键的结合增多,使结晶区增多,非结晶区减少,从而使木材中能与水亲合的氢键联结的羟基,

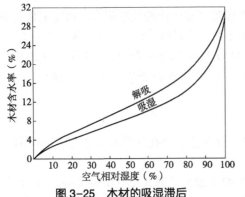

图3-25 木材的吸湿滞后

不能再全部恢复活性,因此造成吸湿平衡含水率低于解吸平衡含水率的这一滞后现象。

3.6.2 生物质炭的吸附行为

生物质炭是指以生物质为原料,在缺氧条件下热解得到的具备一定芳香化且难溶的固体碳质材料,具有比表面积大、离子交换能力好、孔隙度高等优点。He Donglin 等使用 BET 测试方法,对不同预处理方式制备得到的碳材料进行氮气吸脱附实验,其中将硫脲与桑叶粉混合所制得的碳材料比表面积高达 1687 m^2/g。进一步通过吸脱附曲线和 DFT 密度泛函理论分析多孔碳材料的孔结构和孔径分布情况,如图 3-26 所示。Li 等采用 $ZnCl_2$ 激活棕榈纤维的碳骨架,并进一步进行碳化,纳米微粒的比表面积由 612 m^2/g 显著增加至 3892 m^2/g,对孔雀石绿的吸附能力提高了 32.1%。

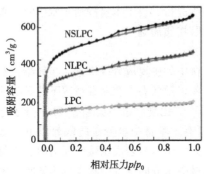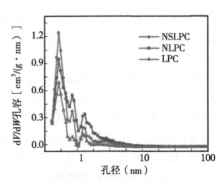

图3-26 不同处理条件下碳材料的氮气吸脱附曲线和孔径分布

注:NSLPC 为 N,S 掺杂梯状多孔碳材料;NLPC 为 N 掺杂梯状多孔碳材料;
LPC 为梯状多孔碳材料(ladder-like porous carbon, LPC)。

根据多孔材料的孔结构特征主要将孔分为通孔、闭孔、盲孔和交联孔等,依据孔的形状又可分为柱状孔、裂隙孔、锥形孔、球形孔等。气体吸脱附测试能够根据氮气吸脱附曲线的上升、下降的趋势等特点,分析材料具体孔结构。由于气体分子尺寸各异,可以进入的孔也各不相同,因此测量温度不同,得出的结果可能不同。由于氮气不是完全的惰性气体,氮气的四极矩作用使其与微孔表面的羟基基团发生特异性相互作用引起被吸附氮分子的取向效应,国际纯粹与应用化学联合会(UPAC)于 2015 年正式建议,氮气

不适合微孔样品的分析。特别是在检测超微孔(孔径<0.7 nm)材料时应该采用 Ar 或者 CO_2 作为气体探针。Ar 是单原子气体，无四极矩，沸点高，在孔径和比表面积检测时能够获得可靠的分析结果。

多孔材料在进行吸附测试时，并不是比表面积越高，孔容越大吸附能力越强。特定孔径及其对应孔容才是最主要的影响因素。如 Liu 等通过模拟发现由于 CO_2 与孔壁的相互作用，使得孔径小于 0.7 nm 的孔吸附的 CO_2 分子更多。Presser 等制备出碳化物衍生活性炭，通过研究发现具有最大总孔容积(1.61 cm^3/g)和最大比表面积(3101 m^2/g)的炭材料在常压下的 CO_2 吸附容量并不是最高，而孔径小于 0.8 nm 的炭材料具有更高的 CO_2 吸附性能，并且孔径在 0.5 nm 的炭材料具有最高的 CO_2 吸附容量。碘吸附性能测试常常被用来表征多孔材料的微孔发达程度。碘分子直径约为 0.34 nm，比碘分子直径稍大的微孔正是碘分子最佳的吸附孔径。如杨建校等通过研究碳化温度对多孔炭性能的影响，研究了在不同碳化温度下多孔炭对碘吸附值的变化程度。得出结论：碳化温度的升高，脱氢和脱氧的作用加强，有利于微孔的形成，碘吸附值增加，但碳化温度高于 600 ℃ 后，之前产生的微孔进一步烧蚀塌陷，增大碳化物的微孔孔径，导致了比表面积和碘吸附值的下降。所以在 600 ℃ 碳化温度条件下获得了最大碘吸附值达到 565 mg/g 的稻壳炭。

3.6.3　生物质炭复合材料的吸附-催化行为

基于生物质炭的优异特性，其被越来越多地应用于改性半导体型光催化剂，以延长光生电子-空穴对的寿命，同时为复合体系提供良好的吸附能力，以解决催化剂吸附能力相对较弱的不足。以纳米晶纤维素(nanocrystalline cellulose，NCC)为形貌诱导模板，醋酸锌[$Zn(CH_3COO)_2 \cdot 2H_2O$]为锌源，采用原位聚合法制备 NCC/ZnO 纳米杂化物，再经 550 ℃ 高温碳化，得到生物质炭/ZnO 复合材料。图 3-27 为采用 BET 法测试生物质炭/ZnO 复合材料所得 N_2 吸附-脱附等温曲线。可以看出，ZnO 及生物质炭/ZnO 复合材料的 N_2 吸附-脱附等温曲线均属Ⅳ型吸附曲线。当相对压力低于 0.8 时，ZnO 吸附容量随相对压力的增加而缓慢增加，当相对压力达 0.8 时，N_2 发生毛细管凝聚，吸附容量迅速上升，如图 3-27(a)所示。当相对压力低于 0.4 时，BC0.03/ZnO(生物质炭与 ZnO 固体质量比为 0.03∶1)复合材料吸附容量开始增加，如图 3-27(b)所示，与纯 ZnO 相比，更有利于污染物的吸附。当相对压力增至 0.95 以上时，BC0.17/ZnO 复合材料表面 N_2 吸附容量保持不变，如图 3-27(c)所示，说明此时吸附已达到饱和。BC0.67/ZnO 与 BC0.17/ZnO 复合材料的 N_2 吸附等温线趋势一致，但 BC0.67/ZnO 复合材料的吸附容量更小，当相对压力接近 1.0 时，其吸附容量仅为 7.9 cm^3/g，如图 3-27(d)所示。在生物质炭/ZnO 体系中进一步引入 Ag 纳米粒子，Ag/BC/ZnO 复合材料在相同的相对压力下，具有更大的吸附容量，更有利于对污染物的吸附。随着 Ag 纳米粒子含量的增加，复合材料在相同的相对压力下，吸附容量呈不同程度地降低，如图 3-28 所示。

对生物质炭/ZnO 复合材料的 N_2 吸附-脱附等温曲线进一步观察可知，该复合材料的 N_2 吸附-脱附等温曲线均出现明显滞后环，表明生物质炭/ZnO 复合材料中存在多孔结构，孔结构的计算结果见表 3-11。可以看出，纯 ZnO 比表面积为 19.85 m^2/g，孔容为 0.083 cm^3/g；BC0.03/ZnO 复合材料比表面积增至 30.50 m^2/g，孔容增至 0.100 cm^3/g；BC0.17/ZnO 复合材料的比表面积进一步增大至 33.51 m^2/g，但其孔容却降低至 0.055 cm^3/g，这表明有更多小尺寸孔生成。但是，BC0.67/ZnO 复合材料的比表面积和孔容均迅速降低，这是由于转化成生物质炭的 NCC 含量过高，表面大量的氢键自组装在一起，限制了纳米 ZnO 的分散，同时遮盖了部分 ZnO 表面，使其比表面积低于 ZnO。引入 Ag 纳米粒子后，Ag/BC/ZnO 复合材

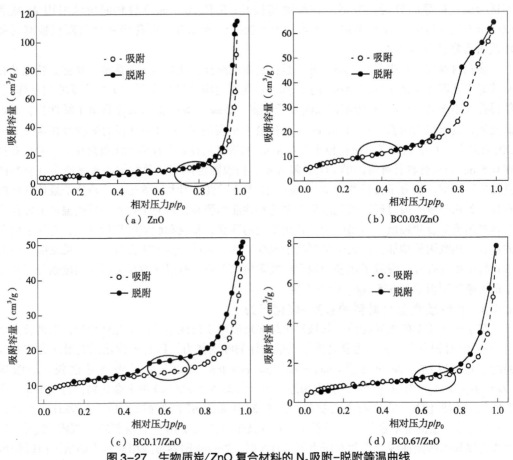

图 3-27 生物质炭/ZnO 复合材料的 N_2 吸附-脱附等温曲线

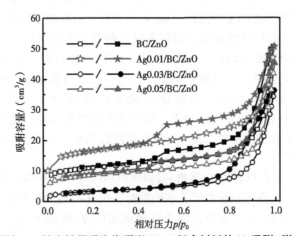

图 3-28 引入 Ag 纳米粒子后生物质炭/ZnO 复合材料的 N_2 吸附-脱附等温曲线

料的比表面积和孔容进一步增至 53.78 m^2/g 和 0.059 cm^3/g，而孔径却有所降低，为 115.66 nm，见表 3-12。这是由于 Ag 纳米粒子的引入改变了复合材料的孔结构，形成更多小尺寸的孔。随着 Ag 纳米粒子含量的增加，复合材料的比表面积降低、平均孔径增大。

表 3-11　生物质炭/ZnO 复合材料孔结构及 ZnO 的晶粒尺寸

样品	比表面积(m^2/g)	孔容(cm^3/g)	平均孔径(nm)
ZnO	19.85	0.083	405.16
BC0.03/ZnO	30.50	0.100	126.04
BC0.17/ZnO	33.51	0.055	188.99
BC0.67/ZnO	3.01	0.012	206.73

表 3-12　引入 Ag 纳米粒子后生物质炭/ZnO 复合材料的比表面积及孔结构

样品	比表面积(m^2/g)	孔容(cm^3/g)	平均孔径(nm)
BC/ZnO	35.51	0.055	188.99
Ag0.01/BC/ZnO	53.78	0.059	115.66
Ag0.03/BC/ZnO	11.31	0.056	225.58
Ag0.05/BC/ZnO	28.30	0.070	174.41

亚甲基蓝是一种流行的阳离子型工业染料，作为生化着色剂广泛应用于纺织、印染、皮革等行业。暴露于这种染料，可能严重影响人类健康，引起恶心、呕吐和呼吸困难等症状。长期接触亚甲基蓝甚至会导致人类和其他生物体的癌症或基因突变。如何有效地消除或替代亚甲基蓝已成为社会和环境关注的重大问题。以亚甲基蓝为模型污染物，将上述生物质炭/ZnO 复合材料用于亚甲基蓝的降解处理，其结果如图 3-29 所示。与纯纳米 ZnO 相比，生物质炭/ZnO 复合材料比表面积显著提高，具备优异的吸附性能，同时，纳米晶纤维素转化得到的生物质炭有效提高了 ZnO 的光生电子-空穴对的分离率。生物质炭/ZnO 复合材料通过吸附-光催化协同效应去除水体中的亚甲基蓝，去除率显著增加，如图 3-29(a)所示。当生物质炭与 ZnO 的固体质量比为 0.17∶1 时，制得生物质炭/ZnO 复合材料的平均孔径为 188.99 nm，比表面积为 33.51 m^2/g，在室温条件下，避光吸附 30 min 后，再使用 500 W 紫外灯照射 20 min，即可达到 99.8% 的降解率。引入 Ag 纳米粒子后，Ag 纳米粒子的表面等离子体共振效应则增强了复合体系在可见光区的吸收，Ag/BC/ZnO 复合材料在可见光下的光催化降解率得到显著提高，如图 3-29(b)所示。其中，当 $AgNO_3$、NCC、$Zn(CH_3COO)_2 \cdot 2H_2O$ 质量比为 0.01∶0.25∶1 时，制得的复合材料在可见光下具有最佳的光吸收性能和亚甲基蓝降解效率：室温条件下，黑暗中吸附 30 min，再用可见光照射 120 min，即可达到 99% 的降解率，显著高于 Ag/ZnO(~23%)、生物质炭/ZnO 复合材料(~64%)。

为进一步研究生物质炭复合材料对实际污染物的降解，将上述生物质炭/ZnO 复合材料应用于苯酚的降解处理，如图 3-30 所示。该降解过程受到生物质炭与 ZnO 配比、苯酚溶液初始浓度、生物质炭/ZnO 复合材料用量、pH 值影响。当生物质炭与 ZnO 的固体质量比为 0.01∶1、pH 值为 9 时，生物质炭/ZnO 复合材料对苯酚具有最佳的光降解性能。即苯酚溶液初始浓度为 100 mg/L，在室温条件下，避光吸附 60 min 后，再使用 125 W 紫外灯照射 90 min，即可达到 99.8% 的降解率，如图 3-30(a)所示；并且，该体系在循环使用 5 次后，对苯酚的降解效率仍保持在 95%，如图 3-30(b)所示。

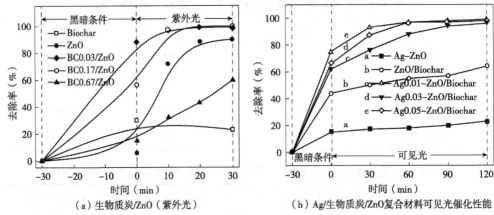

(a)生物质炭/ZnO(紫外光)　　(b)Ag/生物质炭/ZnO复合材料可见光催化性能

图 3-29　生物质炭/ZnO 复合材料对 MB 的吸附-光催化的过程

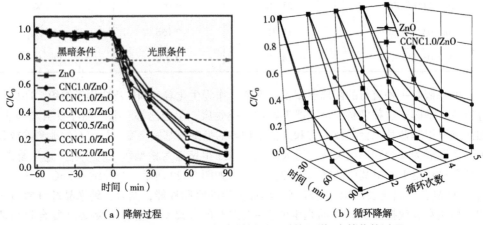

(a)降解过程　　(b)循环降解

图 3-30　生物质炭/ZnO 复合材料对苯酚的吸附-光催化的过程

参考文献

李坚, 2017. 生物质复合材料学[M]. 2版. 北京：科学出版社.

尹思慈, 2001. 木材学[M]. 北京：中国林业出版社.

颜肖慈, 罗明道, 2005. 界面化学[M]. 北京：化学工业出版社.

张洋, 周兆兵, 袁少飞, 等, 2008. 速生杨树木材表面的动态润湿性能和自由能研究[J]. 南京林业大学学报(自然科学版), 32(1)：49-52.

张宇航, 李伟, 马春慧, 等, 2021. 多孔炭材料吸附 CO_2 研究进展[J]. 林产化学与工业, 41：107-122.

杨建校, 张宇, 左宋林, 2009. 碱渍提法制备稻壳多孔炭试验[J]. 技术开发, 23：117-119.

黄慧玲, 张隐, 甘露, 等, 2020. Ag-ZnO/生物质炭纳米复合材料的制备及协同可见光催化性能[J]. 复合材料学报, 37(5)：1148-1155.

张隐, 黄慧玲, 魏留洋, 等, 2019. 生物质炭/ZnO 复合材料的制备及其吸附-光催化性能[J]. 复合材料学报, 36(9)：2187-2195.

MANTANIS G I, YOUNG R A, 1997. Wetting of wood[J]. Wood Science and Technology, 31：339-353.

GARDNER D J, 1996. Application of lifshitz-van der walls acid-base approach to determine wood surface tension components[J]. Wood and Fiber Science, 28(4)：422-428.

GARDNER D J, GENERALLA N C, GUNNELLS D W, et al., 1991. Dynamic Wettability of wood[J]. Langmuir, 7(11): 2498-2502.

GUNNELLS D W, 1992. Utilizing DCA analysis to investigate the effects of environmental conditions on the surface of wood[D]. West Virginia University, Morgantown, MV.

GINDLE M, SINN G, REITERER A, et al., 2001. Wood surface energy and time dependence of wettability: A comparison of different wood surfaces using an Acid-Base approach[J]. Holzforschung, 155(4): 433-439.

LIPTÁKOVÁ E, KÚDELA J, 1994. Analysis of the wood-wetting process[J]. Holzforschung, 48(2): 139-144.

CHEN C, 1970. Effect of extractive remove on adhension and wettability of some tropical woods[J]. Forest Products Journal, 20(1): 36-40.

WÅLINDER M E P, JOHANSSON I, 2001. Measurement of wood wettability by Wilhelmy method. Part1. Contamination of-probe liquids by extratives[J]. Holzforschung, 155(1): 21-31.

WÅLINDER M E P, STROM G, 2001. Measurement of wood wettability by Wilhelmy method. Part2. Determination of apparent contact angles[J]. Holzforschung, 155(1): 33-41.

HERCZEG A, 1965. Wettability of wood[J]. Forest Products Journal, 15: 499-505.

DEBESH C M, KAMDEM D P, 1998. Surface tension and wettability of CCA-treated red maple[J]. Wood and Fiber Science, 30(4): 368-373.

LIU F, WANG S, ZHANG M, et al., 2012. Improvement of mechanical robustness of the superhydrophobic wood surface by coating PVA/SiO_2 composite polymer[J]. Applied Surface Science, 280: 686-692.

GORDOBIL O, HERRERA R, LLANO-PONTE R, et al., 2017. Esterified organosolv lignin as hydrophobic agent for use on wood products[J]. Progress in Organic Coatings, 103: 143-151.

SHI S Q, GARDNER D J, 2001. Dynamic adhesive wettability of wood[J]. Wood and Fiber Science, 33(1): 58-68.

BOCKEL S, HARLING S, KONNERTH J, et al., 2020. Modifying elastic modulus of two-component polyurethane adhesive for structural hardwood bonding[J]. Journal of Wood Science, 66: 69.

LIU Z M, WANG F H, WANG X M, 2004. Surface structure and dynamic adhesive wettability of wheat straw[J]. Wood and Fiber Science, 36(2): 239-249.

WEI S, SHI J, GU J, et al., 2012. Dynamic wettability of wood surface modified by acidic dyestuff and fixing agent[J]. Applied Surface Science, 258(6): 1995-1999.

HE D L, ZHAO W, LI P, et al., 2019. Bifunctional biomass-derived N, S dual-doped ladder-like porous carbon for supercapacitor and oxygen reduction reaction[J]. Journal of Alloys and Compounds, 773: 11-20.

LI S, WANG Y, WEI Y, et al., 2016. Preparation and adsorption performance of palm fiber-based nanoporous carbon materials with high specific surface area[J]. Journal of Porous Materials, 23(4): 1059-1064.

HACKETT C, HAMMOND K D, 2018. Simulating the effect of the quadrupole moment on the adsorption of nitrogen in siliceous zeolites[J]. Microporous and Mesoporous Materials, 263: 231-235.

WANG J L, GUO X, 2020. Adsorption isotherm models: Classification, physical meaning, application and solving method[J]. Chemosphere, 258: 127279.

GION G, SAMUEL H G, DOMINIK B, 2021. Entropy in multiple equilibria. Argon and nitrogen adsorption isotherms of nonporous, microporous, and mesoporous materials[J]. Microporous and Mesoporous Materials, 312: 110744.

AL-GHOUTI M, DA A D, 2020. Guidelines for the use and interpretation of adsorption isotherm models: A review[J]. Journal of Hazardous Materials, 393: 122383.

NASRULLAH A, SAAD B, BHAT AH, et al., 2019. Mangosteen peel waste as a sustainable precursor for highsurface area mesoporous activated carbon: characterization and application for methylene blue removal[J]. Journal of Cleaner Production, 211: 1190-1200.

ZHANG Y, ZHAO G, XUAN Y, et al., 2021. Enhanced photocatalytic performance for phenol degradation using ZnO modified with nano-biochar derived from cellulose nanocrystals[J]. Cellulose, 28(2): 991-1009.

ZHANG Y, ZHAO G, GAN L, et al., 2021. S-doped carbon nanosheets supported ZnO with enhanced visible-light photocatalytic performance for pollutants degradation[J]. Journal of Cleaner Production, 319: 128803.

第4章 波谱分析

生物质复合物材料的结构决定了性能，对其结构进行表征显得尤为重要。核磁共振、X射线衍射和X射线光电子能谱是表征材料结构不可或缺的波谱技术，可以获得丰富的结构信息。核磁共振技术中的氢谱、碳谱、二维谱图等可以获得材料中原子结构的排列规律、分子构型、分子构象、反应机理、不同组分含量组成等信息。利用低场核磁共振技术测量材料的含水率，可以研究材料在干燥/吸湿过程中结构的变化。X射线衍射技术广泛用于材料中各组分结晶情况的分析，可以获得晶相组成、结晶度、晶体结构、成键状态等结构信息。利用X射线光电子能谱技术可以测定材料主要元素的组成和价态，不仅可以实现材料中元素的定性、定量分析，还可以获得各组分的化学键等结构信息，对解析材料的结构有极大的帮助。

4.1 核磁共振

自1945年发现核磁共振(nuclear magnetic resonance, NMR)现象以来，核磁共振技术已得到长足发展，核磁共振技术能提供原子核周边化学环境变化的信息，可直接、有效地反应化学结构信息，成为鉴定化合物结构及研究化学动力学等的重要手段。

4.1.1 核磁共振的原理

在静磁场中，自旋量子数不为零的原子核具有磁矩，而具有磁矩的原子核存在不同能级，当原子核吸收特定频率的电磁波时，原子核在不同能级之间跃迁，产生核磁共振现象。用公式表述如下：

$$h\nu = \gamma h B_0 \tag{4-1}$$

$$\nu = \frac{\gamma B_0}{2\pi} \tag{4-2}$$

其中，电磁波频率(ν)相应的圆频率为：

$$\omega = 2\pi\nu = \gamma B_0 \tag{4-3}$$

式中 h——普朗克常量，J·s；

ν——电磁波频率，Hz；

γ——磁旋比，也称旋磁比，rad/(s·T)；

B_0——磁场强度，T；

ω——角速度，rad/s。

还可以从另外一个角度理解核磁共振现象。在静磁场 B_0 中，原子核绕其自旋轴旋转，同时，自旋轴又与静磁场保持某一夹角 θ 而绕静磁场进动，称为拉莫尔(Larmor)进动，如图4-1所示。进动频率可以用式(4-3)描述，当在垂直 B_0 方向施加一个线偏振的交变磁场，

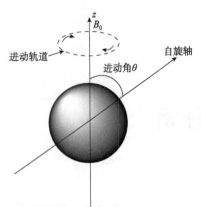

图 4-1 原子核在静磁场中的运动

其圆频率等于 ω，该交变磁场可分解为与核进动方向相反和相同的 2 个圆偏振磁场。其中，与核进动方向相反的圆偏振磁场与核磁矩作用时间短，可忽略不计；而与核进动方向相同的圆偏振磁场，可以将同频率的电磁波传递给原子核，原子核能级发生跃迁，即产生核磁共振现象。

在静磁场 B_0 中，根据式(4-1)，不同的原子核具有不同的磁旋比 γ，故共振频率是不同的。但是，对于同一种原子核来说，由于原子核所处的化学环境不同，其共振频率也不同。主要原因是核外电子对外加磁场 B_0 有一定的屏蔽作用，实际作用在原子核上的磁场强度小于 B_0。这种屏蔽作用的大小用屏蔽常数 σ 表示，原子核实际感受到的磁场强度可表示为 $B_0(1-\sigma)$。原子核所处的化学环境不同，σ 不同，原子核感受到的磁场不同，其共振频率不同。因为 σ 远小于 1，所以共振谱线的位置不便精确测定，故在实验中采用某一标准物质作为参考，以参考物质的共振谱线位置作为核磁谱图的坐标原点。原子核共振谱线的位置相对于原点的距离称为化学位移 δ，它反映了原子核所处的化学环境。当固定磁场扫描频率时，采用式(4-4)计算 δ，当固定频率扫描磁场时，采用式(4-5)计算 δ。

$$\delta = \frac{\nu_{样品} - \nu_{标准}}{\nu_{标准}} \times 10^6 \tag{4-4}$$

$$\delta = \frac{B_{样品} - B_{标准}}{B_{标准}} \times 10^6 \tag{4-5}$$

式中 $\nu_{样品}$——被测样品的共振频率，Hz；

$\nu_{标准}$——参考物的共振频率，Hz；

$B_{样品}$——被测样品共振时的磁场强度，T；

$B_{标准}$——参考物共振时的磁场强度，T；

δ——化学位移，ppm*。

四甲基硅烷(TMS)常用作化学位移的参考物，规定在氢谱和碳谱中 TMS 的 δ 均为 0 ppm。这是因为：TMS 只有一个峰；甲基的氢核和碳核的核外电子的屏蔽作用很强，无论氢谱还是碳谱，一般化合物的峰大多出现在 TMS 峰的左边，按照"左正右负"的规定，一般化合物的各个基团的 δ 均为正值；TMS 能溶于多数有机溶剂中，化学性质稳定，不与样品反应，且沸点低，便于去除，有利于样品回收。

需要注意的是，δ 是一个相对值，与外加磁场强度无关，用不同磁场强度的仪器所测定的 δ 值相同。不同原子核的 δ 变化范围不同，一般，氢谱的 δ 在 0~20 ppm，碳谱的 δ 在 0~250 ppm。

4.1.2 核磁共振谱图的特点

(1) 氢谱

氢谱是所有核磁共振谱中最易实现，最简单图谱，由于氢谱可解析性高，能提供丰富的结构信息，是解析物质结构重要的图谱。氢谱主要提供化学位移、峰裂分情况、积分面积等信息。

不同类型的氢化学位移不同，烷烃氢原子化学位移受取代基的影响较大，一般在 0.9~2.5 ppm(甲基、亚甲基、次甲基)；烯烃氢原子的化学位移在 4~7 ppm，一般在 5.28 ppm 附

---

* 1ppm = 10^{-6}。

近；炔烃氢原子化学位移在 2~3 ppm；芳环氢原子化学位移在 6.5~8 ppm；活泼氢化学位移受外界环境影响较大，位置不固定，常见活泼氢化学位移见表 4-1。

表 4-1 常见活泼氢的化学位移

官能团	δ(ppm)	官能团	δ(ppm)
R—OH	0.5~5.5	R—NH_2	0.4~3.5
Ar—OH	4~8	Ar—NH_2	2.9~4.8
酚(内氢键)	10.5~16	伯酰胺	5~7
烯醇	15~19	仲酰胺	6~8
羧酸	10~13	磺酸	11~12
—CHO	9~10.5		

由于耦合作用，受相邻碳上氢原子的影响，氢原子的峰会产生裂分现象，裂分峰的数量可以表示为 $n+1$，n 为相邻碳原子所连的氢原子个数，称为 $n+1$ 规则。但是，对于结构复杂的化合物，裂分峰可能重合，观察到的裂分峰数量少于 $n+1$。裂分峰间的距离反映了相互耦合作用的强弱，称为耦合常数 J(coupling constant)，单位为赫兹(Hz)。J 反映了化合物结构的信息，特别是反映了立体化学的信息，对解析化合物结构有巨大帮助。

积分面积也是提供结构信息的重要参数。积分面积的相对值与氢原子数目成正比，这种定量关系可以计算化合物中不同基团中氢原子的比例，为解析结构、监控反应、测定含量提供了重要依据。

(2) 碳谱

碳原子构成了有机化合物的骨架，碳原子的种类、分布和组合形式决定了化合物的构造和性能，因此，碳谱有利于进一步解析化合物结构。与氢谱相比，碳谱具有诸多优点，对于完全取代的碳原子，C═O、C═C═C、—N═C═S 等不含氢的基团，碳谱的获取不受影响。碳谱比氢谱的化学位移范围大，信号不易重叠。可以直接测定碳的级数，能提供伯、仲、叔、季碳原子的谱图，方便结构解析。但是，碳谱也有一定的缺点，^{12}C 原子核磁矩为零，无核磁共振现象，只能检测 ^{13}C 原子的信号，但 ^{13}C 磁旋比较小，自然丰度很低，所以灵敏度低。同时，^{13}C 与其相连的其他原子核相互耦合，产生大量裂分峰。对于前一个问题，可以采取增加样品浓度、延长测试时间、采用高场核磁共振谱仪测试等方法，可以获得满意的谱图。对于第二个问题，可以采用去耦的方法，尤其是对氢去耦，可以明显简化图谱，方便解析。

对于碳谱，一般对氢去耦。去耦的方式有多种，例如，质子宽带去耦法、偏共振去耦法、门控去耦法、选择质子去耦等方法。常用的为质子宽带去耦和反转门控去耦法。质子宽带去耦是在测定碳谱时，采用一相当宽的频带照射样品，则 ^{13}C 和 ^{1}H 间的耦合被去除，分裂的谱线聚合为一条谱线，且与 ^{1}H 耦合的 ^{13}C 又有 NOE 效应*，^{13}C 谱线得到极大程度增强。对于化学等价的 ^{13}C 谱线会重合，且高度增高。由于碳谱实验条件选择不好，往往会削弱碳原子的信号，故宽带去耦的碳谱中各个谱线的高度比(面积比)不能代表各种碳原子的比例，但可以用谱线高度近似估计碳原子的数目。门控去耦技术的发展，使得定量碳谱

---

* NOE 效应指核奥弗豪泽效应(nuclear Overhauser effect，NOE)，当对分子中空间距离很近的两核之一进行辐照，使之达到跃迁饱和的状态，另一个核的共振信号也会变化，这就是核的 Overhauser 效应。

成为可能。门控去耦是指用发射门和接收门来控制发射和接收信号。一般常用的门控去耦方式为抑制 NOE 的门控去耦(反转门控去耦法)，所得碳谱为全去耦谱，但 NOE 效应引起的增益很小，可忽略不计，谱线高度比(面积比)与碳原子数目比很接近，可以用来碳谱定量。

碳谱的化学位移范围很大，不同类型的碳其化学位移不同，一般在 0~250 ppm。sp^3 杂化碳的化学位移范围在 0~60 ppm；sp^2 杂化碳的化学位移范围在 100~150 ppm，sp 杂化碳的化学位移范围在 60~95 ppm，芳环碳的化学位移范围一般在 120~160 ppm，羰基碳的化学位移范围一般在 160~220 ppm。当碳原子上取代基电负性越大，化学位移值向低场移动。常见碳原子的化学位移见表 4-2。

表 4-2 常见官能团中碳原子化学位移

官能团	δ(ppm)	化合物类型	δ(ppm)
—C=O(酮)	225~175	—C=C—(芳环)	135~110
—CHO(醛)	205~175	CH_3—C—(伯碳)	30~−20
—COOH(酸)	185~160	CH_3—O—(伯碳)	60~40
—COCl(酰氯)	182~165	CH_3—N—(伯碳)	45~20
—CONHR(酰胺)	180~160	CH_3—S—(伯碳)	30~10
(—CO)$_2$NR(酰亚胺)	180~165	CH_3—X(伯碳，卤素)	35~−35
—COOR(羧酸酯)	175~155	—CH_2—C—(仲碳)	45~25
(—CO)$_2$O(酸酐)	175~150	—CH_2—O—(仲碳)	70~40
(R_2N)$_2$CS(硫脲)	185~165	—CH_2—N—(仲碳)	60~40
(R_2N)$_2$CO(脲)	170~150	—CH_2—S—(仲碳)	45~25
—C=NOH(肟)	165~155	—CH_2—X(仲碳，卤素)	45~−10
(RO)$_2$CO(碳酸酯)	160~150	—CH—C—(叔碳)	60~30
—C=N—(亚甲胺)	165~145	—CH—O—(叔碳)	75~60
—CN(氰化物)	130~110	—CH—N—(叔碳)	70~50
—N=C=S(异硫氰化物)	140~120	—CH—S—(叔碳)	55~40
—N=C=O(异氰酸酯)	135~115	—CH—X(叔碳，卤素)	65~30
—S—CN(硫氰化物)	120~110	—C—C—(季碳)	70~35
—O—CN(氰酸酯)	120~105	—C—O—(季碳)	85~70
—C—C—(烷烃)	55~5	—C—N—(季碳)	75~65
—C=C—(烯烃)	150~110	—C—S—(季碳)	70~75
—C≡C—(炔烃)	100~70	—C—X(季碳，卤素)	75~35

(3) DEPT 图

DEPT(distortionless enhancement by polarization transfer)，通过脉冲技术，把高灵敏 ^1H 核的自旋极化传递到低灵敏 ^{13}C 核上去，这样由 ^1H 到与其耦合的 ^{13}C 的完全极化传递可使 ^{13}C 信号

强度大幅增强；同时，可利用异核间的耦合对^{13}C信号进行调制的方法，来确定碳原子的类型。不同类型的^{13}C信号均呈单峰。通过改变照射^{1}H核第三脉冲宽度θ的不同，若$\theta=135°$，可使CH及CH_3为向上的共振吸收峰，CH_2为向下的共振吸收峰，季碳信号消失；若$\theta=90°$，CH为向上的信号，其他信号消失；若$\theta=45°$，则CH_3、CH_2及CH皆为向上的共振峰，只有季碳信号消失。结合全碳谱可以区分每个碳原子的类型。

(4) ^{1}H-^{1}H-COSY

^{1}H-^{1}H-COSY(^{1}H-^{1}H correlation spectroscopy)是指同一自旋体系里质子之间的耦合相关，是^{1}H核和^{1}H核之间的化学位移相关谱。^{1}H-^{1}H-COSY可以提供^{1}H-^{1}H之间通过成键作用的相关信息，类似于一维谱同核去耦，可提供全部^{1}H-^{1}H之间的关联。在通常的横轴和纵轴上均设定为^{1}H的化学位移值，两个坐标轴上则显示通常的一维^{1}H谱。在该谱图中出现了2种峰，分别为对角峰及相关峰。同一氢核信号将在对角线上相交，相互耦合的2个/组氢核信号将在相关峰上相交，一般反映的是^3J耦合。一般说来，在解析^{1}H-^{1}H COSY谱时，应首先选择一个容易识别、有确切归属的质子，以该质子为起点，通过确定各个质子间的耦合关系，指定分子中全部或大部分质子的归属，这就是我们通常所说的"从头开始"法。

(5) HSQC

HSQC(heteronuclear single quantum coherence)是通过$^1J_{CH}$耦合常数实现碳氢相关，相干传递是通过单量子相干机理。是将^{1}H信号的振幅及相位分别依^{13}C化学位移及^{1}H间的同核化学耦合信息调制，并通过直接检测调制后的^{1}H信号，获得^{13}C-^{1}H化学位移相关数据。图上F2维坐标是^{1}H的化学位移，F1维坐标是^{13}C化学位移，直接相连的^{13}C与^{1}H将在对应的^{13}C化学位移与^{1}H化学位移的交点处给出相关信号。由于季碳不含氢，所以，不能得到季碳的结构信息。

(6) HMBC

HMBC(heteronuclear multipule bond correlation)表示异核远程(多键)相关谱。与HSQC一样，HMBC的谱图也是一种间接检测实验，是通过检测^{1}H间接检测^{13}C信号。横坐标F2代表采样的^{1}H的化学位移，纵坐标F1代表间接检测的^{13}C的化学位移。相隔2~4个化学键相连的^{13}C、^{1}H原子就会在谱图上出现交叉峰，即只要有交叉峰的出现，那么交叉峰所对应的^{1}H、^{13}C原子就是通过2~4个化学键相连的(^4J相连的交叉峰不一定出现)。根据HMBC谱所给出的^{1}H、^{13}C之间的关系，结合HSQC的谱图，就能够解决^{13}C原子的连接顺序问题，基本上确定有机化合物的骨架结构。

(7) NOESY

二维NOE谱简称为NOESY(nuclear Overhauser effect spectroscopy)，它反映了有机化合物结构中^{1}H核与^{1}H核之间空间距离的关系，而与二者间相距多少个化学键无关。因此，对确定有机化合物结构、构型和构象以及生物大分子(如蛋白质分子)在溶液中的二级结构等有着重要意义。NOESY的谱图与^{1}H-^{1}H COSY非常相似，它的F2维和F1维上的投影均是氢谱，也有对角峰和交叉峰，图谱解析的方法也和COSY相同，唯一不同的是图中的交叉峰并非表示2个氢核之间有耦合关系，而是表示2个氢核之间的空间位置接近。由于NOESY实验是由COSY实验发展而来的，因此，在图谱中往往出现COSY峰，即J耦合交叉峰，故在解析时需对照它的^{1}H-^{1}H COSY谱将J耦合交叉峰扣除。

(8) ROESY

NOESY谱是确定化合物立体结构时普遍应用的一种二维技术，但对于中等大小的分子

（相对分子质量为 1000~3000），有时 NOE 的增益为零，从 NOESY 谱上得不到相关的信息。而旋转坐标系中的 NOESY 称为 ROESY（rotating frame Overhauser effect spectroscopy）谱，则有效地克服了上述 NOESY 谱的不足，是一种解决中等大小化合物立体结构的理想技术，ROESY 谱的解析方法和说明的问题与 NOESY 谱一致。

(9) 其他谱图

除了氢谱、碳谱及其二维谱图之外，^{11}B、^{19}F、^{29}Si、^{31}P 等也是常用的核磁共振谱图，谱图与氢谱、碳谱相似，但化学位移范围更大，谱线不易重叠，便于观察。尤其对于生物质复合材料，由于分子大，氢谱和碳谱种类多，谱线重叠现象可能比较严重，谱线变化不易观察到，如果其中含有 ^{11}B、^{19}F、^{29}Si、^{31}P 等，可以测定它们的核磁共振谱图，从而进一步表征化合物的结构。因此，^{11}B、^{19}F、^{29}Si、^{31}P 等在化合物结构鉴定、含量测定等方面有不可替代的作用。

(10) 核磁图谱的解析

一维谱的初步解析：分析一维 ^{1}H 谱，根据谱图中化学位移值、耦合常数值、峰形和峰面积找出一些特征峰，并确定各谱线的大致归属和氢分布，确定 O、N 等杂原子可能的连接。分析一维 ^{13}C 谱，对照 ^{13}C 质子噪声去耦谱以及各个 DEPT 碳谱，确定各碳原子的级数和各谱线的大致归属，确定 O、N 等杂原子可能的连接。

借助二维核磁共振对图谱做进一步的指认：解析 ^{1}H-^{1}H COSY 谱，从一维谱中已经确定的氢谱线出发找到与之相关的其他谱线。解析 HSQC 谱，同样从已知的氢谱线出发找到各相关的碳谱线，以此推断出这些碳谱线的归属。解析 HMBC，从已确定的碳谱线出发，找到与之相关的各氢谱线或从已知的氢谱线出发找到各相关的碳谱线，由此完成对一些未知谱线的指认。

(11) 核磁样品的制备

样品的制备对核磁测试结果影响较大，如样品制备不当，可能会导致测试失败，甚至得到错误的结果。常规核磁样品的制备应注意以下几点。

①样品中不含有磁性物质　磁性物质或者潜在的磁性物质进入核磁共振谱仪中，与仪器的磁场相互干扰，影响仪器正常运行，甚至会对仪器造成严重的破坏。例如，含有铁、钴、镍的样品，容易导电的物质（石墨烯、聚苯胺、自由基）等不宜进行核磁测试。

②选择合适的核磁管　市场上核磁管品种较多，但质量参差不齐，首先应选择质量高、规格符合标准的核磁管。质量差的核磁管容易破碎、弯曲、漏液、渗液，严重的会破坏探头，造成重大损失。其次，选择符合相关实验的核磁管，常规实验选择普通标准型核磁管即可，特殊情况下，例如硼谱，可以选择石英核磁管；样品量少的，应选择微量核磁管等。

③选择合适的氘代试剂　样品在氘代试剂中溶解性较好，不与氘代试剂发生反应，氘代试剂的溶剂峰与样品峰无重叠，对于测试时间较长或者需要加热的，应该考虑氘代试剂的挥发性与沸点等情况。

④样品量合适　对于小分子化合物，氢谱一般需要 1~10 mg 样品，碳谱一般需要大于 20 mg，当然，样品量少也可以测，可以增加采样次数得到信噪比较高的图谱。对于大分子化合物，一般需要的样品量多一些，大分子碳原子弛豫时间比较长，测试时间很长，一般加入弛豫试剂来缩短弛豫时间，提高图谱的信噪比，常用的弛豫试剂为乙酰丙酮铬。

⑤其他注意事项　核磁管中溶液高度一般不少于 4 cm；溶液中无沉淀；保证溶液具有较好的流动性；核磁管外壁干净、干燥等。

4.1.3 生物质复合材料核磁共振应用举例
4.1.3.1 液体核磁在生物质材料中的应用

(1) 木质素材料

木质素是一类重要的生物质材料,由于其结构复杂,木质素结构一直是木质素研究领域的重点和难点。随着核磁技术的发展和核磁共振谱仪的普及,采用氢谱、定量碳谱、HSQC、磷谱对木质素的化学结构进行研究的报道越来越多。

①木质素氢谱　氢谱是最先用于鉴定木质素的结构,但木质素中质子种类多,信号重叠严重,对分析木质素结构有一定难度,但可以用来计算某些官能团的含量。文甲龙等采用氢谱计算了木质素中甲氧基的含量,计算公式如下:

$$p_{\text{甲氧基}}(\%) = 28.28436 - 19.750047(A_{\text{芳环}} - A_{\text{甲氧基}}) \tag{4-6}$$

式中　$p_{\text{甲氧基}}$——甲氧基的百分含量;

$A_{\text{芳环}}$——芳环区域的积分面积,积分区域为 6.4~7.1 ppm;

$A_{\text{甲氧基}}$——甲氧基区域的积分面积,积分区域为 3.5~4.1 ppm。

②木质素碳谱　与氢谱相比,碳谱化学位移范围大,谱线不易重叠,但碳谱灵敏度低,所以在制样时,需要加大样品浓度,增加扫描次数,以提高图谱的信噪比。对于木质素等大分子化合物,横向弛豫时间长,一般需加入弛豫试剂,缩短弛豫时间,以获得满意的图谱。一般将木质素样品溶于氘代 DMSO(DMSO-d_6)中,浓度大于 100 mg/mL,加入适量乙酰丙酮铬的 DMSO-d_6 溶液,充分混匀后采用反门控去耦采集碳谱。结果如图 4-2 所示,图谱上峰的归属见表 4-3。通过计算醚化 G(S)单元与非醚化 G(S)单元峰面积的比例,得出 S 单元比 G 单元更容易醚化的结论。同时,通过对比乙酰化前后碳谱化学位移的变化,可以得到木质素的乙酰化主要发生在木质素侧链的 α 位、酚羟基以及香豆酸的酚羟基上。

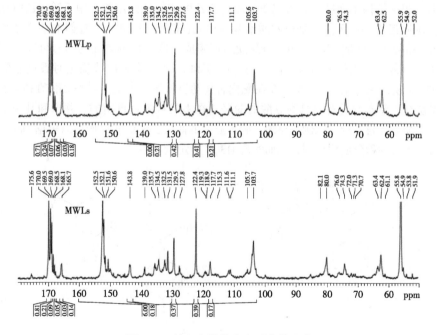

图 4-2　竹秆和竹节中木质素的碳谱

表 4-3　竹秆和竹节中木质素的定量碳谱归属

化学位移（×10^{-6}）	来源
172.1	羰基，可能来源于酯化的糖类，如木聚糖
166.5，160.0，144.7，130.3，125.1，116.0，115.0	来自香豆酯的 C-9，C-4，C-7，C-2/C-6，C-1，C-3/C-5，C-8
152.5，147.5，138.1，134.7（134.5），106.9	来自紫丁香基单元（S），醚化的 C-3/C-5，非醚化的 C-3/C-5，醚化的 C-4，醚化的 C-1，C-2/C-6
149.7，145.4，119.8，112.2	愈创木基单元（G），醚化的 C-3，非醚化的 C-4，醚化和非醚化 C-6，醚化和非醚化的 C-2
128.0	对羟基苯基单元（H）C-2/C-6

③木质素二维图谱（HSQC）　为得到更多、更详细的结构，采用二维核磁技术研究木质素的结构，首先，研究木质素中典型结构单元的 HSQC 图；其次，通过将木质素的 HSQC 图与典型的结构单元进行比对，将每个交叉峰进行归属，从而达到解析木质素结构的目的。常见的结构单元如图 4-3 所示。

实验时，将木质素溶于 DMSO-d$_6$ 中，根据木质素溶解性能，配成浓度为 100 mg/mL 左右的溶液，进行 HSQC 测试，根据需要调节 F2 维和 F1 范围，F2 和 F1 维采样点数一般为 1024 和 256，弛豫时间为 1.5 s，采样次数为 32~256 次，碳氢耦合常数为 145 Hz，根据实际样品调整相关实验参数，采集完数据，通过傅里叶变换得到 HSQC 图谱，结果如图 4-4 和图 4-5 所示，二者均为竹材原本木质素的 HSQC 图。图中对木质素的侧链区（C/H 50~90 ppm/2.5~6.0 ppm）和芳香区（C/H 90~160 ppm/6.0~8.0 ppm）的交叉峰进行归属，具体归属信息见表 4-4。这些信息提供了木质素单元的连接形式，在非乙酰化的木质素核磁图中可明显观察到 β-O-4，β-β，β-5，β-1 和对羟基肉桂醇末端基（I），说明木质素由这些结构单元组成。同时，根据结构单元结构，可以确定木质素乙酰化的具体位置，用于解析乙酰化木质素的结构。木质素的芳环区主要是由木质素基本单元（紫丁香基单元、愈创木基单元和对羟基苯基单元）和羟基肉桂酸（对香豆酸、阿魏酸）所组成，这些基本单元的信号可以在芳环区一一对应上。此外，可以根据对香豆酸 C-3、C-5 和 C-8 的化学位移确定对香豆酸的存在形态。例如，如果 C-3、C-5 号和 C-8 在酰化后移动至低场，说明了对香豆酸的 C-4 在乙酰化过程中被酰化，原本木质素中对香豆酸的酚羟基在木质素中是自由的，并未和其他木质素交联。对于木质素而言，S/G 比例是反映了脱木质素的能力，S/G 的比例可以根据 HSQC 图谱中 S 单元和 G 单元的积分面积得到，从而实现 HSQC 半定量功能。

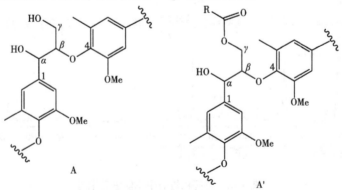

图 4-3　木质素样品二维谱图中侧链区及芳香环区主要基本联接结构及结构单元

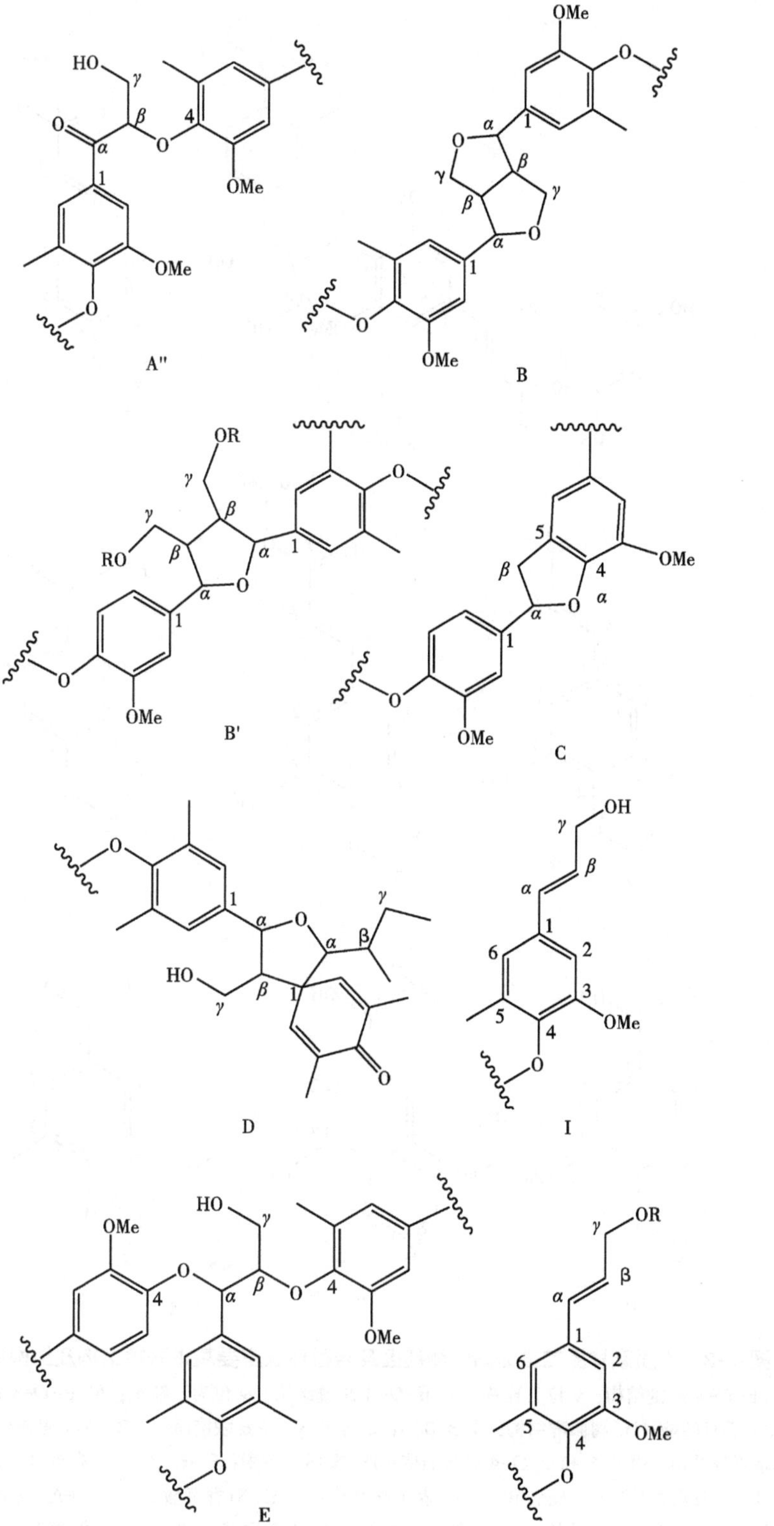

第 4 章 波谱分析　71

图 4-3　木质素样品二维谱图中侧链区及芳香环区主要基本联接结构及结构单元(续)

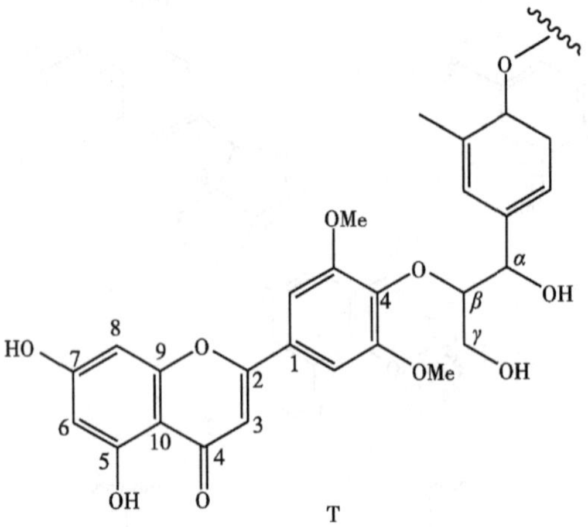

T

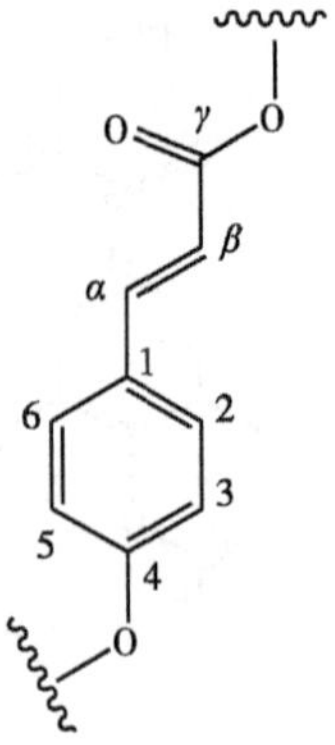

PCE

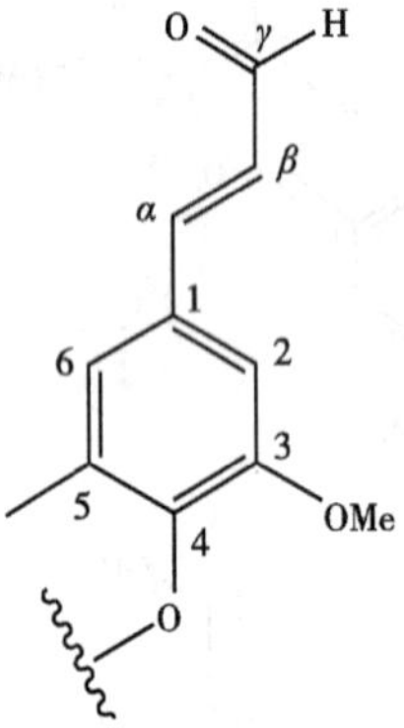

J

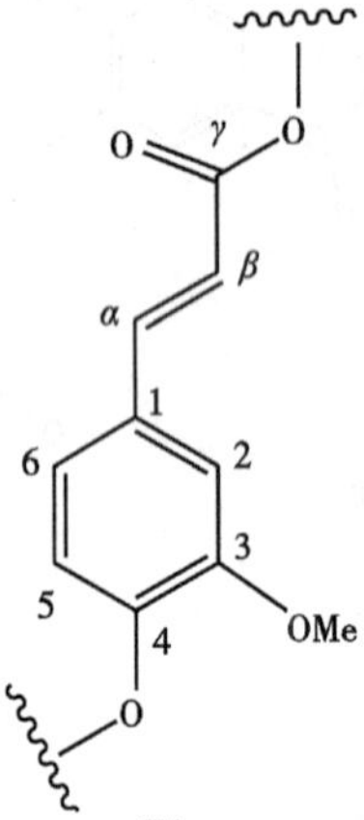

FA

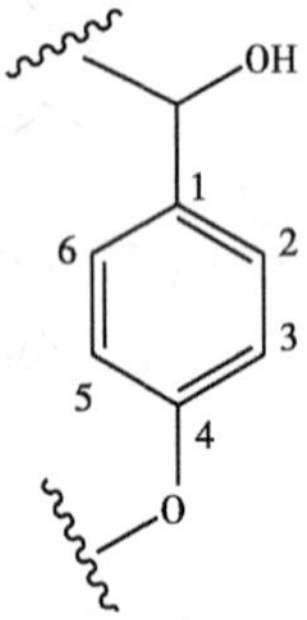

H

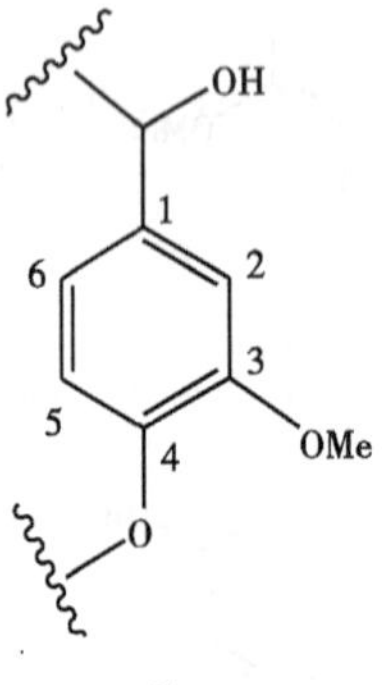

G

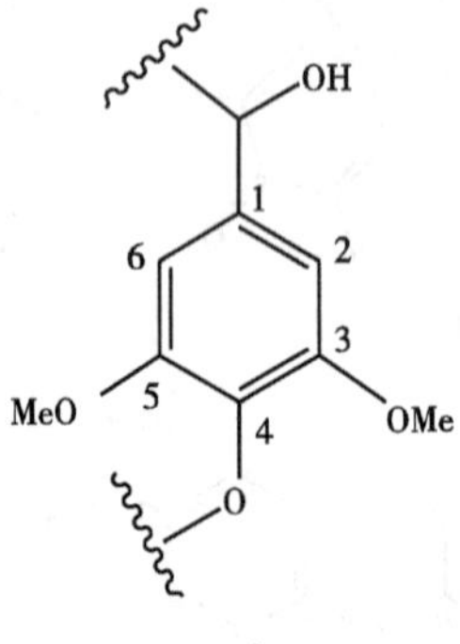

S

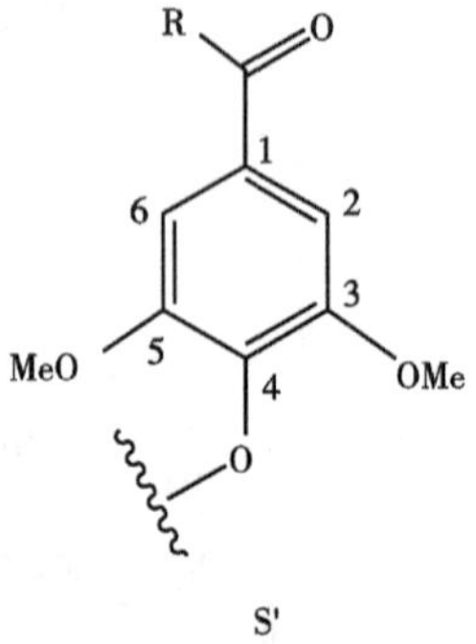

S'

图 4-3 木质素样品二维谱图中侧链区及芳香环区主要基本联接结构及结构单元(续)

注：A. β-*O*-4 醚键结构，γ 位为羟基；A′. β-*O*-4 醚键结构，γ 位为乙酰基；A″. β-*O*-4 醚键结构，γ 位为酯化对香豆酸酯；B. 树脂醇结构，由 β-β、α-*O*-γ 和 γ-*O*-α 联接而成；B′. 四氢呋喃结构，β-β 连接；C. 苯基香豆结构，由 β-5 和 α-*O*-4 联接而成；D. 螺环二烯酮；E. α，β-二芳基醚键；I. 对羟基肉桂醇单元；I′. 乙酰化的对羟基肉桂醇单元；T. 麦黄酮结构；PCE. 对香豆酸酯结构；FA. 阿魏酸酯；J. 羟基肉桂醛端基；H. 对羟苯基结构；G. 愈创木基结构；S. 紫丁香基结构；S′. 氧化紫丁香基结构，α 位为酮基。

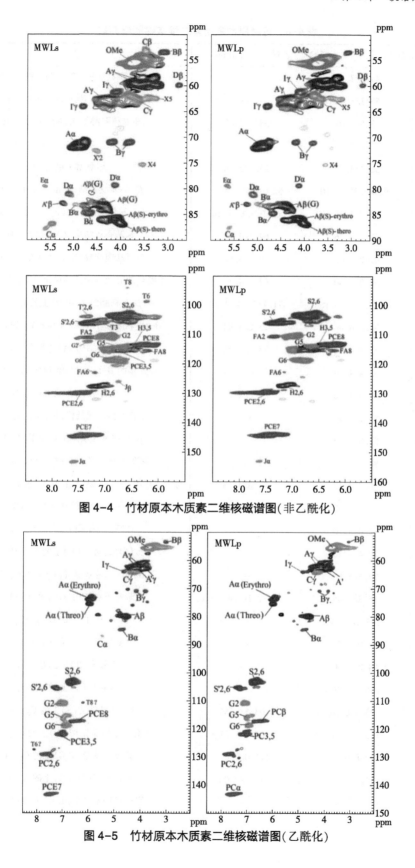

图 4-4 竹材原本木质素二维核磁谱图（非乙酰化）

图 4-5 竹材原本木质素二维核磁谱图（乙酰化）

表 4-4　竹材原本木质素二维核磁图谱归属

交叉峰	非乙酰化 δ_C/δ_H (ppm)	乙酰化 δ_C/δ_H (ppm)	归属
B'_β	49.8/2.56	—	β-β 四氢呋喃结构(B')上的 C_β-H_β
C_β	53.1/3.46	—	苯基香豆结构(C)上的 C_β-H_β
B_β	53.5/3.07	53.5/3.07	β-β 树脂醇结构(B)上的 C_β-H_β
D_β	59.8/2.75	—	螺环二烯酮(D)上的 C_β-H_β
OCH_3	56.4/3.70	55.6/3.76	甲氧基上的 C-H
A_γ	59.9/3.35~3.80	62.0/4.08~4.27	β-O-4 醚键结构(A)上的 C_γ-H_γ
A'_γ	63.0/4.36	63.0/3.8~4.10	γ 乙酰化醚键结构(A')上的 C_γ-H_γ
C_γ	62.2/3.76	64.3/4.33	苯基香豆结构(C)上的 C_γ-H_γ
I_γ	61.2/4.09	64.1/4.66	对羟基肉桂醇单元(I)上的 C_γ-H_γ
I'_γ	64.0/4.80	64.2/4.82	乙酰化的对羟基肉桂醇单元(I')上的 C_γ-H_γ
B_γ	71.2/3.82~4.18	71.7/3.84~4.20	β-β 树脂醇结构(B)上的 C_γ-H_γ
A_α	71.8/4.86	73.8/5.93	β-O-4 醚键结构(A)（赤式）上的 C_α-H_α
A_α	71.8/4.86	75.6/5.96	β-O-4 醚键结构(A)（苏式）C_α-H_α
$A_\beta(G)$	83.4/4.38	76.6/5.07	与 G 连接的 β-O-4 醚键结构(A)上的 C_β-H_β
B_α	84.8/4.66	85.6/4.70	β-β 树脂醇(B)上的 C_α-H_α
B'_α	83.2/4.94	—	β-β 四氢呋喃结构(B')上的 C_α-H_α
A''_β	82.8/5.23	—	β-O-4 醚键结构(A)上的 C_β-H_β
$A'_\beta(G)$	80.8/4.52	—	与 G 连接的 β-O-4 乙酰化醚键结构(A)上的 C_β-H_β
$A_\beta(S)$	85.8/4.12	79.8/4.63	与 S 连接的 β-O-4 醚键结构(A，赤式)上的 C_β-H_β
$A_\beta(S)$	86.7/4.00	79.8/4.63	与 S 连接的 β-O-4 醚键结构(A，苏式)上的 C_β-H_β
D_α	81.0/5.10	—	螺环二烯酮(D)上的 C_α-H_α
D'_α	79.4/4.10	—	螺环二烯酮(D)上的 C'_α-H'_α
E_α	79.6/5.60	—	α,β-二芳基醚键(E)上的 C_α-H_α
C_α	86.8/5.45	87.1/5.49	苯基香豆结构(C)上的 C_α-H_α
$T'_{2,6}$	103.9/7.34	—	麦黄酮(T)上的 $C'_{2,6}$-$H'_{2,6}$
T_6	98.9/6.23	—	麦黄酮(T)上的 $C_{2,6}$-$H_{2,6}$
T_8	94.2/6.60	—	麦黄酮(T)上的 C_8-H_8
T_3	106.2/7.07	—	麦黄酮(T)上的 C_3-H_3
$S_{2,6}$	103.9/6.70	103.5/6.66	紫丁香基结构(S)上的 $C_{2,6}$-$H_{2,6}$
$S'_{2,6}$	106.3/7.32	105.4/7.37	氧化紫丁香基结构(S')上的 $C_{2,6}$-$H_{2,6}$
G_2	110.8/6.97	111.0/7.07	愈创木基结构(G)上的 C_2-H_2
G_5	114.5/6.70	116.5/7.00	愈创木基结构(G)上的 C_5-H_5
G_{5e}	115.1/6.95	—	醚化愈创木基结构(G)上的 C_5-H_5

(续)

交叉峰	非乙酰化 δ_C/δ_H(ppm)	乙酰化 δ_C/δ_H(ppm)	归属
G_6	119.0/6.78	118.9/6.90	愈创木基结构(G)上的 C_6-H_6
J_β	126.1/6.76	—	羟基肉桂醛端基(J)上的 C_β-H_β
$H_{2,6}$	127.7/7.17	127.8/7.34	对羟苯基结构(H)上的 $C_{2,6}$-$H_{2,6}$
$PCE_{3,5}$	115.6/6.77	122.1/7.14	对香豆酸酯结构(PCE)上的 $C_{3,5}$-$H_{3,5}$
$PCE_{2,6}$	130.2/7.48	129.3/7.68	对香豆酸酯结构(PCE)上的 $C_{2,6}$-$H_{2,6}$
PCE_7	144.8/7.51	143.5/7.52	对香豆酸酯结构(PCE)上的 C_7-H_7
PCE_8	113.7/6.24	117.4/6.45	对香豆酸酯结构(PCE)上的 C_8-H_8
FA_2	110.7/7.35	—	阿魏酸酯上(FA)的 C_2-H_2
FA_6	123.1/7.20	—	阿魏酸酯上(FA)的 C_6-H_6
FA_7	144.8/7.51	143.5/7.52	阿魏酸酯上(FA)的 C_7-H_7
J_α	153.4/7.59	—	羟基肉桂醛端基(J)上的 C_α-H_α

④木质素磷谱 对木质素上羟基含量的研究也是一项重要内容，木质素样品中存在活泼性较强氢原子，如—OH、—COOH、—SH 等基团，这些氢原子可与磷化试剂发生化学反应（图 4-6），生成木质素含磷衍生物，而衍生物中的磷原子周围仅存在氧原子，无 NOE 效应，有利于进行磷化物的标记和木质素官能团的定量测定。利用磷化试剂(2-氯-4,4,5,5-四甲基-1,3,2-二噁磷杂戊环，TMDP)对木质素上的羟基进行衍生化处理，将羟基转变为含磷的基团，再采用磷谱进行定量测定。

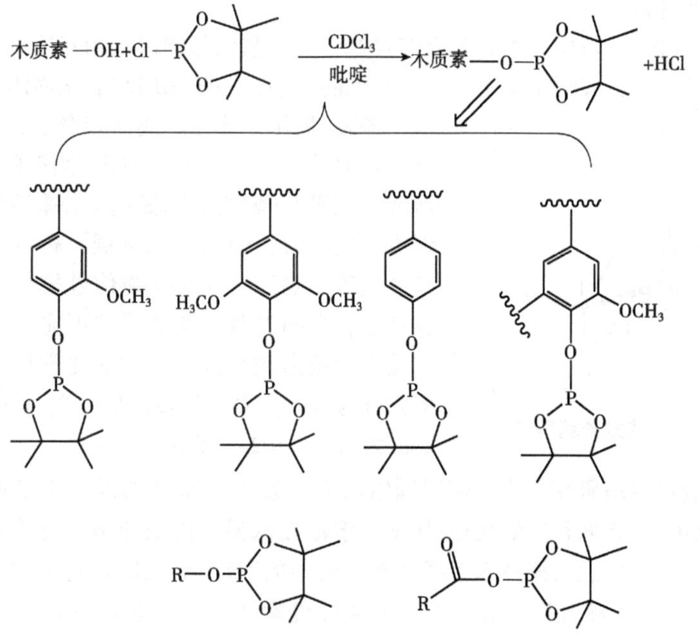

图 4-6 木质素羟基与磷化试剂反应流程图

主要操作如下：配制体积比为1.6∶1的吡啶和氘代氯仿溶液（A溶液），称量一定量的内标物（环己醇、N-羟基琥珀酰亚胺等），用A溶液定容，得到内标溶液（B溶液）。同样，用A溶液配制一定浓度的弛豫试剂溶液（乙酰丙酮铬，C溶液）。称取15~20 mg木质素样品，依次加入100 μL B溶液和500 μL A溶液，溶解后加入适量C溶液，混合后加入100 μL磷化试剂进行磷化反应15 min，测定磷谱，并对图谱进行处理，以内标峰面积为1，依次对酚羟基、羧基对应的信号积分（表4-5），根据式(4-7)计算酚羟基和羧基的含量。

$$H = \frac{nAM}{iW} \times 100\% \tag{4-7}$$

式中　H——在每个苯基丙烷结构单元中酚羟基的百分比含量；
　　　n——内标溶液的物质的量，μmol；
　　　A——各个信号峰的积分值；
　　　i——内标积分，为固定值1；
　　　W——每个样品的质量，mg；
　　　M——木质素每个苯基丙烷结构单元的平均摩尔质量，g/mol。

表4-5　磷谱化学位移与对应羟基归属

羟基	δ(ppm)	羟基	δ(ppm)
缩合酚羟基	142~143	H型酚羟基	137~138
C-5被取代的G型酚羟基	140~142	总酚羟基	137~143
G型酚羟基	138~140	羧基	134~137
水	132		

（2）纤维素材料

纤维素结构（图4-7）中虽然含有众多羟基，但羟基以氢键形式相互连接，分子内和分子间的氢键作用较强，造成纤维素不易溶于常见的溶剂，一般采用胺氧化物体系、N,N-二甲基乙酰胺/氯化锂体系、离子液体、NaOH水溶液、尿素/NaOH水溶液，硫脲/NaOH水溶液、尿素/LiOH水溶液、二甲亚砜/四丁基氟化铵等来溶解纤维素。虽然纤维素能溶解，但由于浓度低、相对分子质量大、溶剂效应等影响，纤维素核磁信号较弱。纤维素氢谱重叠严重，不同类型纤维素碳谱不完全一样，但可以参照糖类的碳谱进行分析，一般化学位移在60~70 ppm的归属为C-6，70~81 ppm为C-2，C-3，C-5，81~93 ppm为C-4，102~108 ppm为C1。

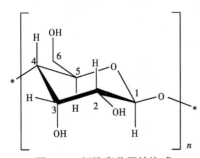

图4-7　纤维素分子结构式

①纤维素溶解机理研究　张俐娜课题组研究开发了一系列的纤维素溶剂，其中氢氧化钠/尿素、氢氧化钠/硫脲和氢氧化锂/尿素水溶液在低温下能快速溶解纤维素，为阐明纤维素的溶解机制，采用核磁共振技术对纤维素溶液中的^{13}C、^{15}N、^{23}Na进行了表征。以甲基纤维素在氢氧化钠/尿素溶解为例，低温下，甲基纤维素的碳谱化学位移向低场移动，同时在70.24 ppm处的峰消失，说明低温下，甲基纤维素与溶剂小分子相互作用增强。为弄清尿素在溶解纤维素中起到的作用，将^{15}N标记的尿素分别加入尿素、氢氧化钠/尿素和氢氧化钠/

尿素/纤维素的重水溶液中，分别于 261 K、273 K 和 298 K 下测试 ^{15}N NMR。在 273 K 和 298 K 下，尿素溶液中的 ^{15}N 为多重峰，这是由于 D 与 ^{1}H 的自旋耦合所致，在 261 K 下，溶液为固体，^{15}N 的峰单峰。当有氢氧化钠存在时，^{15}N 的峰均为单峰，这是由于碱性条件下，N—H 与 H—O—D 的交换速率变快，使信号平均化，同时，在 273 K 和 298 K 下，尿素的 ^{15}N 的化学位移向低场移动，这是由于尿素的 NH_2 与 OH^- 离子形成氢键，导致尿素的 N—C 键具有部分双键的特性。但是，当温度降低时，氢键作用进一步加强，迫使 ^{15}N 原子的孤对电子离域作用增强，^{15}N 的化学位移反而向高场移动。所以，当温度降低时，NH_2 与 OH^- 离子的氢键作用增强，尿素、氢氧化钠/尿素和氢氧化钠/尿素/纤维素中 ^{15}N 的化学位移向高场移动。同时发现，在所有温度下，氢氧化钠/尿素和氢氧化钠/尿素/纤维素中 ^{15}N 的化学位移基本相同，说明，尿素与纤维素间没有强的相互作用。

^{23}Na NMR 谱图显示，氢氧化钠、氢氧化钠/尿素、氢氧化钠/纤维素、氢氧化钠/尿素/纤维素溶液在 298 K 时都只有一个单峰，归属于氢氧化钠的特征峰，当向上述溶液中加入尿素或纤维素时，^{23}Na 的化学位移向高场移动，这说明钠离子同时与尿素和纤维素相互作用。^{23}Na NMR 的变温实验表明，随着温度的降低，氢氧化钠、氢氧化钠/尿素中 ^{23}Na 的化学位移增加，化学位移对温度成线性关系，且斜率相近，表明 ^{23}Na 的化学位移变化与尿素无关，是由于钠离子与水分子形成了水合物，钠离子水合物随着温度的变化引起相互作用的变化。上述研究表明，氢氧化钠水合物可以与纤维素羟基结合成新的氢键网络，尿素水合物通过与氢氧化钠水合物形成氢键可以自组装在纤维素/氢氧化钠水合物的表面，在溶液中，尿素、氢氧化钠、水和纤维素大分子形成包合物，尿素处在包合物的最外层，阻止纤维素链的聚集，低温下，氢键作用加强，更有利于纤维素的溶解。

②纤维素脂类衍生物的核磁表征　纤维素改性的常用方法之一是对纤维素进行酯化反应，纤维素的酯化大大提高了纤维素的溶解性能。纤维素可以与乙酸、丙酸、丁酸等有机酸形成这类化合物。例如，纤维素乙酰化后，氢谱在 1.8~2.2 ppm 出现明显的甲基信号，一般为 C-2、C-3 和 C-6 上羟基被酯化；2.9~5.4 ppm 为纤维素脱水葡萄糖单元上氢原子的信号。碳谱在 169~171 ppm 处为纤维素酯中羰基的信号，C-6、C-3 和 C-2 上的羟基被酯化，其对应的化学位移会发生变化，例如，在乙酸纤维素中，63 ppm 处为 C-6 上的羟基被乙酰基取代后 C-6 的化学位移，记为 C-6'，而在 59 ppm 处原来 C-6 的位置不出峰，说明 C-6 上的羟基被完全乙酰化。80.6 ppm 和 103.2 ppm 处分别为 C-4 和 C-1 未被乙酰化的碳原子化学位移，100.1 ppm 附近的峰被归属为相邻 C-2 上的羟基被乙酰化后 C-1 的化学位移，记为 C-1'。76.8 ppm 处为相邻 C-3 上的羟基被乙酰化后 C-4 的化学位移，记为 C-4'。71~74 ppm 为 C-2，C-3，C-5 的信号，重叠比较严重，不易归属。171.1 ppm 处为 C-6 上的羟基乙酰化后连接的羰基，同样，170.1 ppm 和 169.38 ppm 为 C-2 和 C-3 上羟基乙酰化后连接的羰基。根据 C-6'，C-1'和 C-4'峰面积的大小，可以判断出 C-6，C-2 和 C-3 上羟基反应活性大小，一般 C-6 上羟基活性最强，C-2 次之，C-3 最小。同时，根据式(4-8)可以计算乙酰化程度(DS)，根据乙酰化程度大小来判断羟基反应活性，结果也是 C-6>C-2>C-3。

$$DS = \frac{7I_{CH_3}}{3I_{H,AGU}} \tag{4-8}$$

式中　I_{CH_3}——纤维素酯中乙酰基的甲基峰面积；

$I_{H,AGU}$——脱水葡萄糖单元(AGU)上质子的峰面积。

纤维素甲酯、纤维素丙酯、纤维素丁酯等纤维素酯核磁结构的解析可以参考乙酰纤维素。

4.1.3.2 固体核磁在生物质复合材料中的应用

固体核磁共振技术(solid state nuclear magnetic resonance, SSNMR)是以固态样品为研究对象的分析技术。由于部分物质不溶解或者溶解后结构发生变化,需要以固态的形式进行测试。相比液体核磁,固态样品分子的快速运动受到限制,化学位移各向异性等各种作用的存在使谱线增宽严重,因此固体核磁共振技术分辨率相对于液体的较低。但是,固体核磁可以直接反映出样品自身的结构信息,不受溶剂等因素影响,样品易于回收。随着魔角旋转、交叉极化、高速旋转等技术的应用,使得固体核磁的分辨率和灵敏度大大提高,已用于固态样品一维和二维谱图采集,取得了较好的效果。

(1) 纤维素复合水凝胶的结构表征

纤维素/聚 N-异丙基丙烯酰胺复合水凝胶(CL/PNIPAM,结构如图 4-8 所示)是一种对温度具有智能响应的水凝胶,由于水凝胶不溶,故采用固体核磁技术研究了复合水凝胶的结构。

将纤维素(CL)、异丙基丙烯酰胺单体(NIAPM)、聚异丙基丙烯酰胺(PNIAPM)和 CL/PNIPAM 水凝胶样品充分干燥、研磨、测试,得到碳谱。对于 NIAPM,化学位移 22.9 ppm 归属为 5,6 号处的—CH_3 碳,42.1 ppm 处归属为 4 号处—CH_2—的碳,127.2 ppm 为 2 号位置的双键碳,131.9 ppm 处为 1 号双键的碳,165.2 ppm 为 3 号处 C=O 碳,且 5 个化学位移处的信号峰强度之比约为 2:1:1:1:1,与分子结构中各类碳原子个数之比吻合。对于聚合后的 PNIAPM 而言,127~132 ppm 处的 1 和 2 号双键碳的信号消失,说明发生了聚合反应,其他位置峰的化学位移变化不大,只是有所变宽,且 42 ppm 处峰的强度相对变大,并有宽包出现,这是由于双键碳聚合后变为亚甲基和次甲基,信号叠加在 4 号碳上。纤维素碳谱的信号具体归属如下,105 ppm 处的峰归属为 C-1′,82 ppm 处的峰归属为 C-4′,75 ppm 处的峰归属为 C-2′,C-3′和 C-5′,62 ppm 处的归属为 C-6′。在 CL/PNIPAM 水凝胶中,CL 和 PNIPAM 两种组分碳的化学位移无明显变化,可以认为,CL 和 PNIPAM 之间无化学键连接,而电镜图显示 CL 和 PNIPAM 之间无明显相分离现象,说明 CL 和 PNIPAM 之间有一定的相互作用力。由于 CL 中含有大量羟基,PNIPAM 中酰胺键中的 N 和 O 原子都易形成氢键,因此,推测 CL 和 PNIPAM 之间存在一定的氢键作用。

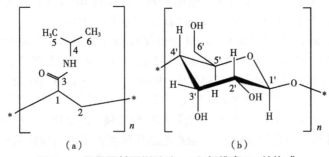

图 4-8 聚异丙基丙烯酰胺(a)和纤维素(b)结构式

采用 ^{13}C QCP/MAS NMR 实验对 CL/PNIPAM 水凝胶中的主要成分进行定量测试。在 QCP/MAS NMR 中每个样品的实验有 3 个,一个为接触时间 $t_{CP}=t$ 的 CP/MAS 实验,两个去极化时间 $t_{CDP}=0$ 和 $t_{CDP}=t$ 的 CDP/MAS 实验。在 QCP 定量方法中,CP(t)和 CDP(t)动力学上满足互易定理,即 CP(t)+CDP(t)=1,对于特定的峰,先测定 $t_{CDP}=0$ 和 $t_{CDP}=t$ 两个去极

化实验,通过式(4-9)计算得到时间 t 的 CP 增强因子 η,其中 CDP_t 和 CDP_0 分别为去极化时间为 t 和 0,$\gamma_H/\gamma_C=3.98$,根据 $t_{CP}=t$ 实验的信号强度 PI(CP),再由式(4-10)计算得到接触时间 t 时 CP 的实际信号强度 WPI。

$$\eta = \frac{\gamma_H}{\gamma_C} \times \left(1 - \frac{PI_{CDPt}}{PI_{CDP0}}\right) \tag{4-9}$$

$$WPI = \frac{PI_{CP}}{\eta} \tag{4-10}$$

式中　η——增强因子;
　　　γ_H——^1H 的旋磁比;
　　　γ_C——^{13}C 的旋磁比;
　　　PI_{CDPt}——去极化时间为 t 时的信号强度;
　　　PI_{CDP0}——去极化时间为 0 时的信号强度;
　　　WPI——接触时间 t 时 CP 的实际信号强度。

实验将 CL/PNIPAM 水凝胶干燥、研磨,装入转子中,分别进行 ^{13}C CP/MAS 和 ^{13}C CDP/MAS NMR 测试,延迟时间为 2.5 s,扫描次数 4000 次,交叉时间为 0.1 ms,去极化时间为 0.001 ms 和 0.1 ms,转速为 8000 Hz,收集信号。选择相应的峰,研究三个条件下的信号强度,按照上述公式计算得到该峰在 0.1 ms 下的实际强度。据此,可以选择不同的碳原子分别作为 CL 和 PNIPAM 的信号,得到它们在相同极化时间下的实际信号强度,再根据各分子中此种化学位移碳原子的个数比,即可计算得出这两种分子在复合物中定量关系。实验对 CL/PNIPAM 水凝胶中的 CL 和 PNIPAM 碳信号的 CP 和 CDP 动力曲线进行归一化,归一化后的 CP 和 CDP 满足互易定理。为减小误差,选择 CL 中的 C1′~C6′,选择 PNIPAM 中甲基峰 C-5 和 C-6 作为研究对象,计算 CL 中葡萄糖苷单元(AGU)与 PNIPAM 的单体单元 N-异丙基丙烯酰胺(NIPAM)的摩尔比,从而得到水凝胶中两种组分的含量。

$$\frac{AGU}{Nipam} = \frac{5WPI_{C-1'\sim C-6'}}{6WPI_{C-5/C-6}} \tag{4-11}$$

式中　$WPI_{C1'\sim C-6'}$——CL 中 C-1′~C-6′的 CP 实际信号强度;
　　　$WPI_{C-5/C-6}$——PNIPAM 中 C-5 和 C-6 的 CP 实际信号强度。

以加入 6% 的 NIPAM 的 CL/PNIPAM 水凝胶为例,设置两组 t_{CP} 和 t_{CDP},分别为 0.1 ms 和 0.2 ms,得到 AGU 和 Nipam 的比例分别为 0.73 和 0.72,二者差别较小,说明极化时间对定量结果影响较小。随着 NIPAM 的浓度增大,AGU 和 NIPAM 的比例逐渐降低,当 NIPAM 的浓度为 8% 时,复合水凝胶中二者的比例变化不大。

(2)纤维素结晶度的测定

在核磁共振谱图中,纤维素晶区内部碳原子的信号、晶区表面碳原子信号以及无定型区的碳原子信号是相互分离的,不同晶型在核磁图谱上也有不同,因此,可以根据碳谱的积分面积计算出纤维素的结晶度(CrI)和不同晶型的比例。

实验将纤维用水湿润,含水率 50%,装入转子中,测试得碳谱,结果如图 4-9 所示。对 NMR 光谱 C1 区(102~108 ppm)进行光谱拟合,能够测定结晶区纤维素 I_α、纤维素 I_β 和次晶纤维素相对含量的变化。实验对 105 ppm 处纤维素 C-1 进行分峰拟合得到 4 个峰,利用 4 个 Lorentzian 线形表示不同晶型,105.2 ppm 处归属为纤维素的 I_α 晶型,105.6 ppm 和 104.0 ppm 归属为纤维素的 I_β 晶型,而 104.8 ppm 处归属于次晶,根据各个晶型的面积可以计算不同晶型的比例,研究发现,多数纤维素中I_β晶型占主体,各晶型的含量与纤维素种类、处理方式等因素有关。

对于纤维素 C-4 信号峰,在低场部分有一个小的肩峰,这说明了I_α晶型的存在。接着是一个尖锐的峰上有个较宽的侧峰,尖峰归属于纤维素结晶区内部的有序区,而侧峰归属于无序区,该无序区可能来自两种纤维素链,第一种是结晶微纤表面的纤维素链,因为表面纤维素链存在边界上,构象的相关限制比较少;第二种是无定形区纤维素,其分子链构象限制更少。将 89 ppm 为中心的信号峰和 84 ppm 为中心的信号峰分别代表结晶和无定形相,利用 Lorentzian 线形对其进行拟合,根据无定形峰的面积和结晶区波峰面积之和,可计算出纤维样品的结晶度,其结果与 X 射线衍射方法得到结果相近。

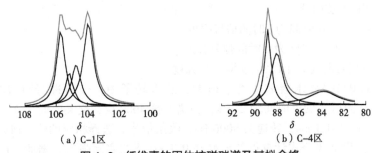

(a) C-1区　　　　　　　　　　(b) C-4区

图 4-9　纤维素的固体核磁碳谱及其拟合峰

4.1.3.3　低场核磁在生物质复合材料中的应用

低场核磁共振技术(low field nuclear magnetic resonanc,LF-NMR)是一种无损伤分析检测技术,是 20 世纪 80 年代发展起来的一种波谱学研究技术。自旋-自旋弛豫又称横向弛豫(spin-spin relaxation),是指处于高能态的原子核将能量传递给与其邻近的低能态的同类原子核的过程,此过程只是同类原子核间自旋状态的交换,并不会造成原子核总能量的改变,不同能级的原子核的数目也不发生改变。以 90°脉冲之后的弛豫过程为例,横向弛豫为垂直于主磁场的横向磁化矢量由初始值逐渐恢复到零的过程。原子核横向磁化矢量达到最终平衡态 37% 所用的时间,称为横向弛豫时间,用 T_2 表示。

(1) 木材干燥机理研究

利用低场核磁共振技术可以测定木材干燥过程中水分的状态与迁移情况。T_2 值越大表明水分与木材结合强度越弱,水分越容易排出,研究发现,木材中水分存在状态的 T_2 范围大致为自由水 10~100 ms,结合水 0.1~10 ms,具体的 T_2 值随着树种、初含水率等条件有关。一般木材的 T_2 值存在 3 个峰,代表 3 种状态的水分,分别为结合水、自由水状态 1 和自由水状态 2,峰面积的大小代表各种状态水的含量。通过测量 T_2 值、峰面积与含水率的变化规律,可以分析木材中各种状态的水在干燥过程中的存在状态及迁移规律。

(2) 纤维素水分可及度的测定

一般认为,纤维素中水分的吸附点为纤维素中的活性羟基,即水分进入纤维素之后与纤维素中的羟基结合形成氢键,从而吸附在纤维素的孔隙表面。纤维素水分可及度随结晶度的增大而减小,说明无定形区对水分的吸附更容易,而纤维素结晶区结构致密,不容易吸附水分子。但纤维素的水分可及度要比纤维素的非结晶度大,说明水分进入纤维素时,不仅进入纤维素非结晶区,还进入纤维素结晶区的表面。

研究表明,纤维素为大分子,分子链运动慢,可以认为纤维素中的氢为固态信号,FID

信号衰减较快；而水分子为小分子，运动快，FID 信号衰减较慢。纤维素的 FID 信号在 0.03 ms 内几乎已衰减为零，此时 FID 的信号为纤维素中氢质子的固体核磁信号。重水处理后纤维素 FID 衰减分为两个阶段，第一阶段衰减较快，主要是因为纤维素中氢质子的固体信号；第二阶段衰减速度明显变慢，这是由于纤维素中羟基的活泼氢被重水中的氘原子交换后，氘原子与纤维素中相邻氢质子产生偶极作用，造成磁化矢量衰减，表现为 FID 信号衰减变慢。FID 信号初始值反映的是纤维素中氢质子的总量，由于仪器的死时间，0.014 ms 之前的 FID 信号无法探测。根据 0.014 ms 之后的测试数据，采用高斯拟合得到死时间区的 FID 信号衰减曲线。在重水浸润前后，死时间区的 FID 信号总量并没有发生变化，说明重水的加入并没有引进氢质子，氢质子的总数量没有变化。FID 信号衰减速度变慢是由纤维素羟基中氢与重水发生质子交换的氢质子的磁化矢量衰减引起的，因此衰减变慢信号的量可用来代表与重水发生质子交换的羟基的量，根据纤维素分子链结构，在一个纤维二糖单元中共有 6 个羟基，而氢质子总数为 20，羟基中质子数量占纤维二糖单元总质子数量的 30%。加入重水后，氘原子只与纤维素中羟基的质子发生交换，根据外推法得到衰减变慢部分的 FID 信号强度，可以根据公式(4-12)计算出纤维素的水分可及度。

$$A = \frac{I_D}{0.3 I_0} \tag{4-12}$$

式中　　A——纤维素水分可及度；

　　　　I_D——衰减变慢的 FID 信号强度，对应发生氘交换的氢质子数量；

　　　　I_0——FID 信号总强度，对应纤维素中所有 H 质子的数量。

(3) 纤维素吸湿机理研究

纤维素结构中羟基上的氢为固态性质，T_2 值在几微秒，一般来说，快速扩散即流动性好的水分子中的氢能够在较短时间内相互作用进行自旋能量交换，因而 T_2 值较大，相反，流动性差或固态性质的氢 T_2 较小，因此，T_2 分布可用来表明纤维素中水分的流动性。T_2 值越小，表明水分与纤维素结合越紧密；而 T_2 值越大，水分在纤维素中越自由。并且，不同 T_2 分布的积分面积占总积分面积的比例可用来表示此状态水分占总吸附水含量的比例。因此，根据 T_2 分布可判别水分在纤维素中的存在状态。

例如，将棉纤维样品充分干燥，称重，将样品放置在相对湿度为 98% 的环境(硫酸钾饱和溶液)中在 32℃ 条件下吸湿，一段时间取出，进行低场核磁测试，采用 CPMG 脉冲序列测定其横向弛豫时间 T_2。

在绝干状态，纤维素中依然有不同 T_2 分布的水分存在，可能是样品与空气短暂接触后吸收空气中水分所致，且该部分水分含量很少。根据 T_2 分布，可以分析纤维素中水分存在状态，纤维素中水分可以分为羟基氢键结合水、多分子层水、毛细管水、体积水，水分的自由程度依次增大。因此，T_2 在 0.25~1 ms 的水分通常认为是与纤维素中羟氢键结合或与单分子层水分氢键结合，其流动性最差，称为结合水。根据 T_2 时间区间的积分面积变化可以发现，在达到吸湿平衡之前，水分吸附主要是以结合水状态存在。随着吸附水分的增多，结合水的 T_2 逐渐向右偏移，T_2 值逐渐增大，说明水分自由程度越来越大。水分易与纤维素中无定形区的游离羟基形成氢键结合，此种结合方式最为紧密，因此 T_2 时间最短。纤维素无定形区分子链彼此靠近，使部分羟基形成不饱和氢键，其氢键力小于结晶区分子链间氢键。与该部分羟基结合的水分子比直接与游离羟基结合的水分流动性强，因此在一定程度上造成 T_2 时间增大。此外，纤维素结晶区表面也具有纤维素吸着点，由于结晶区纤维素链中的羟基彼此之间形成分子内及分子间氢键，导致其与水分结合力减小，这也可能是 T_2 时间右移的一个原因。根据多分子层吸附理论，当含水率到达一定数值，单分子层水分饱和，会形成多分子层水，其自由程度要大于直接与纤维素羟基结合的单分子层水，这也是造成 T_2 时间增大的一个因素。T_2 在 4.6~8.5 ms 的水分存在于纤维素分子链间微小孔隙中，由于毛细作用，使水分运动受限。从 T_2 区间的积分面积的变化可看出，该部分水分含量从吸湿初始到吸湿平衡变化不大，但 T_2 时间却逐渐增大，这是因为水分吸附在纤维素链上，会使纤维素链间不稳定氢键断裂，且多分子层水分形成会造成纤维素润胀，从而使分子链运动性增强，释放出新羟基吸附点的同时也会使纤维素链间的孔隙略有增大进而减轻毛细作用对水分运动的限制作用，使水分运动更自由。T_2 时间在 25 ms 之后的水分含量很少，并且随吸湿的进行，该部分水含量减少甚至消失。此状态的水分可认为是存在于纤维素较大孔隙中的瞬时存在的水分。在吸湿初始，该部分水存在于孔隙中，未能与孔隙表面羟基形成氢键结合，随着单分子层及多分子层水分的吸附，纤维素孔隙空间被水分填充，增加了该状态水分与其他状态水分接触的机会，使其能够与单分子层及多分子层水分结合，从而状态发生改变。

4.2 X 射线衍射

4.2.1 X 射线衍射的原理

(1) X 射线的发现

1912 年，德国物理学家劳埃用 X 射线照射 $CuSO_4 \cdot 5H_2O$ 时，发现 X 射线通过晶体后能够产生衍射，并且根据光的干涉条件，推导出描述衍射线空间方位与晶体结构关系的劳埃方程，不仅证明 X 射线是一种电磁波，同时还证实晶体结构内部原子的周期排列特征。同年，英国物理学家布拉格父子类比可见光镜面反射实验，首次利用 X 射线衍射方法测定 NaCl 晶体结构，开创了 X 射线晶体结构分析，并且推导出布拉格方程，它是 X 射线衍射学的理论基础。1913—1914 年，莫塞莱发现了原子序数与发射 X 射线的频率之间的关系——莫塞莱定律，并最终发展成为 X 射线发射光谱分析（电子探针）和 X 射线荧光分析。1916 年，德拜、谢乐提出采用多晶体试样的"粉末法"。1928 年，盖革、弥勒首先用计数器来记录 X 射线，这种方法导致衍射仪的产生，并于 20 世纪 50 年代起获得普遍使用。20 世纪 70 年代后，计算机、高真空、电视等先进技术与 X 射线分析相结合，发展成为现代的自动化衍射仪。自此，用 X 射线衍射方法不但确定众多无机和有机晶体结构，而且为材料研究提供了许多测试分析方法。

X 射线衍射分析在材料科学中的应用大体可归纳为以下几个方面：①晶体结构研究。解决晶体的结构类型和晶胞大小，原子在单胞中的位置、数量等，用来研究晶体的微观结构。②物相分析。定性分析定待样品的物相组成以及定量分析各物相的相对含量。③材料的宏观结构以及微观应力研究。④单晶体取向及多晶织构的测定。

(2) X 射线的性质

X 射线本质和无线电波、可见光、γ 射线等一样，属于电磁波或电磁辐射，同时具有波动性和粒子性特征。波长较可见光短，与晶体的晶格常数是同一数量级，在 $10^{12} \sim 10^{-8}$ m，介于紫外线和 γ 射线之间，但没有明显的分界线，如图 4-10 所示。

X 射线与可见光一样会产生干涉、衍射、吸收和光电效应等现象。但由于波长相差较大，也有截然不同的性质：①X 射线在光洁的固体表面不会发生像可见光那样的反射，因而不易用镜面把它聚焦和变向；②X 射线在物质分界面上只发生微小的折射，折射率稍小于 1，故可认为 X 射线穿透物质时沿直线传播，因此不能用透镜来加以会聚和发散；

③X 射线波长与晶体中原子间距相当,故在穿过晶体时会发生衍射现象,而可见光的波长远大于晶体中原子间距,故通过晶体时不会产生衍射,因而只可用 X 射线研究晶体内部结构。

描述 X 射线波动性的参量有频率 ν,波长 λ、振幅 E_0、H_0 以及传播方向,如图 4-11 所示。电磁波是一种横波,当"单色"X 射线,即波长一定的 X 射线沿某方向传播时,同时具有电场矢量 E 和磁场矢量 H,这 2 个矢量以相同的位相,在 2 个相互垂直的平面内作周期振动,且与传播方向垂直,传播速度等于光速。在 X 射线分析中主要记录电场强度矢量 E 引起的物理效应,其磁场分量与物质的相互作用效应很弱,因此以后只讨论 E 矢量的变化,而不再涉及矢量 H。X 射线的强度用波动性的观点描述可以认为是单位时间内通过垂直于传播方向的单位截面上的能量的大小,强度与振幅 A 的平方成正比。

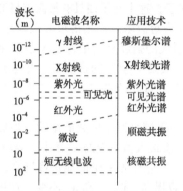

图 4-10 电磁波谱及其相应分析应用技术

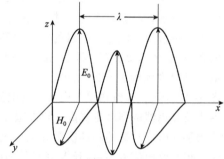

图 4-11 电磁波的电场分量与磁场分量

(3) X 射线的产生

X 射线的产生是由于高速运动的电子撞击物质后,与该物质中的原子相互作用发生能量转移,损失的能量通过 2 种形式释放出 X 射线。一种形式是高能电子击出原子的内层电子产生一个空位,当外层电子跃入空位时,损失的能量以表征该原子特征的 X 射线释放。另一种形式则是高速电子受到原子核的强电场作用被减速,损失的能量以波长连续变化的 X 射线形式出现。因此,射线产生的基本条件是:①产生带电粒子;②带电粒子作定向高速运动;③在带电粒子运动的路径上设置使其突然减速的障碍物。

产生 X 射线的仪器称为 X 射线仪,主要部件包括 X 射线管、高压变压器及电压、电流调节稳定系统等部分。X 射线仪发射 X 射线的基本过程是:自耦变压器将 220 V 交流电调压后通过高压变压器升压,再经整流器整流得到高压直流电,以负高压形式施加于 X 射线管热阴极;由热阴极炽热灯丝发出的热电子在此高电压作用下,以极快的速度撞向阳极,产生 X 射线。

(4) X 射线谱

用 X 射线分光计测量从 X 射线管中发出的 X 射线强度,发现其波长不是单一的,而是包含许多不同波长,如果在比较高的管电压下使用 X 射线管,用 X 射线分光计测量其中各个波长的 X 射线的强度,所得 X 射线强度与波长的曲线称为 X 射线谱。该曲线由两部分叠加而成:一部分具有从某个最短波长 λ(称为短波限)开始的连续的各种波长的 X 射线,称为连续 X 射线谱(白色 X 射线谱),连续谱受管电压,管电流和阳极靶材原子序数 Z 的影响;另一部分是由若干条特定波长的谱线构成的,实验证明这种谱线只有当管电压超过一定的数值 V(激发电压)时才会产生,这种谱线的波长与 X 射线管的管电压、管电流等工作条件无关，只取决于阳极材料，不同元素制成的阳极将发出不同波长的谱线，因此称为特征 X 射线谱或标识 X 射线谱。

①连续 X 射线谱　根据经典电动力学概念，任何高速运动的带电粒子突然减速时都会产生电磁辐射，当 X 射线管中高速运动的电子和阳极靶碰撞时，产生极大的负加速度，其中大部分动能转变为热能而损耗，但一部分动能以电磁辐射——X 射线形式释放能量。由于到达阳极的电子数目多，而各电子到达靶的时间和条件又不同，并且绝大多数电子与靶进行多次碰撞，逐步把能量释放到零，情况复杂，因此导致辐射的电磁波具有各种不同的波长，形成连续 X 射线谱。按照量子理论观点，当能量为 eU 的电子与靶原子碰撞时，电子将失去能量，其中一部分能量以光子形式辐射，而每碰撞一次产生 1 个能量为 $h\nu$ 的光子，由于电子数目众多，所以产生一系列能量为 $h\nu_i$ 的光子序列，构成连续谱。在极限情况下，极少数电子在一次碰撞中将全部能量一次性转化为一个光子，这个光子便具有最高能量和最短的波长，根据 $hc/\lambda_0 = eU$，可得 $\lambda_0 = hc/eU$，其中 λ_0 称为短波限。连续谱短波限制与管压有关，当固定管压，增加管电流或改变靶时 λ_0 不变。X 射线的强度是指垂直于 X 射线传播方向的单位面积上在单位时间内光子数目的能量总和，意义是 X 射线的强度 I 是由光子的能量 $h\nu$ 和光子的数目 n 2 个因素决定，即 $I = nh\nu$，因此连续 X 射线谱中的最大值并不在光子能量最大的 λ 处，而是在大约 $\lambda_n = 1.5\lambda_0$ 处。

如图 4-12 所示，连续谱受管电压、管电流和阳极靶材原子序数的影响。当提高管电压 U 时，各波长 X 射线的强度都提高，短波限 λ_0 和强度最大值对应的 λ_m 减小。当增加管压时，电子动能增加，电子与靶的碰撞次数和辐射出来的 X 射线光量子的能量都增高。当保持管压一定时，提高管电流 I，各波长 X 射线的强度一致提高，但 λ_0 和 λ_m 不变。在相同的管压和管流下，阳极靶的原子序 Z 越高，连续谱的强度越大。

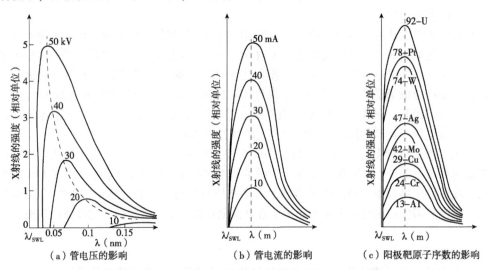

（a）管电压的影响　　　（b）管电流的影响　　　（c）阳极靶原子序数的影响

图 4-12　管电压、管电流和阳极靶原子序数对连续谱的影响

②特征 X 射线谱　当管压增高到某一临界值时，则在连续谱的某些特定波长上出现一些强度很高的锐峰，它们构成了 X 射线特征谱，如图 4-13 所示。激发特征 X 射线谱的临界管压称为激发电压。特征 X 射线谱的波长不受管压和管流的影响，只取决于阳极靶材的原子序数。对一定材料的阳极靶，产生的特征谱的波长是固定的，此波长可以作为阳极靶材的标志或特征，故称为特征谱或标志谱。

特征 X 射线的产生与阳极靶物质的原子结构密切相关，原子系统中的电子遵从泡利不相容原理，不连续分布在 K，L，M，N 等不同能级壳层上，分别对应于主量子数 $n=1$，2，3，4。按能量最低原理首先填充最靠近原子核的 K 壳层，各壳层的能量由里到外逐渐增加 $E_K<E_L<E_M<\cdots$。当管电压达到激发电压时，X 射线管阴极发射的电子所具有的动能，足以将阳极物质原子深层的某些电子击出其所属的电子壳层，迁移到能量较高的外部壳层，或者将该电子击出原子系统而使原子电离，导致原子的总能量升高处于激发状态。这种激发态不稳定，有自发向低能态转化的趋势，因此原子较外层电子将跃入内层填补空位，使总能量重新降低，趋于稳定。此时能量降低为 ΔE，根据玻尔的原子理论，

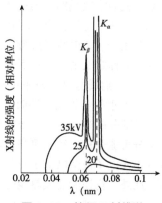

图 4-13 特征 X 射线谱

原子中这种电子位置的转换或能量的降低将产生光子，发出具有一定波长的发射谱线，即

$$\Delta E = E_h - E_1 = h\nu = \frac{hc}{\lambda} \tag{4-13}$$

式中　E_h，E_1——电子处于高能量状态和低能量状态时所具有的能量。

对于原子序数为 Z 的物质，各原子能级所具有的能量是固定的，所以 ΔE 为固有值，因此特征 X 射线波长为定值。

特征 X 射线命名规则如图 4-14 所示，主字母（K、L、M、N、O）代表终态，下标（α、β、γ）代表层序差（$\alpha=1$，$\beta=2$，$\cdots$），例如，K_α 表示电子从 L 层到 K 层跃迁时发出的 X 射线，K_β 表示电子从 M 层到 K 层跃迁时发出的 X 射线。

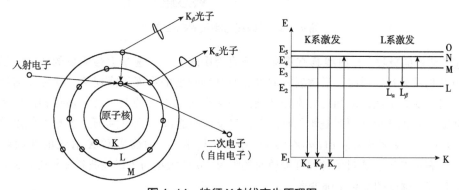

图 4-14 特征 X 射线产生原理图

原子中各层能级上的电子的能量，取决于原子核对它的束缚力，因此对于原子序数 Z 一定的原子，其各能级上的电子的能量具有分立的确定值。又由于内层电子数月和它们所占据的能级数不多，因此内层电子跃迁所辐射出的 X 射线的波长便是若干个特定的值。这些波长能反映出该原子的原子序数特征，而与原子所处的物理、化学状态基本无关。电子能级间的能量差并不是均等分布的，越靠近原子核的相邻能级间能量差越大。所以，同一靶材的 K、L、M 系谱线中，以 K 系谱线的波长最短，而 L 系谱线波长又短于 M 系。此外，同一线系各谱线间，如在 K 系谱线中，必定是 $\lambda_{k\alpha}>\lambda_{k\beta}>\lambda_{k\gamma}$。

莫塞莱在 1974 年总结了这一规律：$\sqrt{\nu}=K(Z-\sigma)$。其中，ν 为特征谱频率；Z 为阳极靶原子序数；K 为所有元素的普适常数；σ 为屏蔽常数。通过适当的变更 K（与靶材物质主量

子数有关的常数)和 σ (与电子所在的壳层位置有关),该式能显示出适用于 L、M 和 N 系的谱线。莫塞莱定律已成为现代 X 射线光谱分析法的基础。其分析思路是激发未知物质产生特征 X 射线,X 射线经过特定晶体产生衍射,通过衍射方程计算其波长或频率,然后再利用标准样品标定 K 和 σ,最后通过莫塞莱定律确定未知物质的原子序数 Z。

(5) X 射线与物质的相互作用

当 X 射线与物质相遇时,会产生一系列效应,这是 X 射线应用的基础。在一般情况下,除贯穿部分的光束外,射线能量损失在与物质作用过程之中,基本上可以归为两大类,其中一部分可能变成次级或更高次的 X 射线,即所谓荧光 X 射线,与此同时,从物质的原子中激发出光电子或俄歇电子;另一部分消耗在 X 射线的散射之中,包括相干散射和非相干散射。此外,它还能变成热能热量逸出,如图 4-15 所示。

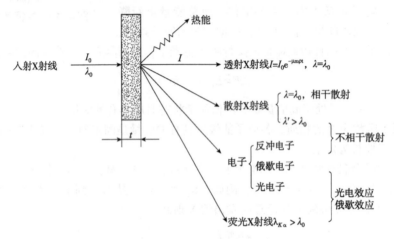

图 4-15 X 射线与物质的相互作用

① X 射线的吸收　X 射线具有贯穿不透明物质的能力,这是它最明显的特性。尽管如此,当 X 射线经过物质时,沿透射方向都会有某种程度的强度下降现象,称为 X 射线的衰减。人们发现 X 射线衰减如同寻常光线通过不完全透明的介质时一样,遵循相同的系数规律。强度为 I_0 的入射线照射到均匀物质上,实验证明通过 dx 厚度物质,X 射线强度的衰减 $dI(x)/I(x)$ 与 dx 成正比: $dI(x)/I(x) = -\mu dx$。其中,μ 为物质对 X 射线的线吸收系数 (cm^{-1}),表示 X 射线通过单位厚度物质时的吸收。μ 的大小与入射线波长和物质有关。上式中的负号表示强度的变化由强变弱。

物质原子序数越大,对 X 射线的吸收能力越强;对一定的吸收体,X 射线波长越短,穿透能力越强,表现为吸收系数的下降。射线束经过物质时强度的损失归因于真吸收和散射 2 个过程。真吸收是由于 X 射线转换成被逐出电子的动能,如入射 X 射线的一部分能量转变成光电子、俄歇电子、荧光 X 射线以及热效应等各种能量;而散射是由于某些原射线被吸收体原子偏析所形成的,故散射出现的方向不同于入射线束的方向,在原射线方向测量时,似乎被吸收了。

由于散射引起的吸收和由于激发电子及热振动等引起的吸收遵循不同的规律,即真吸收部分随 X 射线波长和物质元素的原子序数而显著变化,散射部分则几乎和波长无关。因此线吸收系数 μ 分解为 τ 和 σ 两部分: $\mu = \tau + \sigma$,τ 称为真吸收系数,σ 称为散射系数。一般情况下散射系数,对于原子序数在铁以上的元素很小,并且当波长或原子序数变化时,它的变化也很小。吸收系数 τ 远远大于散射系数,所以 σ 往往可以忽略不计,于是 $\mu \approx \tau$。

②X射线的散射　沿一定方向运动的X射线光子流与物质的电子相互碰撞后,向周围弹射开来,这便是X射线的散射。散射分为波长不变的相干散射和波长改变的非相干散射。物质对X射线的散射主要是电子与X射线相互作用的结果,物质中的核外电子可分为两大类:外层原子核弱束缚的电子和内层原子核强束缚的电子,X射线照射到物质后对于这两类电子会产生两种散射效应。

　　i. 相干散射(弹性散射):入射的X射线光子与原子内受核束缚较紧的电子(如原子内层电子)相碰撞而弹射,光子的方向改变了,但能量几乎没有损失,光子将能量全部传递给电子,电子受X射线电磁波的影响将在其平衡位置附近产生受迫振动,而且振动频率与入射X射线相同,于是产生了波长不变的相干散射。在用量子观点描述相干散射之前,汤姆逊曾用经典的电动力学作过解释:原子中的电子在入射X射线电场力的作用下产生与入射波频率相同的受迫振动,于是这样的电子成为一个电磁波的发射源,向周围辐射新的电磁波,其波长与入射波相同,并且彼此间有确定的相位关系。晶体中规则排列的原子,在入射X射线的作用下都产生这种散射,于是在空间形成了满足波的相互干涉条件的多元波,故称这种散射为相干散射,也称经典散射或汤姆逊散射。相干散射是X射线在晶体中产生衍射现象的基础。

　　ii. 非相干散射:当X射线光子与受原子核弱束缚的外层电子、价电子或金属晶体中的自由电子相碰撞时,这些电子将被撞离原运行方向,同时携带光子的一部分能量而成为反冲电子。根据动量和能量守恒,入射的X射线光量子也因碰撞而损失部分能量,使波长增加并与原方向偏离2θ角(图4-16)。由于入射光子一部分能量转化成为电子的动能,散射光子的能量必然小于入射光子的能量,散射波的波长大于入射波的波长。这种散射效应是由康普顿和我国物理学家吴有训首先发现的,故称为康普顿-吴有训效应,其定量关系遵守量子理论规律,故也称为量子散射。因为散布在空间各个方向的量子散射波与入射波的波长不相同,位相也不存在确定的关系,因此不能产生干涉效应,所以也称为非相干散射。非相干散射不能参与晶体对X射线的衍射,只会在衍射图上形成强度随$\sin\theta/\lambda$增加而增加的背底,给衍射精度带来不利影响。

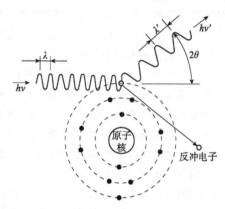

图4-16　X射线非相干散射示意
(康普顿-吴有训效应)

(6) X射线衍射的基本原理

在X射线被发现以后,一些物理学家的观察指出,X射线可能是电磁波。根据狭缝衍射实验结果,法国物理学家索莫菲提出X射线的波长约为4×10^{-9}cm。1912年,法国物理学家劳埃提出用晶体作为天然光栅来研究X射线衍射。如图4-17所示,在一束连续X射线中,放置一粒硫酸铜的单晶体,并在其后安放一张照相底片。结果在照相底片上留下了对称分布的斑点状衍射花样。这一实验的成功,不仅证明了X射线的波动性;而且也证明了晶体内部原子排列的周期性;同时为研究物质的微观结构提供了崭新的方法。

英国物理学家布拉格父子在劳埃的这些实验发表后不久,便推导出比劳埃公式更为简单的公式(即布拉格方程),表达了晶体产生衍射的条件,并于次年利用X射线衍生方法测定了NaCl、KCl、KBr和KI的结构及点阵常数。从此开始了X射线晶体结构分析的历史。到目前为止，人们对各种晶体结构的认识绝大多数是通过X射线的结构分析得到的。X射线通过晶体时，晶体中的原子(更确切地说是原子中的电子)散射X射线，虽然每个原子都向四周散射X射线，但由于原子间的散射线相互干涉的结果，只有在某些方向上，才有各个原子散射线的合成光束出现，称为衍射线。根据衍射线的分布规律可以确定晶胞的形状和大小，根据衍射线的强度可以确定原子在晶胞中的位置。衍射线产生的条件及分布规律可以用劳埃方程、布拉格方程、衍射矢量方程及厄瓦尔德图解来表示，具体介绍及推导过程可参考市售材料研究方法相关书籍。

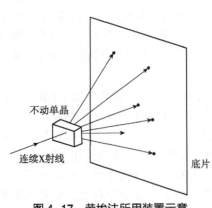

图4-17 劳埃法所用装置示意

(7) 常用衍射实验方法

无论何时，必须严格符合布拉格方程，才有可能产生衍射。因此，要想使任一种给定的晶体产生衍射时，其相应的入射线波长 λ 与掠射角 θ，必须符合布拉格方程。当应用单色X射线时，随便地在一束X射线中安放一个单晶体，一般不能产生任何衍射光束。因此，必须设计出某种方法，使 λ 或 θ 在实验期间连续地变化，以便有更多满足布拉格方程的机会。因此，一般会采用以下几种方法。

① 劳埃法　劳埃法为首次被应用的X射线衍射方法，利用它可以重复做出劳埃的原始实验。劳埃法是通过改变入射线的波长来增加衍射的概率，获得较多的衍射线。为此，将一束连续X射线入射到一个固定的单晶体上，该晶体中每一组衍射面与入射线的夹角 θ 都固定不变，但是每一组衍射面都可能从入射光束中挑选并衍射满足布拉格方程的特殊波长的X射线。因此，每一支衍射线的波长互不相同。底片上每一黑色斑点为对应的(hkl)衍射线与底片相交，使底片感光造成的，称为劳埃斑点。单晶体的特点是每种(hkl)晶面只有一组，单晶体固定在台架上之后，任何晶面相对于入射X射线的方位固定，即入射角一定。虽然入射角一定，但由于入射线束中包含着从短波限开始的各种不同波长的X射线，相当于反射球壳的半径连续变化，使倒易阵点有机会与其中某个反射球相交，形成衍射斑点，所以每一簇晶面仍可以选择性地反射其中满足布拉格方程的特殊波长的X射线，这样不同的晶面簇都以不同方向反射不同波长的X射线，从而在空间形成很多衍射线，它们与底片相遇，就形成许多劳埃斑点。

② 周转晶体法　周转晶体法(转晶法)是用单色X射线照射转动的单晶体的衍射方法。转晶法的特点是入射线的波长 λ 不变，而依靠旋转单晶体以连续改变各个晶面与入射线的 θ 角来满足布拉格方程的条件。在单晶体不断旋转的过程中，某组晶面会在某个瞬间和入射线的夹角恰好满足布拉格方程，于是在此瞬间便产生一根衍射线束，在底片上感光出一个感光点。如果单晶样品的转动轴相对于晶体是任意方向，则摄得的衍射相上斑点的分布将显得无规律性；当转动轴与晶体点阵的一个晶向平行时，衍射斑点将显示有规律的分布，即这些衍射斑点将分布在一系列平行的直线上，这些平行线称为层线，通过入射斑点的层线称为零层线，从零层线向上或向下，分别有正负第一、第二层线，它们对于零层线而言是对称分布的。

③ 粉末法　陶瓷材料一般都是多晶体，所以用单色X射线照射多晶体或粉末试样的衍射方法是应用范围较广的衍射方法。在粉末法中，是将待测的晶体试样研磨成粉末，

颗粒为1~10 μm数量级。每一个粉末由一个或几个小晶粒组成；或者采用细晶粒的多晶试样。每一个晶粒相当于一个单晶体。粉末试样或多晶体试样从 X 射线衍射观点来看，实际上相当于一个单晶体绕空间各个方向作任意旋转的情况，因此在倒空间中，一个倒结点 P 将演变成一个倒易球面，很多不同的晶面就对应于倒空间中很多同心的倒易球面。若用照相底片来记录衍射图，则称为粉末照相法，简称粉末法；若用计数管来记录衍射图，则称为衍射仪法。

在粉末法中，采用单色 X 射线，光束的直径一般比较粗，为 0.1~1.2 mm，因此，会有数以万计的晶粒被 X 射线光束照射。这些晶粒在空间取向是充分紊乱的，呈无规则分布。当入射线与某个晶粒中的 (hkl) 而夹角 θ 正好满足布拉格方程时，则发生衍射。衍射线与入射线方向的夹角为 2θ，如图 4-18(a) 所示。如果令该晶粒绕入射线方向旋转一周，则 (hkl) 面将占据空间中满足。上述布拉格条件的一切可能位置，与之相对应的 (hkl) 面衍射线也相当于绕入射线方向旋转一周，构成了一个以入射线方向为轴，以 (hkl) 面的衍射线为母线的圆锥，半锥顶角为 2θ，称该圆锥为 hkl 衍射圆锥，如图 4-18(b) 所示。事实上，在粉末法中晶粒并没有做上述旋转。因晶粒数极多，并呈一切可能取向的晶粒，其作用则与此种旋转相当。由此可见，指数不同的衍射面，将得到不同 2θ 半锥顶角的衍射圆锥。

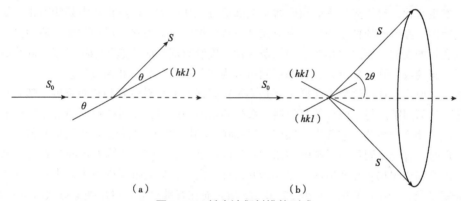

（a） （b）

图 4-18 粉末法衍射锥的形成

图 4-19 表明了这样的衍射圆锥，并且说明了一般粉末法的成像原理。在这种方法中，是将一窄条的底片卷成一个圆柱状，而试样则安装在该圆柱的轴上；调节入射线，使之与该轴垂直。不同的 hkl 衍射圆锥与圆柱形的底片相交，使底片感光，形成许多弧形线条。

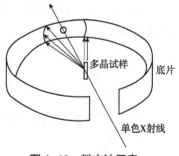

图 4-19 粉末法示意

4.2.2 X 射线衍射设备的结构

X 射线机是产生 X 射线的装置，其主要部件是 X 射线管。要从 X 射线管内射出 X 射线，必须有一套电气系统。它包括高压变压器、灯丝变压器、整流器、操作台等。记录 X 射线衍射线的方法有两种：一种是照相法，它是利用照相机将衍射线拍照在底片上；另一种是用探测器记录 X 射线。用照相机的 X 射线机称为 X 射线晶体分析仪；用探测器的 X 射线机称为 X 射线衍射仪。下面将分别进行介绍。

(1) 德拜法

德拜法采用一细束单色 X 射线垂直照射多晶粉末圆柱试样，衍射线在空间分布为以入射线为轴的一系列同轴圆锥面，其顶角为 4θ。用以试样为轴线的圆筒状底片来记录衍射花样，在底片上记录出的衍射线为一组弧线对，这就是德拜-谢乐法花样。德拜法是一种经典的但至今仍未失去其使用价值的衍射分析方法。

①德拜照相机的结构　如图4-20所示为德拜照相机的结构示意图。它的外壳为圆筒状，试样为圆柱状，装在圆筒轴线位置。从X射线管射出的X射线，先经过滤波片，然后进入准直管（前光阑）的小孔中，以获得一小束单色平行的X射线。照射试样后的贯穿X射线进入承光管（后光阑），承光管内有荧光屏和铅玻璃，通过它可以观察X射线照射试样的情况。光阑与承光管的外径尽可能小，端部要设计呈锥形，光阑的内径尺寸为0.2~1.2 mm。试样用胶泥固定在试样杆上，在安装试样后，可通过光阑前配置的放大镜观察，并用调整螺丝调节偏心轮的位置，以使试样与相机轴线同心。摄照时，取下放大镜，并用电机带动槽轮转动试样，目的是增加反射X射线的微晶数目，使衍射线条更均匀，并缩短曝光时间。底片围绕试样紧贴相机的圆筒壁。为了计算方便起见，常用的德拜照相机的直径为57.3 mm或114.6 mm。

②试样的制备　德拜法所用试样是圆柱形的粉末黏合体，也可以是多晶体细丝，其直径小于0.5 mm，长约10 mm。试样粉末可用胶水粘在细玻璃丝上，或填充于硼酸锂玻璃或醋酸纤维制成的细管中。粉末粒度应控制在250~350目，过粗会使衍射环不连续，过细则使衍射线发生宽化。对于多相物质须研磨至全部通过200目筛，以防止其中某些物相因易于粉碎而被筛掉。经研磨的韧性物质粉末应在真空或保护气氛下退火，以消除加工应力。

③底片的安装　德拜照相机采用长条底片，安装时应将底片紧靠相机内壁，底片的安装方式根据圆筒底片开口处所在位置的不同可分为正装法、反装法和偏装法。

④工作原理　德拜法衍射花样主要是测量衍射线条的相对位置和相对强度，然后再计算出θ角和晶面间距。每个德拜像都包括一系列的衍射圆弧对，每对衍射圆弧都是相应的衍射圆锥与底片相交的痕迹，它代表一族（hkl）晶面的反射。图4-21为德拜法衍射几何。当需要计算θ角时，首先要测得衍射圆弧的弧对间的间距$2L$，通过$2L$计算θ角的公式可以从图所示的衍射几何中得出：在透射区，$2L=4R\theta(\mathrm{rad})$，式中，$R$是照相机镜头筒半径，即圆形底片的曲率半径，$\theta$用角度表示为$\theta=57.3\times 2L/4R$；而在背散射区，可用类似方法求$\psi$再由$\theta=90°-\psi=90°-57.3\times 2L/4R$求出衍射角。为求$\theta$必须知道相机半径$R$，通常相机直径制造成57.3 mm或114.6 mm，这样它们的圆周长分别为180 mm或360 mm，于是底片上每1 mm的距离相当于角度2°或1°。

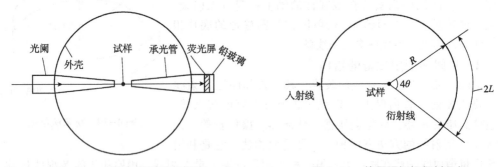

图4-20　德拜照相机结构示意　　　　图4-21　德拜照相机衍射几何

(2) X射线衍射仪

X射线晶体结构分析是利用已知波长的X射线测定晶体结构。其主要依据是衍射线的方向和强度。20世纪50年代以前的X衍射线分析绝大部分是利用底片来记录衍射信息的（即各种照相技术），但近 50 多年以来，用各种辐射探测器（计数器）作为记录已相当普遍。目前专用的仪器——X 射线衍射仪已广泛用于科研部门，并在各主要领域中取代了照相法。衍射角度 2θ 可在测角仪上直接读出，用计数器记录衍射线光子数，用单位时间的光子数表示衍射线的强度。由于衍射仪法没有底片显影、定影、冲洗等暗室操作和底片测量等手续，缩短了实验时间、提高了测量精度。尤其是近年来利用计算机控制仪器，全部实验工作、数据分析、最终输出实验结果在几分钟之内即完成，而用照相法需几个小时，甚至十几个小时。因此，衍射仪的应用越来越广。随着衍射仪与计算机的结合，操作测量及数据处理基本上实现了自动化。目前大部分测试项目已有了专用程序，使得衍射仪的威力得到更进一步的发挥。

X 射线衍射仪由 X 射线发生器、测角仪、辐射探测器、记录单元或自动控制单元等部分组成，其中测角仪是仪器的中心部分。衍射仪上还可安装各种附件，如高温、低温织构测定、应力测量、试样旋转及摇摆和小角散射等，大大地扩展了衍射仪的功能。

①X 射线测角仪　测角仪是衍射仪的关键部件，呈圆盘状，试样放在中心，边缘装置计数器，用以接收衍射线。固盘边缘刻有角度，用以测量衍射角，其最小分度为 $0.01°$。有一套机械传动机构，带动试样和计数器绕中心轴转动。测量系统由计数器和信号处理、记录、显示系统组成。计数器接收 X 射线光子后，转换成电信号，通过一套处理系统将 X 射线的强度记录在记录纸上，或用数码显示。

如图 4-22 所示是 X 射线测角仪的构造图。它与德拜照相机有很多相似之处，亦有不少差别。例如，衍射仪是利用 X 射线管的线焦斑工作，采用发散光束，平板试样，用计数器记录衍射线，自动化程度高等。平板试样 D 安装在可绕轴 O 旋转的试样台 H 上，S 处发射的一束发散 X 射线照射到试样上时，满足布拉格条件的晶面，其反射线形成一收敛光束，计数管 C 连同狭缝 F 随支架 E 绕 O 旋转，在适当位置接收反射线。测角仪保持试样-计数管联动，即样品转过 θ，计数管恒转过 2θ，这就是样品-技术管联动（θ-2θ 联动）。联动的关系保证了试样表面始终平分入射线和衍射线的夹角 2θ，当 θ 符合某（hkl）晶面相应的布拉格条件时，从试样表面各点由那些（hkl）晶面平行于试样表面晶粒所贡献的衍射线都能聚焦进入计数管中。计数管能将不同强度的 X 射线转化为电信号，并通过计数率仪、电位差计将信号记录下来。当试样和计数管连续转动时，衍射仪就能自动描绘出衍射强度随 2θ 角的变化情况。图 4-23 所示就是金属铝的衍射图，纵坐标单位为每秒脉冲数。

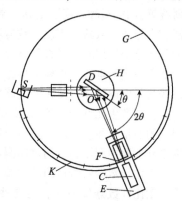

图 4-22　X 射线测角仪构造

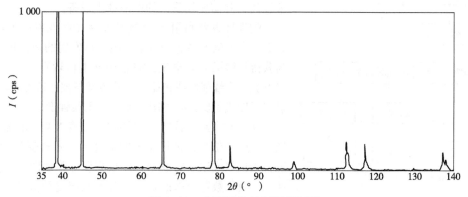

图 4-23　金属铝的 X 射线衍射图

②**光学系统** 如图4-24所示为测角仪的光学布置。S为靶面的线焦点,其长轴方向为竖直。入射线和衍射线要通过一系列狭缝光阑。K为发散狭缝,用以限制入射线束的水平发散度。L为防散射狭缝,F为接收狭缝,它们用以限制衍射线束在水平方向的发散度。防散射狭缝尚可排斥不来自试样的辐射,使峰背比得到改善。接收狭缝则可以提高衍射的分辨率。狭缝有一系列不同的尺寸供选用。S_1,S_2为梭拉狭缝,由一组相互平行的金属薄片所组成,相邻两片间的空隙在0.5 mm以下,薄片厚度约为0.05 mm,长约30 mm。梭拉狭缝可以限制入射线束在垂直方向的发散度至大约2°。衍射线在通过狭缝L,S_2及F后便进入计数管中。

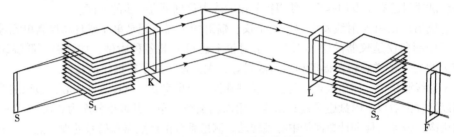

图4-24 测角仪的光学系统

③**探测器** 探测器也称计数器,在衍射仪上利用它测量衍射线的方向和强度。当一个X射线光子进入计数器,与其中的物质作用,便在其输出端产生一个电压脉冲,通过一套电子线路系统将其监测和记录。用电压脉冲高度(脉冲幅度)表示X射线的能量,用脉冲速率(单位时间的脉冲数)表示X射线的强度。计数器是测量各种射线(包括X射线、阴极射线、γ射线等)的能量和强度的工具。常用的探测器有4种:正比计数器、盖革计数器、闪烁计数器和半导体计数器。正比计数器和盖革计数器属于气体电离型X射线探测器。X射线与其中的气体分子作用时,可将气体分子电离,产生电子和正离子。若在电离气体中放2个电极,并加上一定的电压,正离子将跑向阴极,电子跑向阳极,在电路中便产生电流。只要一个X射线光子电离气体,便在外电路中产生一个电脉冲。一个X射线光子可以电离几百个气体分子,即产生几百个电子-正离子对。脉冲幅度正比于电子-正离子对的数量,而后者与X射线的能量有关。所以,脉冲幅度正比于X射线的能量。脉冲速率表示X射线的强度。如果在外电路中利用相应的仪器测量出脉冲幅度和脉冲速率,便可知X射线的能量和强度。

正比计数器所给出的脉冲峰大小与吸收的光子能量成正比,故作衍射线强度测定比较可靠。正比计数器反应快,对2个连续到来的脉冲的分辨时间只需10^{-6} s,其计数率可达10^6/s。它性能稳定,能量分辨率高,背底脉冲低,光子计数效率较高。其缺点是对温度较敏感,对电压稳定要求较高,并需要较强大的电压放大设备。

闪烁计数器利用X射线激发磷光体发射可见荧光,并通过光电倍增管进行测量。由于所发射的荧光量甚少,为获得足够的测量电流,需采用光电倍增管放大。因输出电流和光线强度成正比,而后者又与被计数管吸收的X射线强度成正比,故可用来测量X射线强度。

④**计数电路** 计数器主要功能是将X射线的能量转换为电脉冲信号,再将输出的电脉冲信号转变为操作者能直接读取或记录的数据。计数测量电路框图如图4-25所示。由计数器出来的脉冲,首先经前置放大器做一级

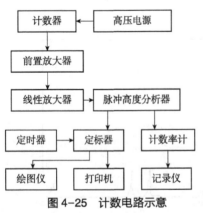

图4-25 计数电路示意

放大,倍率为10左右,输出信号为20~200 mV,通过电缆线进入线性放大器,这是主放大器,可将输入脉冲放大到5~100 V。主放大器输出的齿形脉冲经过脉冲整形器变成1 μs的矩形脉冲,输入脉冲高度分析器,利用脉冲高度分析器只允许幅度介于上、下限之间的脉冲才能通过的特性,剔除干扰,进行脉冲选择。

(3) X射线衍射仪的测量

① 衍射强度的测量　多晶体衍射仪测量方法分为连续扫描和步进扫描两种。

第一种为连续扫描,即将计数器与计数率仪相连接,在选定的2θ角范围内,计数管以一定的扫描速度与样品(台)联动,扫描测量各衍射角相应的衍射强度,结果获得I-2θ曲线。采用连续扫描可在较快速度下获得一幅完整而连续的衍射图。例如,以5°/min的速度测量一个2θ从10°~80°的衍射花样,14 min即可完成。因此,当需要全谱测量(如物相定性分析)时,一般选用此种方式。连续扫描的测量精度受扫描速度和时间常数影响,故要合理地选定这两个参数。

第二种为步进扫描,即将计数器与定标器相连,计数器首先固定在起始2θ角位置,按设定时间定时计数(或定数计时)获得平均计数率(即为该2θ处衍射强度);然后将计数管按预先设定的步进宽度(角度间隔)和步进时间(行进一个步进宽度所用时间)转动,每转动一个角度间隔重复一次上述测量,逐点测量各2θ角对应的衍射强度(每点的总脉冲数除以计数时间)。步进扫描测量精度高,但较费时,通常只用于测定2θ范围不大的一段衍射图,适于做各种定量分析工作。步进宽度和步进时间是决定测量精度的重要参数,故要合理地选定。

② 实验参数的选择　衍射仪测量只有在仪器经过精心调整,并恰当地选择实验参数后,方能获得满意的结果。实验参数的选择不同分析项目会有所区别。一般的工作(如物相定性分析)中所选择的参数基本为狭缝宽度、扫描速度、时间常数等。关于狭缝宽度,增加狭缝宽度可使衍射线强度增高,但导致分辨率下降。增宽发散狭缝K即增加入射线强度,但在θ角较低时却容易因光束过宽而照射到样品之外,反而降低了有效的衍射强度,并可由试样框带来干扰线条及背底强度。物相分析通常选用的狭缝K为1°或1/2°。防散射狭缝L对峰背比有影响,通常使之与狭缝K宽度有同一数值。接收狭缝F对峰强度、峰背比,特别是分辨率有明显影响。在一般情况下,只要衍射强度足够,应尽量地选用较小的接收狭缝。在物相分析中惯常选用0.2 mm或0.4 mm。其次是扫描速度,即计数管在测角仪圆上连续转动的角速度,以°/min表示。提高扫描速度,可以节约测试时间,但却会导致强度和分辨率下降,使衍射峰的位置向扫描方向偏移并引起衍射峰的不对称宽化。在物相分析中,常用的扫描速度为2°~4°/min。使用位敏正比计数,扫描速度可达120°/min。最后,计数率仪所记录的强度是一段时间内的平均计数率,这一时间间隔称为时间常数。增大时间常数可使衍射峰轮廓及背底变得平滑,但同时将降低强度和分辨率,并使衍射峰向扫描方向偏移,造成峰的不对称宽化。可以看出,增大扫描速度与增大时间常数的不良后果是相似的。但采用过低的扫描速度将大大增加测试时间;过小的时间常数将使背底波动加剧,从而使弱线难以识别。在物相分析中所选用的时间常数为1~4 s。

4.2.3　X射线物相分析

物相分析包括定性分析和定量分析两部分。物相分析是指确定材料由哪些相组成(物相定性分析)和确定各组成相的含量(物相定量分析)。物相是决定或影响材料性能的重要因素,因而物相分析在材料、冶金、机械、化工、地质、纺织、食品等行业中得到广泛应用。

(1) 定性分析

X射线荧光光谱分析电子探针分析等均可测定样品的元素组成,但物质的相分析却需要X射线衍射来完成。物相包括纯元素、化合物和固溶体。当待测样由单质元素或其混合物组成 X 射线物相分析所指示出的是元素。因为此时元素就是物相；但当元素相互组成化合物或固溶体时，则所给出的是化合物或固溶体而非它们的组成元素。

①基本原理　X 射线衍射线的位置取决于晶胞参数（晶胞形状和大小）也即决定于各晶面间距，而衍射线的相对强度则取决于晶胞内原子的种类、数目及排列方式。每种晶态物质都有其特有的晶体结构，不是前者有异，就是后者有别，因而 X 射线在某种晶体上的衍射必然反映出带有晶体特征的特定的衍射花样。光具有一个特性，即两个光源发出的光互不干扰，所以对于含有 n 种物质的混合物或含有 n 相的多相物质，各个相的各自衍射花样互不干扰而是机械地叠加，即当材料中包含多种晶态物质，它们的衍射谱同时出现，不互相干涉（各衍射线位置及相对强度不变），只是简单叠加。于是在衍射谱图中发现和某种结晶物质相同的衍射花样，就可以断定试样中包含这种结晶物质，这如同通过指纹进行人的识别一样，自然界中没有衍射谱图完全一样的物质。

②粉末衍射卡片（PDF 卡片）　衍射花样可以表明物相中元素的化学结合态，通过拍摄全部晶体的衍射花样，可以得到各晶体的标准衍射花样。在进行定性相分析时，首先将试样用粉晶法或衍射仪法测定各衍射线条的衍射角，将它换算为晶面间距 d，再用黑度计、计数管或肉眼估计等方法，测出各条衍射线的相对强度 I/I_1，然后只要把试样的衍射花样与标准的衍射花样相对比，从中选出相同者就可以确定该物质。定性分析实质上是信息的采集和查找核对标准花样 2 件事情。为了便于进行这种比较和鉴别，1938 年，Hanawalt 等首先开始收集和摄取各种已知物质的衍射花样，将其衍射数据进行科学整理和分类；1942 年，美国材料试验协会（ASTM）将每种物质的面间距 d 和相对强度 I/I_1 及其他数据以卡片形式出版，称 ASTM 卡；1969 年，由粉末衍射标准联合委员会（JCPDS）负责卡片的出版，称为 PDF（the powder difraction file）粉末衍射卡；1978 年，与国际衍射资料中心（ICDD）联合出版，1992 年以后卡片统由 ICDD 出版。

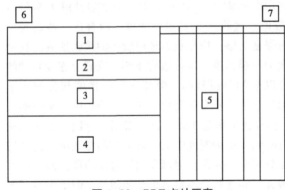

图 4-26　PDF 卡片示意

图 4-26 为 PDF 卡片示意图，分别介绍下各栏内容：第 1 栏为物质的化学式和英文名称；第 2 栏为获得衍射数据的实验条件；第 3 栏为物质的晶体学数据；第 4 栏为样品来源、制备和化学分析等数据，还有获得数据的温度，以及卡片的替换说明等；第 5 栏为物质的面间距、衍射强度及对应的晶面指数；第 6 栏为卡片号；第 7 栏为卡片的质量标记。

③索引　利用卡片档案的索引进行检索可大大节约时间。索引可分为"有机"和"无机"两大类，每类又分为字母索引（alphabetical index）及数字索引（numerical index）2 种，数字索引也称哈那瓦特索引（Hanawalt index）。

字母索引根据物质英文名称的第一个字母顺序排列。在每一行上列出卡片的质量标记、物质名称、化学式、衍射图样中三根最强线的 d 值和相对强度及卡片序号。检索者一旦知道了试样中的一种或数种物相或化学元素时，便可利用这种索引。被分析的对象中所可能含有的物相，往往可以从文献中查到或估计出来，这时可通过字母索引将有关卡片找出，与待定衍射花样对比，即可迅速确定物相。

当检索者完全没有待测样的物相或元素信息时，可以使用数字索引，即哈那瓦特索引。在此索引中，每张卡片占一行，其中主要列出八强线的 d 值和相对强度、物质的化学式、矿物名或普通名、卡片号和参比强度值 I/I_c。相对强度是采用下标的形式给出的，以最强线的强度为 10 记为 x，其他则四舍五入为整数。采用哈那瓦特组合法，即将最强线的面间距 d_1 处于某一范围内（如 0.269～0.265 nm）者归入一组。不同年份出版的索引其分组及条目内容不全相同。以 1995 年的无机相哈那瓦特检索手册为例，将面间距 d 从 999.99～0.00 共分为 40 组。组的顺序按面间距范围从大到小排列，组的面间距范围及其误差在每页顶部标出。在每组内按次强线的面间距 d_2 减小的顺序排列，而对 d_2 值相同的几列又按 d 值递减的顺序安排。考虑到强度测量可能有较大的误差，常将同种物质图样中几根最强线的面间距顺序调换排列，使同一物质在索引的不同部位多次出现。

④分析步骤　物相定性分析大概分为以下步骤：首先，在 X 射线衍射仪上测绘，或者用 X 射线晶体分析仪摄照德拜相片得到衍射花样图；其次，从衍射花样上测量计算出各衍射线对应的面间距及相对强度。在衍射图上，可取衍射峰的顶点或者中线位置作为该线的 2θ 值，按布拉格公式计算相应的 d 值。关于相对强度 I/I_1 的测量，在衍射图上习惯只测量峰高而不必采用积分强度，除非在峰宽差别悬殊的场合。峰高也允许大致估计而无须精确测量。可将最高峰定为 100，并按此定出其他峰的相对高度。目前的 X 射线仪，一般通过计算机自动采集数据并处理，可自动输出对应各衍射峰的 d、I 数值表；接下来当已知被测样品的主要化学成分时利用字母索引查找卡片，在包含主元素的各物质中找出三强线符合的卡片号，取出卡片，核对全部衍射线，一旦符合，便可定性；最后在试样组成元素未知的情况下，利用数字索引进行定性分析。从前反射区（$2\theta<90°$）中选取强度最大的三极衍射线，并使其 d 值按强度减的次序排列，又将其余线条之值按强度递减顺序列于三强线之后。

得到以上信息后，从哈那瓦特索引中找到对应的 d_1（最强线的面间距）组。按次强线的面间距 d_2 找到接近的几行。在同一组中，各行系按 d_2 递减顺序安排，此点十分重要。检查这几行数据其 d_1 是否与实验值很接近。得到肯定之后再依次查对第三强线，第四、第五直至第八强线，并从中找出最可能的物相及其卡片号。从档案中抽出卡片，将实验所得 d 及 I/I_1 与卡片上的数据详细对照，如果对应得很好，物相鉴定即告完成；如果待测样数列中第 3 个 d 值在索引各行均找不到对应，说明该衍射花样的最强线与次强线并不属于同一物相，必须从待测花样中选取下一根线作为次强线，并重复上面检索程序。当找出第一物相之后，可将其线条剔除，并将残留线条的强度归一化，再按上面程序检索其他物相。

(2)定量分析

X 射线物相定量分析的任务是根据混合相试样中各相物质的衍射线的强度来确定各相物质的相对含量。随着衍射仪的测量精度和自动化程度的提高，近年来定量分析技术有很大进展。

①原理　从衍射线强度理论可知，多相混合物中某一相的衍射强度，随该相的相对含量的增加而增加。但由于试样的吸收等因素的影响，一般说来某相的衍射线强度与其相对含量并不呈线性的正比关系，而是曲线关系。如果我们用实验测量理论分析等方法确定了该关系曲线，就可从实验测得的强度算出该相的含量，这是定量分析的理论依据。虽然照相法和衍射仪法都可用来进行定量分析，但因衍射仪法测量衍射强度比照相法方便简单、速度快、精确度高，而且现在衍射仪的普及率已经很高，因此定量相分析的工作基本上都用衍射仪法

进行。

采用 X 射线衍射仪测量时，设样品有 n 相组成，其总的线吸收系数为 μ_l，则 j 相的 hkl 衍射线强度公式为：

$$I_j = I_0 \frac{\lambda^3}{32\pi R^2} \left(\frac{e^2}{mc^2}\right)^2 \frac{1}{2\mu_l} \left[\frac{V}{V_0^2} P |F_{HKL}|^2 \frac{1+\cos^2 2\theta}{\sin^2\theta\cos\theta} e^{-2M}\right]_j \tag{4-14}$$

因各相的 μ_{lj} 各异，故当 j 相含量改变时，总的 μ_l 将随之改变。若 j 相体积分数为 f_j，试样被照射体积 V 为单位体积，则 j 相被照射体积 $V_j = Vf_j = f_j$。式(4-15)中除 f_j 和 μ_l 随 j 相含量变化外，其余均为常数，其乘积用 C_j 表示，则强度 I_j 可表示为：

$$I_j = \frac{C_j f_j}{\mu_l} \tag{4-15}$$

式(4-15)即为物相分析的基本公式。

②单线条法(外标法)　外标法通过测定样品中 j 相某条衍射线强度并与纯 j 相同一衍射线强度对比，即可定出 j 相在样品中的相对含量。若样品中所含 n 相的线吸收系数及密度均相等，则由式(4-15)可得 j 相的衍射线强度正比于其质量分数 w_j，即

$$I_j = C_j w_j \tag{4-16}$$

式中　C——新比例系数。

如果试样为纯 j 相，则 $w_j = 100\% = 1$，用 $(I_j)_0$ 表示纯 j 相某衍射线强度，因此可得：

$$\frac{I_j}{(I_j)_0} = \frac{Cw_j}{C} = w_j \tag{4-17}$$

式(4-17)表明，混合样品中 j 相某衍射线与纯 j 相同一衍射线强度之比，等于 j 相的质量分数。定量分析时，纯样品和被测样品要在相同的实验条件进行测定一般选用最强线，用步进扫描得到整个衍射峰，扣除背底后测量积分强度。

单线条法比较简单，但准确性稍差，且仅能用于各相吸收系数相同的混合物。绘制定标曲线可提高测量的可靠性，定标曲线法也可用于吸收系数不同的两相混合物的定量分析。

③内标法　当试样中所含物相数 $n>2$，而且各相的质量吸收系数又不相同时，常需往试样中加入某种标准物质(称为内标物质)来帮助分析，这种方法统称为内标法。

内标法需在待测样品中掺入标准物质 S 以组成复合样，根据式(4-15)，再考虑待测相 A 和标准物质 S 的密度，可得衍射线强度和质量分数的关系：

$$I_A = C_A \frac{w'_A}{\rho_A \mu_l} \tag{4-18}$$

$$I_S = C_S \frac{w'_S}{\rho_S \mu_l} \tag{4-19}$$

式中　w'_A, w'_S——A 相和 S 相在复合样中的质量分数；

ρ_A, ρ_S——A 相和 S 相的密度；

μ_l——复合样的线吸收系数。

式(4-18)与式(4-19)相除得：

$$\frac{I_A}{I_S} = \frac{C_A}{C_S} \frac{\rho_S}{\rho_A} \frac{w'_A}{w'_S} \tag{4-20}$$

若 A 相在原样品中的质量分数为 w_A，而 w_S 是 S 相占原样品的质量分数，则它们与 w'_A 和 w'_S 的关系为 $w'_A = w_A \times (1-w'_S)$，$w'_S = w_S \times (1-w'_S)$，代入式(4-20)得：

$$\frac{I_{\mathrm{A}}}{I_{\mathrm{S}}} = K w_{\mathrm{A}} \tag{4-21}$$

式(4-21)是内标法的基本方程，$I_{\mathrm{A}}/I_{\mathrm{S}}$ 与 w_{A} 呈线性关系，K 为直线的斜率。内标法的斜率 K，通常由实验测得，为此要配备一系列样品，测定衍射强度并绘制定标曲线，即 $I_{\mathrm{A}}/I_{\mathrm{S}}$-$w_{\mathrm{A}}$ 直线，其斜率就是 K。应用时，用 X 射线衍射实验测定 I_{A} 和 I_{S}，根据已知的斜率 K，由式(4-21)可求出 w_{A}；或计算 $I_{\mathrm{A}}/I_{\mathrm{S}}$ 值，查定标曲线直接确定待测样品中 A 相的质量分数 w_{A}。内标法是最一般、最基本的方法，适用于质量吸收系数不同的多相物质，但过程较烦琐，必须预先绘制定标曲线。

④K 值法及参比强度法　内标法是传统的定量分析方法，但存在较严重的缺点。首先是绘制定标曲线时需配制多个复合样品，工作量大，且有时纯样很难提取；其次是要求加入样品中的标准物数量恒定，所绘制的定标曲线又随实验条件而变化。为克服这些缺点，目前有许多简化方法，其中使用较普遍的是 K 值法，又称基体清洗法，是 1974 年首先由钟焕成(F. H. Chung)提出的 K 值法，实际上它也是从内标法发展而来的一种。它与传统的内标法相比，不用绘制定标曲线，因而免去了许多繁复的实验，使分析手续大为简化。K 值法的原理也是比较简单的，所用公式是从内标法的公式演化而来的。根据式(4-21)略作改变则得到：

$$\frac{I_{\mathrm{A}}}{I_{\mathrm{S}}} = K_{\mathrm{S}}^{\mathrm{A}} \frac{w_{\mathrm{A}}}{w_{\mathrm{S}}} \tag{4-22}$$

$$K_{\mathrm{S}}^{\mathrm{A}} = \frac{C_{\mathrm{A}} \rho_{\mathrm{S}}}{C_{\mathrm{S}} \rho_{\mathrm{A}}} \tag{4-23}$$

式(4-22)是 K 值法的基本方程。$K_{\mathrm{S}}^{\mathrm{A}}$ 称为 A 相(待测相)对 S 相(内标物)的 K 值。$K_{\mathrm{S}}^{\mathrm{A}}$ 值仅与两相及用以测试的晶面和波长有关，而与标准相的加入量无关。若 A 相和 S 相衍射线条选定，则 $K_{\mathrm{S}}^{\mathrm{A}}$ 为常数。它可以通过计算得到，但通常是用实验方法求得。$K_{\mathrm{S}}^{\mathrm{A}}$ 值的实验测定：配制等量的 A 相和 S 相混合物，此时 $w_{\mathrm{A}}/w_{\mathrm{S}}=1$，所以 $K_{\mathrm{S}}^{\mathrm{A}}=I_{\mathrm{A}}/I_{\mathrm{S}}$，即测量的 $I_{\mathrm{A}}/I_{\mathrm{S}}$ 就是 $K_{\mathrm{S}}^{\mathrm{A}}$。应用时，往待测样中加入已知量的 S 相，测量 $I_{\mathrm{A}}/I_{\mathrm{S}}$ 已知 $K_{\mathrm{S}}^{\mathrm{A}}$，通过式(4-22)求得 w_{A}。应用时注意，待测相与内标物质种类及衍射线条的选取等条件应与 K 值测定时相同。

将 K 值法再做进一步简化，可得到参比强度法。该法用刚玉(α-Al_2O_3)为参比物质，很多常用物相的参比强度 K 值(I/I_C)已载于粉末衍射卡片或索引上。物质 A 的 K 值，即等于该物质与 α-Al_2O_3 等质量混合样的两相最强线的强度比当待测样品中只有两相时，因为此时存在以下关系 $w_1+w_2=1$ 和 $I_1/I_2=K_2^1 w_1/w_2$，于是，

$$w_1 = \frac{1}{1+K_2^1 I_2/I_1} \tag{4-24}$$

通过实验测得两相样品的 I_1/I_2，再借用卡片上的参比强度 K 值(I/I_C)，即可求出两相的含量 w_1 和 w_2。

4.2.4　X 射线物相分析在生物质材料中的应用

(1)生物质组分分析

以木基生物质细胞壁为例，其由初生壁(P)、次生壁外层(S1)、次生壁中层(S2)、次生壁内层(S3)、胞间层(ML)等多层次所构成。通常来说，绝大部分的木材细胞壁均含有纤维素、木质素和半纤维素这三大素成分。根据木基生物质种类的区别，它们的细胞壁中的纤维素占比为 35%~50%，相应的木质素占比为 15%~35%，半纤维素占比为 20%~30%。在

木基生物质之中，纤维素纳米纤维支撑木材的主体框架，木质素与半纤维素填充其中。从结构来看，纤维素分子链构成一束含有数十条纤维素纳米纤维的基元纤丝，这些基元纤丝聚集成直径在10~20 nm的原纤丝，在细胞壁中定向排列；在纤维素原纤丝网络缝隙之间，是作为基体物质的木质素与半纤维素。

木基生物质三大素各具有独特的晶体结构，因此，借助X射线衍射可以分析不同木基生物质的组分组成以及晶型结构。以主要成分纤维素为例，纤维素是D-吡喃葡萄糖酐通过β-(1-4)-糖苷键联结而成的线形长链状大分子，在木材中，纤维素的聚合度通常为10000左右。纤维素大分子中一部分分子排列整齐，称为结晶区，另一部分的分子排列不规整，称为无定形区。从结晶区到无定形区是逐步过渡的，并没有明显界限。纤维素的结晶区也被称为微晶体，其特点是纤维素分子链取向良好，排列很紧密，密度较大，分子间的结合力很强，承担了纤维素绝大部分的强度；相反，非晶区的纤维素分子链取向差，排列无序，密度较低，分子间结合少，对纤维素强度的贡献也小。根据纤维素化学结构，纤维素的重复单元非常单一，易于轴向伸展，而且由于葡萄糖环上存在大量羟基，有利于纤维素纤维内部与纤维之间形成分子内和分子间氢键作用。

由于纤维素是一种同质多晶物质，固态下的纤维素存在5种结晶变体，通常被叫作纤维素Ⅰ、Ⅱ、Ⅲ、Ⅳ和X型，其中，纤维素Ⅰ是纤维素天然存在形式，又称原生纤维素，包括细菌纤维素、海藻和高等植物(如棉花、麻、木材等)细胞中存在的纤维素。纤维素Ⅱ是纤维素Ⅰ在溶液中再生或经丝光化处理得到的结晶变体，是工业上使用最多的纤维素形式。虽然Ⅰ型与Ⅱ型纤维素化学组成相同，但是由于彼此结构不同，两种纤维素性质相差很大。纤维素Ⅱ晶胞具有二次螺旋对称的2条分子链，形成反平行链的结构。纤维素Ⅱ中的氢键网络结构比纤维素Ⅰ更复杂，结合更紧密。因此，纤维素Ⅱ在热力学上比纤维素Ⅰ更加稳定。纤维素Ⅲ是用液态氨润胀纤维素所生成的氨纤维素分解后形成的一种变体，是纤维素的第3种结晶变体也称氨纤维素。也可将原生纤维素或纤维素Ⅱ用液氨或胺类处理，再将其蒸发得到，其是纤维素的一种低温变体。纤维素Ⅲ的出现有一定的消晶作用，当氨或胺除去后，结晶度和分子排列的有序度都明显下降，而可及度增加。纤维素Ⅳ是由纤维素Ⅱ或Ⅲ在极性液体中以高温处理而生成的，故有高温纤维素之称，是纤维素的第4种结晶变体。纤维素X是纤维素经过浓盐酸(38%~40.3%)处理而得到的纤维素结晶变体。纤维素的5种结晶变体都来源于纤维素，分子链的化学结构几乎相同，区别在于晶胞大小与形式、链构象与晶胞内堆砌形式。

将纤维素分为5类，是理想的5种形式，其实由于处理方法和技术差异，不同的纤维素晶型会存在于同一纤维素样品中。不同晶体结构的纤维素对于木基生物质及再生纤维的性质具有重要的影响，可以通过X射线衍射对这些晶型进行区分。例如，纤维素Ⅰ与纤维素Ⅱ是纤维素结晶结构不同晶型排列的2种形式，只在结构特征的细微之处略有不同，在X射线衍射图谱中，纤维素Ⅰ与纤维素Ⅱ的理论特征峰的计算值列于表4-6。

表4-6　纤维素Ⅰ与纤维素Ⅱ各特征X射线衍射峰的理论计算值

纤维素形态	纤维素Ⅰ			纤维素Ⅱ		
晶面(hkl)	101	101	002	101	101	002
X射线衍射角(2θ)	14.8	16.6	22.7	12.3	20.2	21.9

王海莹等通过各种方式处理日本扁柏($Chamaecyparis\ obtusa$)木粉，结果表明，未处理的

木粉主要在 $2\theta=14.6°$、$16.5°$ 和 $22.5°$ 处出现 X 射线衍射峰，证明未处理的木粉属于纤维素 I 型结构；当他们将木粉中的木质素和半纤维素脱去后，剩余的纤维素仍表现出纤维素 I 型结构，相对于木粉而言，纯化后的纤维素的 X 射线衍射峰更加尖锐，证明其结晶度有所提高，如图 4-27 所示。当使用浓度为 17.5% 氢氧化钠（NaOH）处理后，纤维素逐渐转变为纤维素 I 型结构，如图 4-28 所示。在一些其他关于纤维素结构的研究中，X 射线衍射技术也被用来分析纤维素晶型的不同，大致过程与王海莹等的研究相似，这里不做赘述。

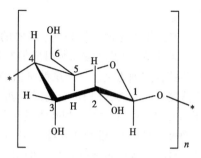

图 4-27　木粉原料与纯化木粉的 X 射线衍射图谱

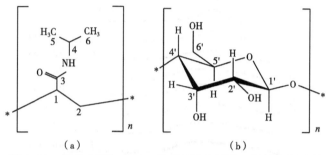

图 4-28　纯化木粉与 NaOH 处理后的木粉的 X 射线衍射图谱

与纤维素具有确定结构不同，木质素至今没有真正地证明确定结构。普遍认为，木质素是一种具有三维网络结构的芳香族天然高分子，其化学结构是由愈创木基（G）、紫丁香基（S）和对羟基苯基（H）3 种基本单元组成。这 3 种单元通过多种连接方式结合，形成各种结构不同的木质素。研究发现，裸子植物中木质素主要由 G 型结构单元和极少量 H 型结构单元组成；被子植物中木质素由大部分 S 型结构单元和小部分 G 型结构单元组成；草本植物的木质素中除了 G 型和 S 型结构单元外，还包含一部分 H 型结构单元。木质素 3 种结构单元间的连接键上还带有多种官能团，包括脂肪族羟基、羰基、羧基和碳碳双键等官能团。

由于组成木质素的 3 种结构单元的比例、结构单元间的连接方式、木质素中的官能团等因素都会影响木质素的物理和化学特性，同时这些因素又相互关联对木质素的物理和化学特性产生交互影响。但是，由于木质素的组成复杂，其主体结构与含有结晶部分的纤维素不同，木质素的结构主要是无定型态，因此，纯木质素的 X 射线衍射谱图主要为在 21° 左右出现的一个无定型宽峰，如图 4-29 所示。在未经处理的木基生物质混合物中，由于木质素含量相对纤维素较低，且木质素衍射峰相对纤维素强度较弱，在木基生物质中，木质素的存在一般不易通过 X 射线衍射图

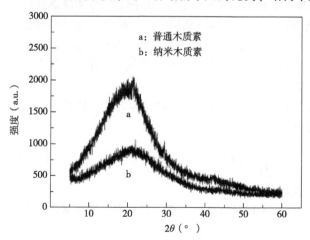

图 4-29　普通木质素与纳米级木质素的 X 射线衍射图谱

谱察觉。

半纤维素是由多种糖基（主要的戊糖：木糖、阿拉伯糖；主要的己糖：甘露糖、葡萄糖、半乳糖）及糖醛酸基所组成的非均一聚合物。针叶木的半纤维素以聚 O-乙酰基半乳糖葡萄糖甘露糖为主。这类聚糖是由 D-吡喃式甘露糖基和 D-吡喃式葡萄糖基以 (1-4)-β-苷键连接构成主链，而 D-吡喃式半乳糖基以支链形式连接在主链，乙酰基通常在主链糖单元环的 C2 位或 C3 位上。阔叶木的半纤维素主要是聚 O-乙酰基-4-O-甲基葡萄糖醛酸木糖。这类聚糖是由 D-吡喃式木糖基以 (1-4)-β-苷键连接构成主链，而 4-O-甲基葡萄糖醛酸基和乙酰基以支链形式连接主链的 C2 位或 C3 位上。禾本科植物的半纤维素主要是聚阿拉伯糖 4-O-甲基葡萄糖醛酸木糖。与纤维素不同，半纤维素聚合度较低，主要以无定型态存在，因此，半纤维的 X 射线衍射谱图主要也是在 21°左右出现的一个无定型宽峰，如图 4-30 所示。

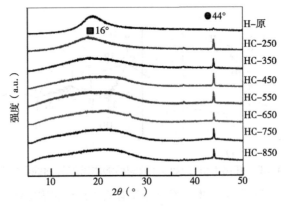

图 4-30　半纤维素（最上）的 X 射线衍射图谱

(2) 生物质结晶度分析

如前所述，由于纤维素结构内部存在结晶区与非结晶区，因此，一般将纤维素中，结晶区占纤维素微纤丝整体的百分率称为纤维素的结晶度（crystallinity index，CrI）。对于木基生物质来讲，其内部纤维素结晶度与树木的生长特性、结构与化学组成均有密切关系，而且纤维素的结晶度直接影响生物质的各类相关性质，包括杨氏模量、尺寸稳定性、密度和硬度等。

X 射线衍射法测定结晶度是研究植物纤维素的一种重要手段，是测定纤维素结晶度以及取向度的最直接的方法。利用 X 射线衍射研究纤维素的结晶结构时，是根据衍射的最强点的强度和位置，测出纤维素纤维晶体分子链中的晶胞大小和结晶度等。所得结晶度取决于数据处理的方法以及样品的纯度，计算方法不同，所得结晶度也有所差别。常用的计算方法有 3 种，包括经验法、分峰法和分峰拟合法。

经验法是通过直接从 X 射线衍射图谱快速判断结晶度大小的经验方法。这种方法认为纤维素的结晶度可以近似用以下公式得到：

$$\mathrm{CrI} = I_{002} - \frac{I_{am}}{I_{002}} \times 100\% \tag{4-25}$$

式中　I_{002}——纤维素在 002 面的最大衍射强度；

　　　I_{am}——纤维素 X 射线衍射图中在 $2\theta=18°$ 时衍射强度，通常被认为是纤维素无定形区的衍射峰强度。

例如，米沛等利用该方法计算出薄壳山核桃树不同部位的相对 CrI 变化范围为 29.7% ~

44.9%,均值为38.64%。但是由于这是一种近似得到的经验方法,因此该方法误差也比较大。

分峰法是假设样品具有两相结构(无定形相与结晶相),衍射强度最小值之间有一条线可以分离出一个主观的结晶相和无定形相。纤维素的结晶度可以通过计算结晶区面积与非结晶区面积得到,如式(4-26)所示。这种方法相对于由于经验法更加准确,操作起来也更加方便,因此在各类研究中也被广泛使用。

$$CrI = \frac{A_{结晶}}{A_{结晶} + A_{非结晶}} \times 100\%$$ (4-26)

分峰拟合法相对于简单分峰法更具有准确性,首先,先将生物质的 X 射线衍射曲线利用 Lorentzian 函数进行分峰,结晶峰为纤维素 101,101 与 002 晶面的峰,无定形峰为 101 和 002 晶面之间的波谷。将 2 类峰拟合后通过式(4-26)得到木基生物质的结晶度,如图 4-31 所示。

由于数据处理软件 MDI JADE 等的出现,其可以自动计算并扣除背景衍射峰中的非晶相和晶相的峰面积,因此该方法所得到的 CrI 在所有方法中是最接

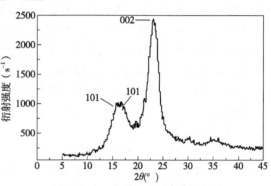

图 4-31 竹材的 X 射线衍射图

近实际结晶度的。然而,由于 X 射线衍射图谱中,无定形区和结晶区会产生重叠,而且木基生物质除存在纤维素外,其无定形区的半纤维素、木素等非纤维性物质也会影响纤维素结晶度数据的准确性,因此纤维素结晶度的计算对于纯纤维素材料来说相对准确,对于木基生物原料来说,仅仅是相对值。表 4-7 列举了一些纤维素材料的结晶度。

表 4-7 几种纤维素及再生纤维素的结晶度

样品	制备方法	结晶度(%)
纤维素 I	棉短绒	56~63
纤维素 I	亚硫酸盐溶解木浆	50~56
纤维素 I	硫酸盐溶解木浆(水解)	46
纤维素 II	黏胶纤维	27~40
纤维素 II	再生纤维素	40~45
纤维素粉	水解云杉亚硫酸盐木浆	54

4.3 X 射线光电子能谱

4.3.1 光电效应基本原理

(1)光电效应

光与物质相互作用产生电子的现象称为光电效应。当一束能量为 $h\nu$ 的单色光与原子发生相互作用,面入射光量子的能量大于原子某一能级电子的结合能时,此光量子的能量很容易被电子吸收,获得能量的电子便可脱离原子核束缚,并获得一定的动能从内层逸出,成为自由电子,留下一个离子。电离过程可表示为:

$$M + h\nu = M^{*+} + e^-$$ (4-27)

式中 M——中性原子;

$h\nu$——辐射能量；

M^{*+}——处于激发态的离子；

e^-——光激发下发射的光电子。

光与物质相互作用产生光电子的可能性称为光电效应概率。光电效应概率与光电效应截面成正比。光电效应截面 σ 是微观粒子间发生某种作用的可能性大小的量度，在计算过程中它具有面积的量纲(cm^2)。光电效应过程同时满足能量守恒和动量守恒。入射光子和光电子的动量之间的差额是由原子的反冲来补偿的，由于需要原子核来保持动量守恒，因此光电效应的概率随着电子同原子核结合的加紧而很快地增加。所以只要光子的能量足够大，被激发的总是内层电子。如果入射光子的能量大于 K 壳层或 L 壳层的电子结合能，那么外层电子的光电效应概率就会很小，特别是价带，对于入射光来说几乎是"透明"的。当入射光能量比原子 K 壳层电子的结合能大得多时，可以得出下面的结论：①由于光电效应必须由原子的反冲来支持，所以同一原子中轨道半径小的壳层，σ 较大；②轨道电子结合能与入射光能量越接近，σ 越大；③对于同一壳层，原子序数 Z 越大的元素，σ 越大。

(2) 电子结合能

一个自由原子中电子的结合能定义为：将电子从它的量子化能级移到无穷远静止状态时所需的能量，这个能量等于自由原子的真空能级与电子所在能级的能量差。在光电效应过程中，根据能量守恒原理，电离前后能量的变化为：$h\nu = E_b + E_k$，即光子的能量转化为电子的动能并克服原子核对核外电子的束缚(结合能)：$E_b = h\nu - E_k$。这便是著名的爱因斯坦光电发射定律，也是 XPS 谱分析中最基本的方程。如前所述，各原子的不同轨道电子的结合能是一定的，具有标识性。因此，可以通过光电子谱仪检测光电子的动能，由光电发射定律得知相应能级的结合能，来进行元素的鉴别。

(3) 弛豫效应

Koopmans 定理是按照突然近似假定而提出的，即原子电离后除某一轨道的电子被激发外，其余轨道电子的运动状态不发生变化而处于一种"冻结状态"。但实际体系中这种状态是不存在的。电子从内壳层出射，结果使原来体系中的平衡势场被破坏，形成的离子处于激发态，其余轨道电子结构将做出重新调整，原子轨道半径会发生 1%～10% 的变化。这种电子结构的重新调整称为电子弛豫。弛豫的结果使离子回到基态，同时释放出弛豫能。由于在时间上弛豫过程大体与光电发射同时进行，所以弛豫加速了光电子的发射提高了光电子的动能。结果使光电子谱线向低结合能一侧移动。弛豫可区分为原子内项和原子外项。所谓原子内项是指单独原子内部的重新调整所产生的影响，对自由原子只存在这一项。原子外项是指与被电离原子相关的其他原子电子结构的重新调整所产生的影响。对于分子和固体，这一项占有相当的比例。在 XPS 谱分析中，弛豫是一个普遍现象。例如，自由原子和由它所组成的纯元素固体相比，结合能要高出 5～15 eV；当惰性气体注入贵金属晶格后其结合能比自由原子低 2～4 eV；当气体分子吸附到固体表面后，结合能较自由分子时低 1～3 eV。

(4) 化学位移

原子内壳层电子的结合能受核内电荷和核外电荷分布的影响，任何引起电荷分布发生变化的因素都能使原子内壳层电子的结合能产生变化。在光电子能谱上可以看到光电子谱峰的位移，这种现象称为电子结合能位移。由于原子处于不同的化学环境里而引起的结合能位移称为化学位移。化学位移可正可负，位移量值一般叫达束缚能的百分之几。化学位移可以这样来认识，原子核附近的电子受核的引力和外层价电子的斥力，排斥力可看作核和电子间的屏蔽效应，当失去价电子而氧化态升高时，屏蔽效应便减弱，电子与原子核的结合能增加，射出的光电子动能必然减少。化学位移的量值与价电子所处氧化态的程度和数目有关。氧化态越高,则化学位移越大。

根据测得的光电子能谱就可以确定表面存在什么元素以及该元素原子所处的化学状态,这就是 X 射线光电子谱的定性分析。根据具有某种能量的光电子的数量,便可知道某种元素在表面的含量,这就是 X 射线光电子谱的定量分析。因为只有深度极浅范围内产生的光电子,才能够能量无损地输运到表面,用来进行分析,所以只能得到表面信息。如果用离子束溅射剥蚀样品表面,然后用 X 射线光电子谱进行分析,二者交替进行,还可得到元素及其化学状态的深度分布,这就是深度剖面分析。

4.3.2 X 射线光电子能谱的实验技术

X 射线能谱的实验过程大致如下:将制备好的样品引入样品室时,用一束单色的 X 射线激发。只要光子的能量大于原子、分子或固体中某原子轨道电子的结合能 E_B,便能将电子激发而离开,得到具有一定动能的光电子。光电子进入能量分析器,利用分析器的色散作用,可测得其按能量高低的数量分布。由分析器出来的光电子经倍增器进行信号放大,再以适当的方式显示、记录,得到 XPS 谱图。

评价光电子谱仪性能优劣的最主要技术指标是仪器的灵敏度和分辨率,在一张实测谱图上可分别用信号强度 s 和半峰高全宽来表示。显然,仪器的灵敏度高,有利于提高元素最低检测极限和一般精度,有利于在较短时间内获得高信噪比的测量结果。影响仪器灵敏度的最主要部件有:激发源、电子能量分析器和电子探测器。

(1) 激发源

XPS 谱仪中的 X 射线源的工作原理是:由灯丝所发出的热电子被加速到一定的能量去轰击阳极靶材,引起其原子内壳层电离;当较外层电子以辐射跃迁方式填充内壳层空位时,释放出具有特征能量的 X 射线。X 射线的强度不仅同材料的性质有关,更取决于轰击电子束的能量高低。只有当电子束的能量为靶材材料电离能的 5~10 倍时才能产生强度足够的 X 射线。目前应用较广的是双阳极 X 射线枪。这种结构的特点是:灯丝的位置与阳极靶错开,以避免灯丝中的挥发物质对阳极的污染;设计一很薄的铝箔窗将样品室和激发源分开,以防止 X 射线源中散射电子进入样品室,并能滤去相当一部分的韧致辐射所形成的 X 射线本底;阳极处于高的正电位,而灯丝接地。这样能使散射电子重新回到阳极不进入样品室。在具体实验时,这种双阳极结构还有一个优点,不用破坏超高真空操作条件,便能得到 2 种能量的激发源,这对鉴别 XPS 谱图中的俄歇峰是十分方便的。

(2) 电子能量分析器

样品在 X 射线的激发下发射出来的电子具有不同的动能,必须把它们按能量大小分离,这个工作是由电子能量分析器完成的。分辨率是能量分析器的主要指标之一。XPS 的独特功能在于它能从谱峰的微小位移来鉴别试样中各元素的化学状态及电子结构,因此能量分析器应有较高的分辨率,同时要有较高的灵敏度。

为了提高能量分析器的有效分辨率,在样品和能量分析器之间设有一组减速-聚焦透镜,将光电子从初始动能预减速后再进入分析器。它的作用是:使能量分析器获得较高的绝对分辨率;在保持绝对分辨率不变的情况下,预减速可增加分析器的亮度,使仪器的灵敏度提高;同时,透镜使样品室和能量分析器分开一段距离,这不仅有利于改进信号背景比,同时也使样品室结构有比较大的自由度,这对多功能谱仪设置带来很大的方便。

(3) 电子检测器

在 XPS 中使用最普遍的检测器是单通道电子倍增器。通常它是由高铅玻璃管制成,管内涂有一层具有很高次级电子发射系数的物质。工作时,倍增器两端施以 2500~3000 V 的电压,当具有一定动能的光电子打到管口后,由于串级碰撞作用可得到 10^6 增益,这样在倍增器的末端可形成很强的脉冲信号输出。这种单通道倍增器常制成螺旋状以降低倍增器内少量离子所产生的噪声,即使对于动能较低的电子,它也有很高的增益,同时具有每分钟不到一个脉冲的本底计数。倍增器输出的是一系列脉冲,将其输入脉冲放大-鉴频器,再进入数-模转换器,最后将信号输入多道分析器或计算机中做进一步记录、显示。

除以上几个部分外,在谱仪上还常常配有作深度剖析用的离子枪和电子中和枪,它们可以用于清洁表面和中和样品表面的荷电。

(4) 样品的制备

对于用于表面分析的样品,保持表面清洁是非常重要的。所以在进行 XPS 分析前,除去样品表面的污染是重要的一步。除去表面污染的方法根据样品情况可以有很多种,如除气或清洗、Ar^+ 离子表面刻蚀打磨、断裂或刮削及研磨制粉等。样品表面清洁后,可以根据样品的情况安装样品。块状样品可以用胶带直接固定在样品台上,导电的粉末样品可压片、固定。而对于不导电样品可以通过压在铟箔上或以金属栅网做骨架压片的方法制样。

(5) 谱图

对未知样品的测量程序为:首先宽扫采谱,以确定样品中存在的元素组分(XPS 检测量一般为 1% 原子百分比),然后收窄扫描谱,包括所确定元素的各个峰以确定化学态和定量分析。

① 宽谱 扫描范围为 0~1000 eV 或更高,它应包括可能元素的最强峰,能量分析器的通能约为 100 eV,接收狭缝选最大,尽量提高灵敏度,减少接收时间,增大检测能力。

② 窄谱 用以鉴别化学态、定量分析和峰的解叠。必须使峰位和峰形都能准确测定。扫描范围<25 eV,分析器通能选≤25 eV,并减小接收狭缝。可通过减少步长、增加接收时间来提高分辨率。

4.3.3 X 射线光电子能谱的应用

X 光电子能谱原则上可以鉴定元素周期表上除氢、氦以外的所有元素。通过对样品进行全扫描,在一次测定中就可以检测出全部或大部分元素。另外,X 光电子能谱还可以对同一种元素的不同价态的成分进行定量分析。在对固体表面的研究方面,X 光电子能谱用于对无机表面组成的测定、有机表面组成的测定、固体表面能带的测定及多相催化的研究。它还可以直接研究化合物的化学键和电荷分布,为直接研究固体表面相中的结构问题开辟了有效途径。表 4-8 列举了 X 光电子能谱的一些应用范围。

表 4-8 XPS 应用范围

应用领域	可提供的信息
冶金学	元素的定性、合金成分
环境工程	环境(水、土)中污染物的化学态、成分以及随时间的变化程度
摩擦学	润滑剂效应
催化科学	产物鉴定、催化剂与初始物的化学态变化
化学吸附	被吸附物在发生吸附时的化学态变化
半导体	氧化物化学态、界面特征
超导体	价态、化学计量比、电子结构
纤维和聚合物	成分、元素组成、聚合物组成、价态信息

4.3.4　X射线光电子能谱在生物质材料中的应用

X射线电子能谱在近些年，不断出现在木基生物质的相关研究中。由于X射线光电子能谱的信息主要来自样品10 nm以内的近表面层，其表面灵敏度远高于其他方法，此外不破坏样品，对样品的形态也无特殊要求，因此，利用X射线荧光光谱技术可以提供活体生物质中的元素比例、价态与分布的定量数据，且可深入认识生物质内部各元素的相互作用，其逐渐成为木基生物质研究领域中重要的分析手段。

(1) 定性分析

根据X射线电子能谱图的峰位及形状，可以定性分析生物质样品的组分、化学态、表面吸附、表面态、化学结构及化学键合情况等信息。由于木基生物质的表面特征通常指其表面形貌和表面化学组成，其主要组成元素为C、H、O，其三大素成分，包括纤维素、半纤维素、木质素主要由这3种元素组成。因此，木基生物质表面的化学分析主要是针对这3种化合物的表面活性基团及C、H、O 3种元素的分布比例。

何强等利用X射线电子能谱分析了意杨、红橡、色木、柚木和红檀5种木材的表面化学成分特征。结果表明5种木材表面都含有大量的C、O元素，其中只有意杨和色木表面探测到一定量的N元素，见表4-9。同时，该研究也检测并分析了5种木材中C的结合方式与O/C比。

表4-9　不同木材表面化学成分对比

树种	元素	原子百分比(%)	半峰宽	谱峰面积	灵敏度因子	O/C
意杨(y)	C1s	78.15	2.30	14 554	0.25	0.24
	O1s	19.01	2.75	9844	0.66	
	N1s	2.85	2.15	890	0.42	
红橡(h)	C1s	77.23	3.05	16 085	0.25	0.29
	O1s	22.77	2.30	12 521	0.66	
色木(s)	C1s	74.46	2.70	13 792	0.25	0.25
	O1s	18.60	3.00	9093	0.66	
	N1s	6.94	2.05	2159	0.42	
柚木(t)	C1s	91.47	1.85	16 920	0.25	0.09
	O1s	8.53	2.30	4167	0.66	
红檀(m)	C1s	79.95	2.70	17 160	0.25	0.25
	O1s	20.05	2.25	11 363	0.66	

宣艳等利用X射线光电子能谱对4种芸豆表面成分进行了分析。结果表明，芸豆的子叶主要是由C、O、N和少量的其他元素组成，成分含量有一定差异；芸豆的种皮除了有C、O、N还有部分Si、Ca、Zn，Si、Ca和Zn含量超过子叶中的含量，如图4-32所示。

(2) 定量分析

在材料分析中，需要确定材料中各种元素含量或元素各价态的含量时，可通过谱线强度做定量解释。主要借助于能谱峰强度比率，将观测到的信号强度转变为元素的含量。同样在宣艳课题组的研究中对C1s、O1s和N1s元素分别进行了窄谱扫描，并对谱图进行了分峰分析，如图4-33、表4-10所列，结果表明，红芸豆、白芸豆和花芸豆的子叶和种皮中的碳有C—C(或C—H)、C—O(或C—N)和C=O这3种存在形态，C—C的含量最高；氧对应有

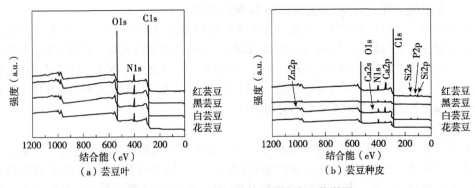

图 4-32 4 种芸豆扫描 X 射线光电子能谱图

C—O 和 C═O 2 种存在形态。黑芸豆子叶中碳的形态中出现 O—C═O 或者 N—CO═N 结合形成的分峰，而氧对应有 3 种存在形态。

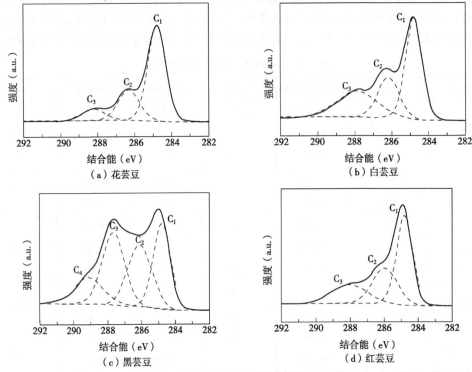

图 4-33 芸豆子叶表面的高分辨 C1s 谱

表 4-10 芸豆子叶 C1s 的 XPS 测试数据

品种	E(eV)				A(%)			
	$C_1$1s	$C_2$1s	$C_3$1s	$C_4$1s	$C_1$1s	$C_2$1s	$C_3$1s	$C_4$1s
花芸豆	284.8	286.01	287.61		45.02	31.88	23.10	0
白芸豆	284.8	286.18	287.85		48.96	23.85	27.19	0
黑芸豆	284.8	286.10	287.65	289.10	28.36	27.03	28.91	15.70
红芸豆	284.8	285.96	288.03		48.91	28.98	22.11	0

X射线光电子能谱分析表面化学组成的优势在木基领域的研究中得到了大量的应用。例如，杜官本等运用XPS对微波等离子体处理的西南桤木表面进行分析，结果表明：经微波等离子体处理的木材表面O/C原子比增加，C1含量降低，而C2、C3含量增加，并有C4的出现，这些结果表明微波等离子体处理后木材表面产生了大量的含氧官能团或过氧化物。又如，何文等对毛竹纤维素进行了烷基化改性，X射线光电子能谱分析表明，纳米纤维素经烷基化改性后，表面的C—OH减少，且纳米纤维素表面羟基和硅烷耦联剂中的硅离子发生了配位作用。

参考文献

宁永成，2014. 有机化合物结构鉴定与有机波谱学[M]. 北京：科学出版社.

赵天增，秦海林，张海艳，等，2017. 核磁共振二维谱[M]. 北京：化学工业出版社.

陈洁，宋启泽，2008. 有机波谱分析[M]. 北京：北京理工大学出版社.

李坚，2020. 木材波谱学[M]. 2版. 北京：科学出版社.

文甲龙，2014. 生物质木质素结构解析及其预处理解离机制研究[D]. 北京：北京林业大学.

袁同琦，2012. 三倍体毛白杨组分定量表征及均相改性研究[D]. 北京：北京林业大学.

蒋志伟，2014. 纤维素在NaOH/尿素（或硫脲）水溶剂中的氢键作用及其包合物结构[D]. 武汉：武汉大学.

杨云龙，2014. 纤维素酯的合成及性能研究[D]. 湘潭：湘潭大学.

王敏，2015. 纤维素/聚N-异丙基丙烯酰胺复合温敏性水凝胶的固体核磁共振表征及动力学研究[D]. 上海：华东师范大学.

蔡玉兰，王东伟，2009. 天然竹纤维的固态核磁共振谱表征[J]. 纤维素科学与技术，17(1)：1-6.

孙丙虎，王喜明，2012. 利用低场核磁共振技术研究木材微波干燥过程中的水分状态与迁移[J]. 内蒙古农业大学学报(自然科学版)，33(3)：205-210.

解云焕，2015. 基于时域核磁共振技术的纤维素吸湿机理研究[D]. 呼和浩特：内蒙古农业大学.

李超，2012. 木材中水分弛豫特性的核磁共振研究[D]. 呼和浩特：内蒙古农业大学.

李坚，2003. 木材波谱学[M]. 北京：科学出版社.

邓巧云，2015. 生物质纳米纤维及其聚乙烯醇复合材料的制备与性能研究[D]. 南京：南京林业大学.

吴清林，梅长彤，韩景泉，等，2018. 纳米纤维素制备技术及产业化现状[J]. 林业工程学报，3(1)：1-9.

李媛媛，戴红旗，2012. 化学法制备纳米微晶纤维素的研究进展[J]. 南京林业大学学报(自然科学版)，36(5)：161-166.

王宝霞，2017. 花生壳纤维素纳米纤丝及其复合材料的制备与性能研究[D]. 南京：南京林业大学.

刘治刚，高艳，金华，等，2015. XRD分峰法测定天然纤维素结晶度的研究[J]. 中国测试，41(2)：38-41.

王海莹，2014. 纤维素纳米纤丝制备及晶型转化研究[D]. 南京：南京林业大学.

刘祝兰，2015. 基于LiCl/DMSO木质纤维全溶体系的木质素分离和木质纤维凝胶的制备[D]. 南京：南京林业大学.

熊福全，韩雁明，王思群，等，2016. 纳米木质素的制备及应用研究现状[J]. 高分子材料科学与工程，32(12)：156-161.

梁永信，马永轩，王德洪，1986. X射线衍射法研究木材纤维结晶度[J]. 东北林业大学学报(S3)：12-15.

米沛，2014. 薄壳山核桃人工林木材材性研究[D]. 合肥：安徽农业大学.

马晓娟，黄六莲，陈礼辉，等，2012. 纤维素结晶度的测定方法[J]. 造纸科学与技术，

31(2): 75-78.

杨淑敏, 江泽慧, 任海青, 等, 2010. 利用 X 射线衍射法测定竹材纤维素结晶度[J]. 东北林业大学学报, 38(8): 75-77.

何强, 吴春渝, 薛丽丹, 等, 2010. 几种木材表面化学成分分布特征的 XPS 分析[J]. 贵州林业科技, 39(2): 56-61.

宣艳, 潘明珠, 李卫正, 等, 2015. 基于 X 光电子能谱的芸豆表面成分分析[J]. 中国粮油学报, 30(12): 38-42, 48.

杜官本, 1999. 表面光电子能谱(XPS)及其在木材科学与技术领域的应用[J]. 木材工业(3): 17-20, 29.

何文, 李吉平, 金辉, 等, 2016. 毛竹纳米纤维素的烷基化改性[J]. 南京林业大学学报(自然科学版), 40(2): 144-148.

YUAN T Q, SUN S N, XU F, et al., 2011. Characterization of lignin structures and lignin-carbohydrate complex (LCC) linkages by quantitative C-13 and 2D HSQC NMR spectroscopy [J]. Journal of Agricultural and Food Chemistry, 59(19): 10604-10614.

SUN S L, WEN J L, MA M G, et al., 2013. Revealing the structural inhomogeneity of lignins from sweet sorghum stem by successive alkali extractions[J]. Journal of Agricultural and Food Chemistry, 61(18): 4226-4235.

HUANG C X, HE J, DU L T, et al., 2016. Structural characterization of the lignins from the green and yellow bamboo of bamboo culm (*Phyllostachys pubescens*)[J]. Journal of Wood Chemistry and Technology, 36(3): 157-172.

FYFE C A, BROUWER D H, TEKELY P, 2005. Measurement of NMR cross-polarization (CP) rate constants in the slow CP regime: relevance to structure determinations of zeolite-sorbate and other complexes by cp magic-angle spinning NMR[J]. Journal of Physical Chemistry A, 109(28): 6187-6192.

MERELA M, OVEN P, SERSA I, et al., 2009. A single point nmr method for an instantaneous determination of the moisture content of wood[J]. Holzforschung, 63(3): 348-351.

ALMEIDA G, GAGNE S, HERNANDEZ R E, 2007. A NMR study of water distribution in hardwoods at several equilibrium moisture contents[J]. Wood Science and Technology, 41(4): 293-307.

MA Z, YANG Y, WU Y, et al., 2019. In-depth comparison of the physicochemical characteristics of bio-char derived from biomass pseudo components: Hemicellulose, cellulose, and lignin[J]. Journal of Analytical and Applied Pyrolysis, 140: 195-204.

第5章 光谱分析

当电磁波照射物质时,物质中所有的原子和分子均能吸收电磁波,且对吸收的波长有选择性。这主要是因为分子的能级具有量子化的特征:分子像原子一样,其能级是分裂的、不连续的,有其特征的分子能级分布。在正常状态下分子处于一定能级即基态,当分子吸收或发射电磁波时被光激发,分子发生跃迁,产生吸收或发射光谱,随激发光能量的大小,其能级提高一级或数级,即分子由基态跃迁到激发态。也就是说,分子不能任意吸收各种能量,只能吸收相当于两个或几个能级之差的能量,即分子只吸收具有一定能量或其倍数的光子。化合物吸收或发射光量子时,通过分子内部运动产生的光谱称为分子光谱。研究分子光谱是探究分子结构的重要手段之一,从光谱可以直接导出分子的各个分立的能级,从光谱还能够得到关于分子中电子的运动(电子结构)和原子核的振动与转动的详细知识。

5.1 红外光谱

5.1.1 红外光谱基本原理

(1) 分子光谱

分子光谱远比原子光谱复杂,原子光谱通常为线状光谱,而分子光谱为带状光谱。分子中不但有更多的原子个数和种类,还包含各种基团和结构单元,虽然分子光谱比较复杂,但同时也提供了更丰富的结构信息。分子光谱除了用以进行定性与定量分析外,还能用来测定分子的能级、键长、键角、力常数和转动惯量等微结构的重要参数,使我们了解目标物质的许多物理性质和化学性质,并进一步在理论上预言化学平衡,阐明基本的化学过程。

纯粹的转动光谱只涉及分子转动能级的改变,不产生振动和电子状态的改变。分子的转动能级跃迁,能量变化很小,一般在 $10^{-4} \sim 10^{-2}$ eV,所吸收或辐射电磁波的波长较长,一般在 $10^{-4} \sim 10^{-2}$ m,它们落在微波和远红外线区,称为微波谱或远红外光谱,通称为分子的转动光谱。转动能级跃迁时需要的能量很小,不会引起振动和电子能级的跃迁,所以转动光谱最简单,是线状光谱。

振动光谱源于分子振动能级间的跃迁,分于振动能级跃迁时能量变化为 $0.05 \sim 1$ eV,由于振动能级的间距大于转动能级,因此在振动能级改变时,还伴有转动能级变化,谱线密集,显示出转动能级改变的细微结构,吸收峰加宽,称为振动-转动吸收带或振动吸收,出现在波长较短、频率较高的红外线光区,称为红外光谱,又称振动-转动光谱。红外吸收光谱法主要用于鉴定化合物的官能团及异构体分析,是定性鉴定化合物及其结构的重要方法之一。红外光谱已经成为现代结构化学、分析化学不可或缺的研究工具之一。拉曼光谱和红外光谱一样,都是研究分子的转动和振动能级结构的,但是两者的原理和起因并不相同。拉曼光谱是建立在拉曼散射效应基础上,利用拉曼位移研究物质结构的方法;红外光谱是直接观察样品分子对辐射能的吸收情况。拉曼光谱是分子对单色光的散射引起拉曼效应,因而它是间接观察分子振动能级的跃迁。

(2)红外光谱基本原理

红外吸收光谱是由分子振动能级的跃迁同时伴随转动能级跃迁而产生的,因此红外光谱的吸收峰是有一定宽度的吸收带。物质吸收红外光应满足2个条件,即辐射应具有刚好能满足物质振动能级跃迁时所需的能量、辐射与物质之间有耦合作用。因此,当一定频率的红外光照射分子时,如果分子中某个基团的振动频率与其一致,同时分子在振动中伴随有偶极矩变化,这时物质的分子就产生红外吸收。分子内的原子在其平衡位置上处于不断的振动状态,对于非极性完全对称的双原子分子如 N_2、O_2 等,其正负电荷中心的距离 $d=0$,偶极矩 $\mu=0$,分子的振动并不引起 μ 的改变,因此,它与红外光不发生耦合,所以不产生红外吸收;当分子是一个偶极分子($\mu \neq 0$)时,由于分子中的振动使得 d 瞬间值不断改变,因而分子的 μ 也不断改变,分子的振动频率使分子的偶极矩也有一个固定的变化频率。当红外光照射时,只有当红外光的频率与分子的偶极矩的变化频率相匹配时,分子的振动才能与红外光发生耦合而增加其振动能,使得振幅加大,即分子由原来的振动基态跃迁到激发态。可见并非所有的振动都会产生红外吸收。凡能产生红外吸收的振动,称为红外活性振动,否则就是红外非活性振动。

除了对称分子外,几乎所有具有不同结构的化合物都有不同的红外光谱。谱图中的吸收峰与分子中各基团的振动特性相对应,所以红外吸收光谱是确定化学基团、鉴定未知物结构的最重要的工具之一。

(3)分子振动与红外吸收

分子可看作由许多中间用弹簧连接起来的小球构成的体系,所以分子的振动可看成一个质点组的振动。这一振动方式是很复杂的,要确定这一系统的各种振动方式,必须确定各原子在空间的相对位置。要确定各原子在空间的位置需要 3 个坐标轴(x, y, z),即每个原子在空间运动有 3 个自由度。设一个分子由 N 个原子组成,那么组成这一分子的所有原子的自由度为 $3N$ 个。分子作为整体有 3 个平动自由度和 3 个转动自由度,除去这 6 个自由度,剩下的($3N-6$)个才是分子振动的自由度[直线型分子有($3N-5$)个振动自由度]。每个振动自由度对应于一个基本振动,N 个原子组成的分子共有($3N-6$)个基本振动,这些基本振动称为分子的简谐振动。简谐振动的特点是,分子质心在振动过程中保持不变,整体不转动,所有原子都是同相运动,即在同一瞬间通过各自的平衡位置,并在同一时间达到最大值。每个简谐正振动代表一种振动方式,有它自己的特征频率。例如,水分子由 3 个原子组成,共有 3 个简谐振动,其振动方式如图5-1所示,每一种振动方式的频率也不相同。

又如,CO_2 是由 3 个原子组成的线性分子,它有 4 个简谐振动,如图5-2所示。图中"+"

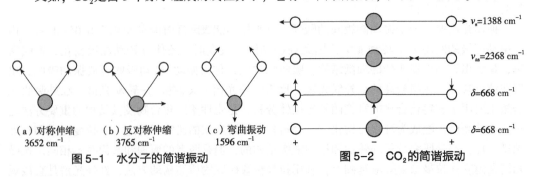

(a)对称伸缩 3652 cm⁻¹　(b)反对称伸缩 3765 cm⁻¹　(c)弯曲振动 1596 cm⁻¹

图5-1　水分子的简谐振动

$\nu_s=1388\ cm^{-1}$
$\nu_{as}=2368\ cm^{-1}$
$\delta=668\ cm^{-1}$
$\delta=668\ cm^{-1}$

图5-2　CO_2 的简谐振动

符号表示垂直于纸面向上运动,"-"符号表示垂直于纸面向下运动。其中(c)和(d)两种弯曲振动(或称变形振动)方式相同,只是方向互相垂直,两者振动频率相同,称为简谐振动。

虽然分子的振动方式很复杂,但基本上可分成两大类,即伸缩振动和弯曲振动,如图 5-3 所示为亚甲基基团的各种振动模式。所谓伸缩振动是指原子沿着键轴方向伸缩使键长发生变化的振动。伸缩振动按其对称性的不同可分为对称伸缩振动和不对称伸缩振动(或称逆对称伸缩振动)。前者振动时各键同时伸长或缩短,后者振动时某些键伸长而另外的键缩短。弯曲振动一般指键角发生变化的振动。弯曲振动又分为面内弯曲振动和面外弯曲振动。面内弯曲振动的振动方向位于分子的平面内,而面外弯曲振动则是垂直于分子平面方向上的振动。面内弯曲振动又分为剪式振动和平面摇摆振动。两个原子在同一平面内彼此相同弯曲叫作剪式振动;若基团键角不发生变化只是作为一个整体在分子的平面内左右摇摆,就称为面内摇摆振动。面外弯曲振动也分为 2 种:一种是扭绞振动,振动时基团离开纸面、方向相反的来回扭动;另一种是非平面摇摆振动,振动时基团作为整体在垂直于分子对称平面的前后摇摆振动,基团键角不发生变化。

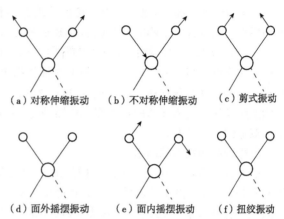

图 5-3 亚甲基的各种振动方式

(4) 红外吸收光谱与分子结构的关系

①基团振动 具有相同化学键或官能团的一系列化合物有近似的共同的红外吸收频率,这种频率称为化学键或官能团的特征振动频率,也称为基团频率。例如,醇类、酚类化合物在 3700~3000 cm^{-1} 都有吸收谱带,此谱带就是—OH 基的特征振动频率。影响谱带位移的因素很多,但是在大多数情况下,这些因素的影响相对来说还是小的,而且可以认为相同性质的键力常数从一个分子到另一个分子也不会有很大的改变,因此在不同分子内,与一个特定的原子对或原子群有关的振动频率基本上是相近的,频率的改变也只有在一个较窄的范围内发生。

在红外光谱中,一般在 4000~1300 cm^{-1} 区域的谱带有比较明确的基团与频率的对应关系。它们主要属于含氢基团或多键原子的伸缩振动的谱带,这个区域称为特征频率区。在低于 1300 cm^{-1} 的频率区域,谱带数目很多,往往很难给予明确地归属,但是一些同系物或结构相近的化合物在这个区域的谱带往往有一定差别,对于每个化合物都会有些许不同,如人的指纹一样,因此这个区域称为指纹区。

常见的有机化合物基团在 4000~670 cm^{-1} 范围内有特征基团频率。为便于对光谱进行解析,我们将此红外光谱区划分为 6 个区域:

i. 4000~2500 cm^{-1} 区域:此区域为 X—H 伸缩振动区(X 可以是 C、N、O、S 等原子)。在这个区域的吸收说明含氢原子官能团的存在。

ii. 2500~2000 cm^{-1} 区域:这是三键和累积双键的伸缩振动区域。主要包括—C≡N、—C≡C、—C=C=C 及—C=C=O 的伸缩振动。

iii. 2000~1500 cm^{-1} 区域:此区域称为双键伸缩振动区,在这一区域如出现吸收,表明有含双键的化合物存在。主要包括 C=O、C=C、C=N、N=O 等的伸缩振动以及—NH_2 的弯曲振动、芳烃的骨架振动等。

  iv. 1500~1300 cm^{-1} 区域：这个区域主要为 C—H 弯曲振动。

  v. 1300~900 cm^{-1} 区域：所有单键的伸缩振动和一些含重原子的双键（P=O、S=O）的伸缩振动，某些含氢基团的弯曲振动也出现在此区域。

  vi. 900~670 cm^{-1} 区域：这一区域的吸收峰很有价值，可以指示$(CH_2)_n$ 的存在、双键取代程度和类型。当 $n \geq 4$ 时，—CH_2— 的平面摇摆振动吸收出现在 724~722 cm^{-1}，随着 n 的减小，逐渐向高波数移动。$n=1$ 时为 785~775 cm^{-1}。该区域的某些吸收峰还可用来确定化合物的顺反构型及苯环的取代类型。如烯烃的=CH 面外弯曲振动出现的位置很大程度上取决于双键的取代情况。

  ② 影响基团频率的因素

  i. 外部因素：红外光谱可以在样品的各种物理状态（气态、液态、固态、溶液或悬浮液）下进行测量，由于状态的不同，样品的光谱往往有不同程度的变化。气态分子由于分子间相互作用较弱，往往给出振动-转动光谱，在振动吸收带两侧，可以看到精细的转动吸收谱带。对于大多数有机化合物来说，分子惯性矩很大，分子转动带间距离很小，以致分不清。它们的光谱仅是转动带端的包迹，若样品以液态或固态进行测量，分子间的自由转动受到阻碍，结果连包迹的轮廓也消失，变成一个宽的吸收谱带。对高聚物样品，不存在气态高分子样品谱图的解析问题，但测量中常遇到气态 CO_2 或气态水的干扰。CO_2 在 2300 cm^{-1} 附近，比较容易辨识，且干扰不大。气态水在 1620 cm^{-1} 附近区域，对微量样品或较弱的谱带的测量有较大的干扰。因此，在测量微量样品或测量金属表面超薄涂层的反射吸收光谱及高分子材料表面的漫反射光谱时，需要用干燥空气或氮气对样品室里的空气进行充分的吹燥，然后再收集红外光谱图。在液态，分子间相互作用较强，有的化合物存在很强的氢键作用。

  在结晶的固体中，分子在晶格中有序排列，加强了分子间的相互作用。一个晶胞中含有若干个分子，分子中某种振动的跃迁矩的矢量和便是这个晶胞的跃迁矩。所以某种振动在单个分子中是红外活性的，在晶胞中不一定是活性的。结晶态分子红外光谱的另一特征是谱带分裂。在一些有旋转异构体的化合物中，结晶态时只有一种异构体存在，而在液态时则可能有 2 种以上的异构体存在，因此谱带反而增多。相反，长链脂肪酸结晶中的亚甲基是全反式排列。由于振动相互耦合的缘故，在 1350~1180 cm^{-1} 区域出现一系列间距相等的吸收带，而在液体的光谱中仅是一条很宽的谱带。还有一些具有不同晶型的化合物，常由于原子周围环境的变化而引起吸收谱带的变化，这种现象在低频区域特别敏感。

  ii. 内部因素：诱导效应。在具有一定极性的共价键中，随着取代基的电负性不同而产生不同程度的静电诱导作用，引起分子中电荷分布的变化，从而改变键的力常数，使振动频率发生变化，这种现象称为诱导效应。取代基电负性越强，诱导效应越显著，振动频率位移程度也越大。

  共轭效应。指分子中形成大的 π 键所引起的效应。共轭效应可使共轭体系中的电子云密度平均化，使双键略有伸长，单键略有缩短，双键力常数减小，使双键的伸缩振动频率下降，使基团的吸收频率向低波数方向位移。

  氢键效应。氢键使参与形成氢键的原化学键力常数降低，吸收频率移向低波数方向，但同时振动偶极矩的变化加大，因而吸收强度增加。

  费米共振。这是倍频或组频振动与一基频振动频率接近时，在一定条件下所发生的振动耦合。和上述讨论的几种耦合现象相似，吸收带不在预料位置，往往分开得更远一些，同时吸收带的强度也发生变化，原来较弱的倍频或组频谱带强度增加。

立体效应。一般红外光谱的立体效应，包括键角效应和共轭的立体阻碍两部分。

5.1.2 傅里叶红外光谱仪的结构

傅里叶变换红外吸收光谱仪(FT-IR)是一种新型红外光谱仪，如图5-4所示。傅里叶变换红外吸收光谱仪与色散型红外吸收光谱仪的主要区别在于干涉仪和计算机两部分。从光源辐射的红外光，经分束器形成两束光，分别经动镜、定镜反射后到达检测器并产生干涉现象。当动镜、定镜到检测器间的光程相等时，各种波长的红外光到达检测器时都具有相同相位而彼此加强。如改变动镜的位置，形成一个光程差，不同波长的光落到检测器上得到不同的干涉强度。当光程差为 $\lambda/2$ 的偶数倍时，相干光相互叠加，相干光的强度有最大值；当光程差为 $\lambda/2$ 的奇数倍时，相干光相互抵消，相干光强度有极小值。当连续改变动镜的位置时，可在检测器上得到一个干涉强度对光程差和红外光频率的函数图。将样品放入光路中，样品吸收了其中某些频率的红外光，就会使干涉图的强度发生变化。很明显，这种干涉图包含了红外光谱的信息，但不是我们能看懂的红外光谱。经过计算机进行复杂的傅里叶变换，就能得到吸光度或透射率随频率(或波数)变化的普通红外光谱图。

傅里叶变换红外吸收光谱仪具有以下突出的特点：测定速度快、灵敏度和信噪比高、分辨率高、测定的光谱范围宽。

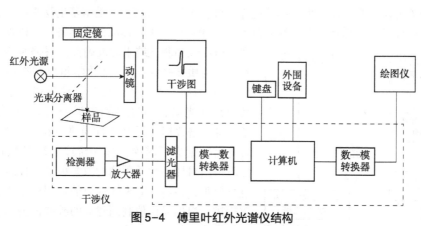

图5-4 傅里叶红外光谱仪结构

5.1.3 红外吸收光谱法的应用

(1)定性分析

红外吸收光谱法广泛用于有机化合物的定性鉴定。对于简单的化合物只需将试样的红外光谱图与标准物质的红外光谱图进行比较，如果制样方法、测试条件都相同，记录到的红外光谱图的吸收峰位置、强度和形状都一样，那么就可以认为两者为同一物质。目前最常用、最方便的比较方法是用计算机进行检索，检测到样品的谱图后，执行检索程序，计算机可以自动进行匹配，按相似程度给出标准物质的红外光谱图及测试条件、测试方法等。

(2)定量分析

物质对红外光的吸收符合朗伯-比尔定律，故红外光谱也可用于定量分析，其优点是有多个吸收谱带可供选择，有利于排除共存物质的干扰。红外光谱定量主要有标准曲线法和内标法。但由于灵敏度较低，实验误差较大，红外光谱法不适于微量组分的测定。

(3) 未知物结构的确定

应用红外光谱法测得有机化合物的结构是目前最常用的方法之一。但鉴定比较复杂的化合物结构，通常是将红外光谱与紫外光谱、核磁共振谱、质谱及化学分析相结合。

5.1.4 红外吸收光谱法在生物质材料中的应用

(1) 成分分析与性质推测

红外光谱技术在木基生物质领域的研究中，主要应用于木材成分分析以及基于此对木基生物质及其衍生的木基复合材料性能的预测中。木基生物质主要是一种由纤维素、半纤维素和木质素等有机化合物构成的复杂高分子，结构中含有大量的羟基（—OH）、碳氢键（C—H）等基团，加工过程（如胶合、炭化）中也会发生羟基（—OH）、氮氢键（N—H）等基团的改变。而且，纤维素的红外敏感基团为羟基，半纤维素含有乙酰基、羟基等红外敏感基团，木质素分子中含有羰基、苯环等多种红外敏感基团，因此可用红外光谱分析技术对木材进行相关分析和检测。

通过红外光谱，可对木基生物质内部的化学组分、键强度、电负性和氢键和其散射、漫反射、特殊反射、表面光泽、折光指数和反射光的偏振等信息进行分析，并推断生物质组成、官能团与结构，并与生物质性质之间建立的数学关系，进而对该生物质的相应性能有大体判断，有助其应用的推广。

关于该方法，有一套较为成熟的流程，即首先采集与制备一批木基生物质样品，所选择木基生物质样品的光谱特征及其性质范围应能涵盖以后未知样品的光谱特征，以保证校正模型的适用性和测试结果的准确性。根据实验室方法对木基生物质样品的性质（如化学组成和物理力学等性质）进行测定，然后用红外光谱仪采集木基生物质样品的红外光谱，通过多元数据分析方法（化学计量学）将光谱数据与样品的性质进行相关分析（一般先将光谱数据进行转换，如一阶或二阶导数预处理），然后得出对样品性质预测的数学模型，再对预测模型进行校正，最后，对未知性质的待测样品进行红外光谱扫描，根据光谱值利用建立的校准模型预测得到样品的性质，如图 5-5 所示。

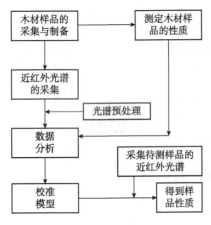

图 5-5 红外光谱木基生物质分析技术的基本流程

例如，Kelley 等利用多元统计分析方法，应用红外光谱技术对火炬松木材在不同径向和高度位置的化学和力学性质进行了较详细的研究，他们将木材的红外光谱与分别用传统的化学分析法及三点弯曲试验法测得的木材化学组成和力学性质，用偏最小二乘法（PLS）法进行相关分析建立预测模型，成功预测了木材中的木质素、抽提物、葡萄糖、木糖、甘露糖和半乳糖含量（相关系数 0.80 以上），对木材的力学性质预测效果也很好（相关系数一般都在 0.85 以上）。而且，研究发现将红外波长范围降至 650~1150 nm 时还能对木材的力学性质进行预测，这为开发便携式的红外光谱木材性质测定仪提供了很有价值的信息。

郝勇等利用红外光谱结合模式识别方法，尝试实现木材种类的快速准确识别。具体来说，他们采用近红外光谱结合主成分分析法（PCA）、偏最小二乘判别分析法（PLSDA）和簇类独立软模式法(SIMCA)3种模式识别对58种木材进行种类鉴别研究。研究表明，光谱预处理方法可以有效地提高木材种类识别精度，有监督模式识别方法 SIMCA 可以用来建立有效的木材识别模型，近红外光谱结合模式识别可以为木材种类的识别提供一种快速简便的分析方法。

木质素是木材重要的生物质组分，具有增强细胞壁强度、运输水分和水溶性物质的作用，但同时也是木材在造纸、生物质能源等领域应用的主要障碍。快速获取木质素含量对制浆造纸、转基因林木定向培育等有重要的理论指导与科学意义，如通过预测紫丁香基(S)与愈创木基(G)含量的比值可以快速按需评估制浆用材。应用红外光谱技术对不同针叶材和阔叶材的酸溶木素、酸不溶木素、总木质素含量进行预测。

纤维素的主要特征吸收峰位置为 2900 cm^{-1}、1425 cm^{-1}、1370 cm^{-1} 和 895 cm^{-1}，如图 5-6 所示。其中波数为 2900 cm^{-1} 附近的吸收峰归于—CH、—CH_2 的伸缩振动；波数为 1425 cm^{-1} 附近的吸收峰归于—CH、—CH_2 的弯曲振动；波数为 1370 cm^{-1} 附近的吸收峰为具有脂肪族特征化合物中的—CH 的弯曲变形振动；波数为 895 cm^{-1} 附近的吸收峰是 β-1,4-糖苷键振动。因此，范慧青等尝试利用红外光谱分析测定木材中纤维素含量。该研究选择了波数为 1425 cm^{-1}、1370 cm^{-1} 和 895 cm^{-1} 处的峰强度作为分析峰，进行了纤维素含量工作曲线的绘制。结果表明，纤维素特征吸收峰 895 cm^{-1} 处强度与木材纤维素含量的线性关系最差；纤维素特征吸收峰 1370 cm^{-1} 处强度与木材纤维素含量的线性关系较好；纤维素特征吸收峰 1425 cm^{-1} 处强度与木材纤维素含量的线性关系最好，可快速、准确地用于木材纤维素的定量分析。

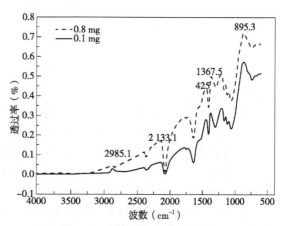

图 5-6　纤维素的红外光谱图

半纤维素也是木材的重要化学组分之一，其含量的高低是评价制浆造纸及其应用于生产生物燃料替代化石能源的重要标准。针叶木的半纤维素包含戊聚糖和己聚糖，阔叶木的半纤维素则主要为戊聚糖。目前国内外对应用近红外快速预测草本植物中半纤维素含量的研究较多，而对木材半纤维素含量的近红外预测相关研究较少，对戊聚糖含量的预测研究表明：运用偏最小二乘法、多模型建模等方法，得到的模型准确性较好，相关系数可达 0.99。

(2)监测反应进行

由于木基生物质含有大量功能化基团，例如，纤维素/半纤维素含大量羟基，木质素含大量羰基、苯环等基团，这些基团可发生一系列化学反应，包括氧化、酯化、醚化、交联、接枝共聚等。通过改性，可以有效地改善木基生物质的一些相应性能，同时可以给予木基生物质一些新的性能与功能。由于红外光谱对官能团的振动变化十分敏感，因此，可以通过红外光谱对生物质功能化反应进行监测与分析。

例如，通过 2,2,6,6-四甲基哌啶氧化物(TEMPO)氧化体系对纤维素进行氧化，是通用的对纤维素伯羟基进行选择性氧化，而同时不破坏对仲羟基的方法。反应完成后，通过红外光谱，如图 5-7 所示，TEMPO 氧化纤维素在 1730 cm^{-1} 出现了 C=O 的特征伸缩振动峰，该

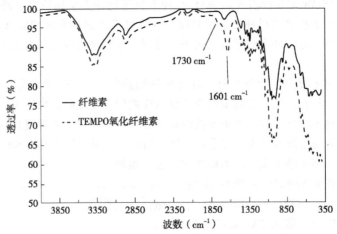

图 5-7 纤维素与 TEMPO 氧化纤维素的红外光谱图

吸收峰的出现证明了氧化反应的完成。

酯化纤维素是纤维素单元上的羟基(—OH)与酸、酸酐及酰卤等发生的一系列缩合反应生成的。纤维素酯分子链上引入的新取代基降低了纤维素分子内及分子间氢键的作用力，使其可溶于普通溶剂中，进一步改性处理赋予其诸多特殊功能。例如，以醋酸作为溶剂，醋酐作为乙酰化剂，可制备得到醋酸纤维素酯。醋酸纤维素可用于制药、过滤膜、纤维塑料、电影胶片等领域，是最重要的纤维素酯类材料之一。该反应的进行可以通过红外光谱进行观察，如图 5-8 所示，当纤维素与醋酸酯化后，在醋酸纤维素酯的红外光谱图中的 1750 cm^{-1} 出现了纤维素原料不具备的新峰，其代表—O—C=O 酯基的伸缩振动吸收峰。同时，在 3000~3500 cm^{-1} 处，代表—OH 的伸缩振动峰的强度明显降低，这说明纤维素结构中的羟基因参与酯化而含量降低。关于纤维素的其他功能化反应，也都可以通过红外光谱进行一定的鉴定。

利用生物质材料高温裂解制备碳材料也是近些年来研究的热门领域之一。通过红外光谱，可以对碳化过程、碳化程度以及官能团变化进行检测与识别。甘露课题组利用醋酸纤维

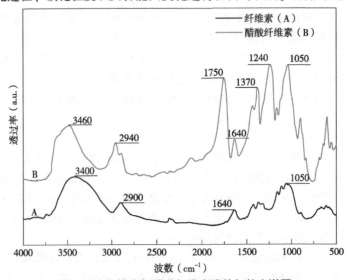

图 5-8 纤维素与醋酸纤维素酯的红外光谱图

素电纺制备纳米纤维,并通过醇解得到纤维素纳米纤维,随后通过碳化制备了纤维素碳纤维。该过程通过红外光谱进行检测,如图5-9所示,当醋酸纤维素醇解为纤维素后,3450 cm^{-1}处的吸收峰变宽,并移至较低的波数3325 cm^{-1}。此外,在1750 cm^{-1}处由C=O基团的伸缩振动引起的红外吸收峰消失,这表明所有C=O酯基团都转化为—OH基团。红外光谱结果表明,醋酸纤维素纳米纤维经脱乙酰化反应后成功得到纤维素纳米纤维。当纤维素纳米纤维碳化为碳纤维后,其—OH的伸缩振动峰强度明显减弱;同时可以观察到,在2920 cm^{-1}处C—H的拉伸振动峰也消失了。在1580 cm^{-1}和1400 cm^{-1}处出现了新的吸收峰,这与芳香族苯环的伸缩振动有关。说明纤维素纳米纤维在热解过程中转化为非晶态石墨化碳骨架结构的纳米纤维。

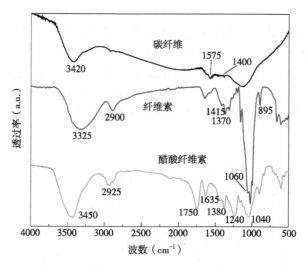

图5-9 醋酸纤维素、纤维素与纤维素碳纤维的红外光谱图

该研究同时也指出碳化温度对碳纤维官能团的影响,如图5-10所示。由图中可以看出,纤维素在大约1000 cm^{-1}和3300 cm^{-1}处显示出很强的红外吸收,这是因为纤维素分子自身由碳水化合物的结构构成。当热解处理后,碳纤维中这些特征吸收峰减弱或消失。此外,在所有不同热解温度的纤维素碳纳米纤维中,在1400 cm^{-1}和1560 cm^{-1}处均出现新的红外吸

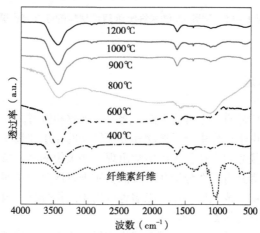

图5-10 不同碳化温度的纤维素碳纤维的红外光谱图

收峰分别为—CH₃官能团的伸缩振动及C=C键的伸缩振动,这均是碳质材料的稠化芳香环结构的典型特征。随着热解温度的升高,这2个吸收峰的吸收强度增强,而在3300 cm⁻¹处的吸收峰强度减弱,这说明较高的处理温度可以去除纤维素碳纳米纤维中更多的含氧基团,将生物质骨架转化为纳米纤维。

(3) 生物质复合材料界面作用

木基生物质由于本身具有良好的机械强度,经常被用作廉价的补强材料,加入基体中提高基体的相应性质。在近年来的研究中,生物质材料也被作为功能相,与其他材料相互结合制备功能复合材料。复合材料制备与形成的基础及多相之间界面的形成,通过肉眼或显微技术很难观察到复合材料界面。而利用红外光谱可以通过监测分析官能团的细微变化,确定界面的形成。

曲萍等将纳米纤维素作为增强相加入聚乳酸制备高强度聚乳酸复合材料。通过分析聚乳酸与聚乳酸/纳米纤维素复合材料的红外光谱图(图5-11),聚乳酸/纳米纤维素复合材料的吸收峰波数与纯聚乳酸的吸收峰波数基本一致。复合材料仍保留着纯聚乳酸的特征峰。然而,端羧基的伸缩振动—C=O 由 1680 cm⁻¹变为 1652 cm⁻¹,向低波数方向移动了 30 cm⁻¹并且谱带变宽,说明复合材料中相邻纤维素分子链上的—OH与聚乳酸存在强烈的氢键作用。

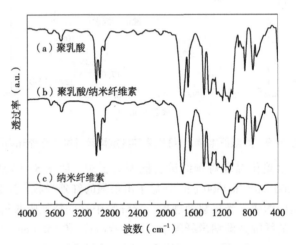

图 5-11 聚乳酸/纳米纤维素复合材料的红外光谱图

5.2 拉曼光谱

5.2.1 拉曼光谱的原理

(1) 拉曼光谱的产生

一束单色光照射试样后有3个可能去向:透射、吸收和散射。大部分散射光的波长与入射光相同,而一小部分由于试样中分子振动和分子转动的作用波长发生偏移。这种波长发生偏移的光的光谱就是拉曼光谱。拉曼光谱中常出现一些尖锐的峰,与试样中某些特定分子相对应,这就使得拉曼光谱具有定性分析并对相似物质进行区分的功能。而且,由于拉曼光谱的峰强度与相应组分的浓度成正比,拉曼光谱也可用于定量分析。因此,通过分析拉曼光谱得到信息的方法和技术称为拉曼光谱技术。

拉曼光谱测试一般不触及试样,也不对试样作任何修饰,可将样品放置于玻璃、宝石或塑料制成的透明容器壁或窗口内收集拉曼信息。1928年,印度科学家拉曼在实验室观测到拉曼效应。此后，拉曼光谱技术获得广泛应用。比起中红外光谱，拉曼光谱更容易得到分子振动信息。

(2) 拉曼散射

拉曼光谱为散射光谱。当一束频率为 ν 的入射光照射到样品时，少部分入射光子与样品分子发生碰撞后向各个方向散射。如果碰撞过程中光子与分子不发生能量交换，称为弹性碰撞，这种光散射为弹性散射，通常称为瑞利散射。反之，如果入射光子与分子发生能量交换，散射则为非弹性散射，即拉曼散射。在拉曼散射中，若光子把一部分能量给样品分子，使一部分处于基态的分子跃迁到激发态，则散射光能量减少，在垂直方向测量到的散射光中，可以检测到频率为 $(\nu-\Delta\nu)$ 的谱线，称为斯托克斯线。相反，若光子从样品激发态分子中获得能量，样品分子从激发态回到基态，则在大于入射光频率处可测得频率为 $(\nu+\Delta\nu)$ 的散射光线，称为反斯托克斯线。斯托克斯线及反斯托克斯线与入射光频率的差称为拉曼位移。拉曼位移的大小与分子的跃迁能级差一样，因此，对应于同一分子能级，斯托克斯线与反斯托克斯线的拉曼位移是相等的。但在正常情况下，大多数分子处于基态，测量得到的斯托克斯线强度比反斯托克斯线强得多，所以在一般拉曼光谱分析中，都采用斯托克斯线研究拉曼位移。

拉曼谱图通常由一定数量的拉曼峰构成，每个拉曼峰代表了相应的拉曼散射光的波长位置和强度。每个谱峰对应于一种特定的分子键振动，其中既包括单一的化学键，也包括由数个化学键组成的基团的振动，例如，苯环的呼吸振动、多聚物长链的振动以及晶格振动等。

5.2.2 拉曼光谱与红外光谱的区别

首先，二者的物理过程不同。拉曼光谱与红外光谱一样，均能提供分子振动频率的信息，但它们的物理过程不同。拉曼效应为散射过程，而红外光谱是吸收光谱，对应的是与吸收频率能量相等的(红外)光子被分子吸收。其次，二者的选择性规律不同。在红外光谱中，某种振动是否具有红外活性，取决于分子振动时偶极矩是否发生变化。一般极性分子及基团的振动引起偶极矩的变化，故通常是红外活性的。拉曼光谱则不同，一种分子振动是否具有拉曼活性取决于分子振动时极化率是否发生改变。所谓极化率，就是在电场作用下，分子中电子云变形的难易程度。拉曼散射与入射光电场所引起的分子极化的诱导偶极矩有关，拉曼谱线的强度正比于诱导跃迁偶极矩的变化。通常非极性分子及基团的振动导致分子变形，引起极化率变化，是拉曼活性的。极化率的变化可以定性用振动所通过的平衡位置两边电子云形态差异的程度来估计，差异程度越大，表明电子云相对于骨架的移动越大，极化率就越大。

与红外光谱相比，拉曼光谱具有以下优点：①拉曼光谱是一个散射过程，任何尺寸、形状、透明度的样品，只要能被激光照射到，均可用拉曼光谱测试。由于激光束可以聚焦，拉曼光谱可以测量极微量的样品。②水的拉曼散射极弱，拉曼光谱可用于测量含水样品，这对生物大分子的研究非常有利。玻璃的拉曼散射也较弱，因而玻璃可作为理想的窗口材料，用于拉曼光谱的测量。③对于聚合物及其他分子，拉曼散射的选择性定则的限制较小，因而可得到更为丰富的谱带。④拉曼效应可用光纤传递，因此现在有一些拉曼检测可以用光导纤维对拉曼检测信号进行传输和远程测量。而红外光用光导纤维传递时，信号衰减极大，难以进行远距离测量。

5.2.3 拉曼光谱的应用

(1) 定性分析

拉曼光谱技术是定性分析的强有力工具。试样的拉曼光谱中包含有许多能分辨其结构的拉曼峰,所以原则上利用拉曼光谱分析可以区分各种试样。由于混合物的数量是无穷尽的,仅有少量简单分子及其混合物的拉曼光谱,在与其他试样的光谱相比较时,可以轻易区分。所以,定性分析必须做的一个工作是根据测得的拉曼光谱判定出可能的材料和混合物,限定这些可能材料的数量。

（2）定量分析

应用拉曼光谱技术做定量分析的基础是测得的分析物拉曼峰强度与分析物浓度间呈线性比例关系。分析物拉曼峰面积(累积强度)与分析物浓度间的关系曲线是直线。这种曲线称为标定曲线。通常对标定曲线应用最小二乘方拟合以建立一方程式,据此从拉曼峰面积计算得到分析物浓度。

5.2.4 拉曼光谱在生物质材料中的应用

同红外光谱类似,拉曼光谱也是通过分析材料对入射光产生的拉曼散射效应,得到分子振动、转动等方面信息,并用于研究分子结构。如上所述,相对于红外光谱,拉曼光谱能提供快速、简单、可重复且无损伤的定性定量分析,无须样品准备,可直接通过光纤探头或者通过玻璃、石英和光纤对样品测量分析。

例如,拉曼光谱可以用于对木材中木质素的结构进行分析。木质素结构大概可分为G、S、H型结构单元,通过对这3种基本结构单元模型物特征峰进行归属,可以对这3种结构进行区分。Saariaho等选用紫外光(244 nm和257 nm)进行激发以产生共振增强的拉曼信号,结果发现G、S、H型木质素分别在1289~1285 cm^{-1}、1274~1267 cm^{-1}、1333~1330 cm^{-1}、1514~1506 cm^{-1}和1217~1214 cm^{-1}、862~817 cm^{-1}范围内有较强的拉曼信号。在木质素结构单元的特征峰归属研究中,由于不同的紫外激发波长所产生的拉曼强度不一致,利用拉曼光谱测定样品时激发波长选择非常重要。在紫外区域不同木质素结构单元的最适拉曼激发波长见表5-1。

表 5-1　木质素单元的拉曼特征峰

木质素结构单元	最适拉曼激发波长(nm)	特征峰(cm^{-1})
G	257	1274~1267、1187~1185、1158~1155、791~704
S	244, 257	1514~1506、1333~1330
H	244	1217~1214、1179~1167、862~817

丁涛等利用拉曼光谱对热处理松木吸湿机理进行了分析研究,如图5-12所示。结果表明,热处理木材中对应木质素苯基的峰(1600 cm^{-1})经热处理后,强度增加,表明热处理后

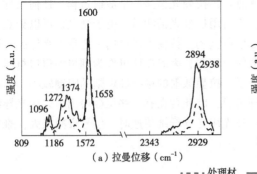
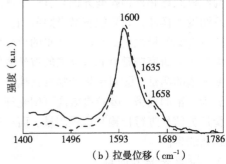

(a) 拉曼位移(cm^{-1})　　　(b) 拉曼位移(cm^{-1})

---- 处理材　—— 对照材

图 5-12　热处理材与对照材的拉曼光谱图

木材中的木质素含量有所上升。进而证明，木质素含量的上升主要是由于木材中的碳水化合物，特别是半纤维素在高温下的热解造成的。同时，2894 cm^{-1}处的拉曼峰是由纤维素和半纤维素的 C—H 伸缩振动引起，而 1374 cm^{-1}处的峰则对应半纤维素中的葡甘露聚糖，这两处的峰强度在热处理后都出现了明显下降，表明热处理材中碳水化合物含量的减少。

表 5-2 总结了木基生物质中各组分的特征拉曼光谱。

表 5-2　木基生物质各组分的特征拉曼光谱

波数(cm^{-1})	成分	归　属
2945	木质素和葡甘露聚糖	OCH$_3$ 中 C—不对称伸缩振动
2897	纤维素	CH$_2$ 中 C—H 伸缩振动
1660	木质素	松柏醇中与苯环共轭的 C═C 伸缩振动；松柏醛中与苯环共轭的 C═O 伸缩振动
1620	木质素	松柏醛中与苯环共轭的 C═C 伸缩振动
1601	木质素	苯环的对称伸缩振动
1462	纤维素和木质素	HCH 与 HOC 的弯曲振动
1423	木质素	O—CH$_3$ 变形振动；CH$_2$ 剪切振动
1376	纤维素	HCC，HCO 和 HOC 弯曲振动
1333	纤维素	HCC 和 HCO 弯曲振动
1122	纤维素、木聚糖和葡甘露聚糖	重原子(CC 和 CO)伸缩振动
1096	纤维素、木聚糖和葡甘露聚糖	重原子(CC 和 CO)伸缩振动
902	纤维素	重原子(CC 和 CO)伸缩振动
378	纤维素	β-D-吡喃葡萄糖苷

由于拉曼光谱可以鉴定碳材料结构，因此拉曼光谱也被用作对于生物质炭石墨化程度的分析。具体来说，具有石墨化结构的碳材料在约 1350 cm^{-1}和 1680 cm^{-1}处具有 2 个拉曼特征峰，通常称为 D 峰和 G 峰。其中，D 峰代表材料中无序碳结构的排列，即非 sp2 结构的碳；G 峰与有序石墨碳相关，即 sp2 结构碳。D 峰和 G 峰的存在是研究材料中芳烃环石墨化结构存在的有力证据。特别是对于生物质碳材料，这 2 个峰的强度比(I_D/I_G)经常被用来推测结构缺陷的程度以及判断碳材料的石墨化程度。甘露课题组在纤维素纳米纤维碳化为碳纤维的研究中，通过拉曼光谱对材料进行了结构表征，如图 5-13 所示。结果表明，由于高温热解处理将碳水化合物结构的纤维素转化为石墨化结构的生物质碳材料，所以纤维素碳纳米纤维样品的拉曼光谱图与纤维素纳米纤维的完全不同。碳材料在 1360 cm^{-1}和 1580 cm^{-1}处有 2 个明显的拉曼峰，表明骨架中存在共轭芳香结构。在热解温度为 400℃时，纤维素碳纳米纤维没有完全碳化，因此 D 峰和 G 峰并不明显。在热解温度达到 600℃以

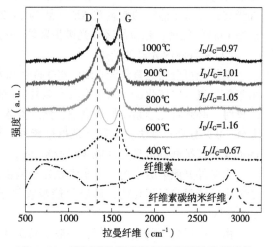

图 5-13　不同碳化温度的纤维素碳纳米纤维的拉曼光谱图

上时,纤维素内部的化合物骨架开始出现石墨化现象,随着热解温度的升高,纤维素碳纳米纤维的石墨化程度也相应提高。

5.3 紫外吸收光谱法

5.3.1 紫外吸收光谱的原理

利用紫外吸收光谱法测量物质对紫外光的吸收程度(吸光度)和紫外吸收光谱来确定物质的组成、含量,推测物质结构的分析方法,称为紫外吸收光谱法(ultraviolet spectroscopy, UV)。20世纪30年代产生了第一台光电比色计,40年代出现的分光光度计,促进了新的分光光度计的发展。随着计算机的发展,紫外分光光度计已向着微型化、自动化、在线和多组分同时测定等方向发展。

(1)分子吸收光谱

一般来讲,物质分子中有电子的运动、各原子间的振动和分子作为整体的转动。如果不考虑3种运动形式之间的相互作用,分子的总能量可以认为是这3种运动能量之和,即:

$$E = E_e + E_v + E_r \tag{5-1}$$

式中　E_e——电子能量;
　　　E_v——振动能量;
　　　E_r——转动能量。

这3种不同形式的运动都对应一定的能级,即分子中除了电子能级外,还有振动能级和转动能级,这3种能级都是量子化的、不连续的。这3种能级最大的是电子能级,其次是振动能级,最小是转动能级,即 $\Delta E_e > \Delta E_v > \Delta E_r$。通常情况下,分子处于较低的能量状态,即基态。分子吸收能还具有量子化特征,即分子只能吸收等于2个能级之差的能量。如果外界给分子提供能量(如光能),分子就可能吸收能量引起能级跃迁,由基态跃迁到激发态能级:

$$\Delta E = E_2 - E_1 = h\nu = hc/\lambda \tag{5-2}$$

由于3种能级跃迁所需要的能量不同,所以需要不同波长范围的电磁辐射使其跃迁,即在不同的光学区域产生吸收光谱。其中,转动能级的能级差 ΔE_r 为 0.005~0.05 eV,相当于远红外光甚至微波(为 25~250 μm)的能量,相应的吸收光谱为远红外光谱;振动能级的能级差 ΔE_v 为 0.05~1 eV,相当于红外光(波长为 1.25~25 μm)的能量,相应的吸收光谱为红外光谱;而电子能级的能量差 ΔE_e 一般为 1~20 eV,相当于紫外光和可见光(波长为 0.06~1.25 μm)的能量,相应的吸收光谱为紫外-可见光谱。

(2)紫外吸收光谱的产生

紫外光可分为近紫外光(200~400 nm)和真空紫外光(60~200 nm,又称为远紫外光)。由于氧、氮、二氧化碳、水等在真空紫外区(60~200 nm)均有吸收,因此在测定这一范围的光谱时,必须将光学系统抽成真空,然后充入一些惰性气体,如氮、氖、氩等。通常所说的紫外-可见分光光度法,实际上是指近紫外、可见分光光度法,即测试范围从 200~400 nm 的近紫外区扩展到可见光区域 400~700 nm。

当紫外光照射分子时,分子吸收光子能量后受激发而从一个能级跃迁到另一个能级。由于分子的能量是量子化的,所以只能吸收等于分子内两个能级差的光子。即 $\Delta E = E_2 - E_1 = h\nu = hc/\lambda$。

由于内层电子的能级很低,一般不易激发,故电子能级的跃迁主要是指价电子的跃迁。因此,紫外吸收光谱是由于分子吸收光能后,价电子由基态能级激发到能量更高的激发态而产生的,所以紫外光谱也称电子光谱。

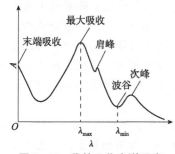

图 5-14 紫外吸收光谱示意

让不同波长的紫外光连续通过样品,以样品的波长 λ 为横坐标,吸光度 A 为纵坐标作图,得到的 A-λ 曲线,即为紫外吸收光谱图,如图 5-14 所示。

从图中可以看出,物质在某一波长处对光的吸收最强,称为最大吸收峰,对应的波长称为最大吸收波长 (λ_{max}),低于高吸收峰的峰称为次峰,吸收峰旁边的一个小的曲折称为肩峰;曲线中的低谷称为波谷,其所对应的波长称为最小吸收波长(λ_{min});在吸收曲线波长最短的一端,吸收强度相当大,但不成峰形的部分,称为末端吸收。同一物质的浓度不同时,吸收曲线形状相同,λ_{max} 不变,只是相应的吸光度不同。

物质不同,其分子结构也不同,则吸收光谱曲线不同,λ_{max} 不同,所以可根据吸收光谱曲线对物质进行定性鉴定和结构分析。用最大吸收峰或次峰所对应的波长为入射光,测定待测物质的吸光度,根据光吸收定律可对物质进行定量分析。

(3)朗伯-比尔定律

布格(Bouguer)和朗伯(Lambert)先后于 1729 年和 1760 年阐明了光的吸收程度和吸收层厚度的关系。1852 年,比尔(Beer)又提出了光的吸收程度和吸收物浓度之间也具有类似的关系。两者合二为一,即成为朗伯-比尔定律。

其数学表达式为:

$$A = \lg \frac{I_0}{I} = \varepsilon l c \tag{5-3}$$

式中　I_0——入射光光强度;

　　　I——透射光强度;

　　　ε——摩尔吸光光系数,L/(mol·cm);

　　　l——试样的光程长,cm;

　　　c——溶质浓度,mol。

朗伯-比尔定律成立的条件是待测物为均一的稀溶液、气体等,无溶质、溶剂及悬浊物引起的散射,入射光为单色平行光。

朗伯-比尔定律是紫外吸收光谱法的理论基础和定量分析的依据。

(4)电子跃迁

紫外吸收光谱是由分子中价电子能级跃迁而产生的。因此,有机化合物的紫外吸收光谱取决于分子中价电子的性质。

根据分子轨道理论,在有机化合物分子中与紫外吸收光谱有关的价电子有 3 种:形成单键的 σ 电子,形成双键或三键的 π 电子和分子中未成键的孤对电子(称为 n 电子)。按照分子轨道理论,通常将能量较低的分子轨道称为成键轨道,能量较高的称为反键轨道。3 种电子形成的 5 种轨道的能级示意图如图 5-15 所示,其中,标注 * 号的是反键轨道。

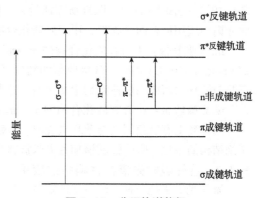

图 5-15　分子轨道能级

通常情况下，电子处于低的能级（成键轨道和非键轨道）。当有机化合物吸收了可见光或紫外光，分子中的价电子跃迁到激发态，在紫外可见光区，主要有下列几种跃迁类型。

① $\sigma \rightarrow \sigma^*$ 跃迁　成键 σ 电子由基态跃迁到 σ^* 轨道。在有机化合物中由单键构成的化合物，如饱和烃类能产生 $\sigma \rightarrow \sigma^*$ 跃迁。引起 $\sigma \rightarrow \sigma^*$ 跃迁所需的能量很大，因此，所产生的吸收峰出现在远紫外区，在近紫外区、可见光区内不产生吸收，故常采用饱和烃类化合物做紫外-可见吸收光谱分析时的溶剂（如正己烷、正庚烷）。

② $n \rightarrow \sigma^*$ 跃迁　分子中未共用 n 电子跃迁到 σ^* 轨道。凡含有 n 电子的杂原子（如 O，N，X，S 等）的饱和化合物都可发生 $n \rightarrow \sigma^*$ 跃迁。此类跃迁比 $\sigma \rightarrow \sigma^*$ 所需能量小，一般相当于 150~250 nm 的紫外光区，属于中等强度吸收。

③ $\pi \rightarrow \pi^*$ 跃迁　成键 π 电子由基态跃迁到 π^* 轨道。凡含有双键或三键（如 C=C、C≡C 等）的不饱和有机化合物都能产生 $\pi \rightarrow \pi^*$ 跃迁。其所需的能量与 $n \rightarrow \pi^*$ 跃迁相近，吸收峰在 200 nm 附近，属强吸收。共轭体系中的 $\pi \rightarrow \pi^*$ 跃迁，吸收峰向长波方向移动，在 200~700 nm 的紫外-可见光区。

④ $n \rightarrow \pi^*$ 跃迁　未共用 n 电子跃迁到 π^* 轨道。含有杂原子的双键不饱和有机化合物能产生这种跃迁。如含有 C=O，—N=O，—N=N— 等杂原子的双键化合物。跃迁的能量较小，吸收峰出现在 200~400 nm 的紫外光区，属于弱吸收。

$n \rightarrow \pi^*$ 及 $\pi \rightarrow \pi^*$ 跃迁都需要有不饱和官能团，以提供 π 轨道。这 2 类跃迁在有机化合物中具有非常重要的意义，是紫外吸收光谱的主要研究对象，因为跃迁所需的能量使吸收峰进入了便于实验的光谱区域（200~1000 nm）。

(5) 发色团、助色团和吸收带

① 发色团（或生色团）　含有不饱和键，能吸收紫外，可见光产生 $\pi \rightarrow \pi^*$ 或 $n \rightarrow \pi^*$ 跃迁的基团称为发色团。例如 C=C、C≡C、C=O、C=N、N=N、—COOH 等。

② 助色团　含有未成键 n 电子，本身不产生吸收峰，但与发色团相连时，能使发色团吸收峰向长波方向移动，吸收强度增强的杂原子基团称为助色团。例如，—NH_2、—OH、—OR、—SR、—X 等。

③ 吸收带　吸收峰在紫外光谱中的波带位置称为吸收带，通常分为以下 4 种。

i. R 吸收带：由 $n \rightarrow \pi^*$ 跃迁而产生的吸收带。其特点是强度较弱，一般 $k < 10^3$ L·mol^{-1}·cm^{-1}，吸收峰位于 200~400 nm。

ii. K 吸收带：由共轭体系中 $\pi \rightarrow \pi^*$ 跃迁而产生的吸收带。其特点是吸收强度较大，通常 $k > 10^4$ L·mol^{-1}·cm^{-1}，跃迁所需能量大，吸收峰通常在 217~280 nm。K 吸收带是紫外吸收光谱中应用最多的吸收带，用于判断化合物的共轭结构。

iii. B 吸收带：由芳香族化合物的 $\pi \rightarrow \pi^*$ 跃迁而产生的精细结构吸收带。吸收峰在 230~270 nm，$k \sim 10^2$ L·mol^{-1}。B 吸收带的精细结构常用来判断芳香族化合物，但苯环上有取代基且与苯环共轭或在极性溶剂中测定时，这些精细结构会简单化或消失。

iv. E 吸收带：由芳香族化合物的 $\pi \rightarrow \pi^*$ 跃迁所产生的，是芳香族化合物的特征吸收。

当苯环上有发色团且与苯环共轭时，E 带常与 K 带合并且向长波方向移动，B 吸收带的精细结构简单化，吸收强度增加且向长波方向移动。

5.3.2　紫外吸收光谱在材料中的应用

紫外光谱法是一种广泛应用的定量分析方法，也是对物质进行定性分析和结构分析的一种手段。在材料研究中，紫外光谱法常用来鉴别化合物中的某些官能团的存在，还可以用于探索反应机理等研究。

(1) 定性分析

以紫外吸收光谱进行定性分析时，通常是根据吸收光谱的形状，吸收峰的数目以及最大吸收波长的位置和相应的摩尔吸收系数进行定性鉴定。一般采用比较光谱法，即在相同的测定条件下，比较待测物与已知标准物的吸收光谱，如果它们的吸收光谱完全等同（λ_{max} 及相应的 k 均相同），则可以认为是同一物质。进行这种对比法时，也可借助前人汇编的标准谱图进行比较。

(2) 结构分析

根据化合物的紫外-可见吸收光谱推测化合物所含的官能团。例如，某化合物在紫外-可见光区无吸收峰，则它可能不含双键或环状共轭体系，它可能是饱和有机化合物。如果在 200~250 nm 有强吸收峰，则可能是含有 2 个双键的共轭体系；在 260~350 nm 有强吸收峰，则至少有 3~5 个共轭发色团和助色团。如果在 270~350 nm 区域内有很弱的吸收峰并且无其他强吸收峰时则化合物含有带 n 电子的未共轭的发色团（C=O、—NO$_2$、—N=N—等），弱峰由 n→π* 跃迁引起。如在 260 nm 附近有中吸收且有一定的精细结构，则可能有芳香环结构。

紫外吸收光谱还可以用来判别有机化合物的同分异构体。例如，乙酰乙酸乙酯的互变异构体，酮式没有共轭双键，在 206 nm 处有中吸收；而烯醇式存在共轭双键，在 245 nm 处有强吸收。因此，可根据吸收光谱可判断它们存在与否。

(3) 定量分析

由于物质在一定波长处的吸光度与它的浓度呈线性关系，故通过测定溶液对一定波长入射光的吸光度，便可求得溶液的浓度和含量。紫外光谱法的吸收强度比红外光谱法大得多，红外的 ε 值很少超过 10 L·mol^{-1}·cm^{-1}，而紫外的 ε 值最高可达 $10^{4\sim10}$ L·mol^{-1}·cm^{-1}；紫外光谱法的灵敏度高（$10^{-5} \sim 10^{-4}$ mol/L），测量准确度高于红外光谱法；紫外光谱法的仪器也比较简单，操作方便。所以紫外光谱法在定量分析上有优势。紫外光谱法很适合研究水中物质的组成、浓度、微量物质含量和反应动力学等。

5.3.3 紫外吸收光谱在生物质材料中的应用

由于紫外光谱法很适合研究溶于水或者某种有机溶剂中的物质的组成与浓度等信息，因此，在木基生物质材料研究中，紫外光谱法一般被用作测定对目标木材或生物质进行萃取后的抽提液中目标物质的组成或浓度测定。

例如，潘梦丽等利用紫外光谱法快速测定了木质纤维类生物质水解过程中产生的可溶性木素、呋喃类化合物的存在和含量。研究发现，木质纤维类生物质在乙醇/水介质水解过程中，葡萄糖和木糖等可转化生成糠醛和 5-羟甲基糠醛，这 2 种糠醛均可溶解于乙醇/水混合溶剂，而水解液中的糠醛和 5-羟甲基糠醛的含量百分率和最大吸收波长存在良好的线性关系，如图 5-16 所示。因此，可以利用紫外光谱快速、准确地对生物质水解液中的糠醛和 5-羟甲基糠醛进行定性定量分析。

木材防腐是常用延长木材服役寿命的方法。通常使用含铜、铬、砷的防腐剂对木材进行表面处理。检测防腐剂中各个组分的含量，可确定木材防腐处理效果及评价其质量，防止生产过程中的不规范行为，达到控制产品质量及完善工艺技术的目的。利用可见分光光度法测定这些金属的络合物的吸光度，可实现对防腐剂成分含量的准确测定。谷燕华等发现，紫外-可见分光光度法可测定木材防腐剂中各有效成分含量，如图 5-17 所示，测得结果的相对标准偏差小，重复性良好，与化学分析法相比，紫外分光光度法选择性好，重复率高，显色灵敏，相对于常规化学分析法操作方便。标准曲线一旦建立，可以在很长一段时间内应用，不但可以用于木材防腐剂的分析，还可以用于防腐剂原料的分析，在实际检测工作中具有较大优势。

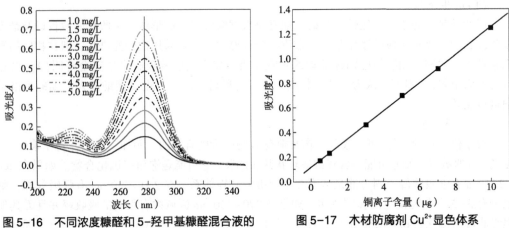

图 5-16　不同浓度糠醛和 5-羟甲基糠醛混合液的紫外吸收强度

图 5-17　木材防腐剂 Cu^{2+} 显色体系标准曲线

对木材进行高温热处理改性，可改变木材的一些理化性质，特别是木材的颜色会发生变化。利用紫外光谱对处理后的木材抽提物进行分析检测，可揭示抽提物成分结构变化特征与木材发色体系结构与色度学参数的对应关系，并通过调整热诱发变色过程参数，可实现对木材颜色的调控。刘蕊杰等发现，热处理之后的湿地松颜色加深。而其抽提液中，双键和共轭结构的吸收峰变强，说明加热作用可以使木材中形成新的醌类及共轭结构，这些共轭结构可以将木材的紫外-可见光吸收峰从紫外区延至可见光区，如图 5-18 所示，也是木材热处理后颜色加深的原因之一。

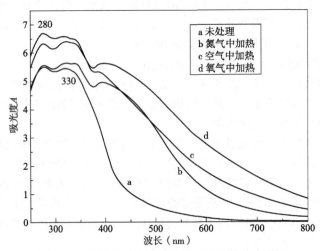

图 5-18　湿地松磨木木素热处理前后紫外光谱图

参考文献

杨忠，江泽慧，费本华，等，2005. 近红外光谱技术及其在木材科学中的应用[J]. 林业科学，41(4)：177-183.

郝勇，商庆园，饶敏，等，2019. 木材种类的近红外光谱和模式识别[J]. 光谱学与光谱分析，39(3)：705.

范慧青，王喜明，王雅梅，2014. 利用傅里叶变换红外光谱法快速测定木材纤维素含量[J]. 木材加工机械, 25(4): 33-37.

刘栋梁, 刘胜, 2013. 近红外光谱法快速测定欧美杨戊聚糖含量[J]. 西北林学院学报, 28(5): 167-171.

王海莹, 2014. 纤维素纳米纤丝制备及晶型转化研究[D]. 南京: 南京林业大学.

曲萍, 2013. 纳米纤维素/聚乳酸复合材料及界面相容性研究[D]. 北京: 北京林业大学.

丁涛, 王长菊, 彭文文, 2016. 基于拉曼光谱分析的热处理松木吸湿机理研究[J]. 林业工程学报, 1(5): 15-19.

金克霞, 王坤, 崔贺帅, 等, 2018. 拉曼光谱在木质素研究中的应用进展[J]. 林业科学, 54(3): 144-151.

潘梦丽, 平清伟, 张健, 等, 2017. 紫外光谱法快速测定生物质乙醇/水水解液中糠醛和5-羟甲基糠醛含量[J]. 光谱学与光谱分析, 37(1): 146-149.

谷燕华, 程康华, 倪洁, 等, 2015. 紫外-可见分光光度法测定木材防腐剂中有效成分含量[J]. 中南林业科技大学学报, 35(9): 133-138.

刘蕊杰, 2013. 湿地松热诱导变色中发色系统分析[D]. 北京: 北京林业大学.

KELLEY S S, ROWELL R M, DAVIS M, et al., 2004. Rapid analysis of the chemical composition of agricultural fibers using near infrared spectroscopy and pyrolysis molecular beam mass spectrometry[J]. Biomass and Bioenergy, 27(1): 77-88.

GENG A B, MENG L, HAN J Q, et al., 2018. Highly efficient visible-light photocatalyst based on cellulose derived carbon nanofiber/BiOBr composites[J]. Cellulose, 25(7): 4133-4144.

GAN L, GENG A, SONG C, et al., 2020. Simultaneous removal of rhodamine B and Cr(Ⅵ) from water using cellulose carbon nanofiber incorporated with bismuth oxybromide: The effect of cellulose pyrolysis temperature on photocatalytic performance[J]. Environmental Research, 185: 109414.

第6章 热性能分析

热性能是指与热或温度相关的性能。生物质复合材料在加热或冷却时会发生各种物理(如晶型转变、相态变化和吸附等)或化学变化(如脱水、分解、氧化、还原等),而发生这些变化的同时必然伴随有各种热效应及热现象的发生,例如,材料的导热系数、热扩散率、比热容、热膨胀系数等热物性参数的变化。以及各种力学性能的温度效应、玻璃化转变、黏流转变、熔融转变、热稳定性等的变化,因此热性能是生物质复合材料与热或温度相关的性能的总和,包括热物理或化学性能,是其重要性质之一。而热物性是物质在受热过程中表现出来的属性,一般都用宏观的方法研究与测量,热物性测定的一个共同特点是:人为地安排一个热过程,并对该热过程进行测量,所直接测量的物理量有温度、时间、长度、质量、电流、电压等,然后根据一关系式计算出热物性,因而属于间接测定。

表征生物质复合材料热性能的方法一般是通过各种热分析技术,而热分析技术根据1991年国际热分析协会(International Conference on Thermal Analysis,ICTA)的定义为"在程序温度和一定气氛下,测量试样的某种物理性质与温度或时间关系的一类技术"。常见的热分析方法共分为9类17种,9类主要是指9类不同的物理性质,即质量、温度、能量、尺寸、力学、声学、光学、电学、磁学。根据物理性质的不同,建立了相对应的17种热分析技术,见表6-1所列。

表6-1 9类17种热分析方法

种类	物理性质	分析技术名称	简称	种类	物理性质	分析技术名称	简称
1	质量	热重法	TGA	4	尺寸	热膨胀法	DIL
		等压质量变化测定		5	力学特性	热机械分析	TMA
		逸出气体检测	EGD			动态热机械分析	DMA
		逸出气体分析	EGA	6	声学特性	热发声法	
		放射热分析				热声学法	
		热微粒分析		7	光学特性	热光学法	
		加热曲线测定		8	电学特性	热电学法	
2	温度	差热分析	DTA	9	磁学特性	热磁学法	
3	能量(焓)	差示扫描量热法	DSC				

热分析的结果往往以热分析曲线的形式提供,通常坐标横轴表示温度或时间,自左向右表示增加;坐标纵轴表示用各种热分析手段所观测的物理量。不同的热分析仪器,所给出的热分析曲线的结果不同,本章首先对常用的热分析仪器进行简单介绍。

6.1 热分析仪器简介

热性能是生物质复合材料与热或温度相关的性能的总和,其测试表征手段多数是与温度相关的物理性质或化学变化,因此可以通过在加热过程中观察材料所发生的变化而得到相应的性能参数,这种分析技术即为热分析技术。可用于热分析的仪器有很多种,而不论哪种热分析仪器,一般都是指将样品放入加热炉中,检测温度发生样品变化时所发生的各种性能的变化。常用的热分析仪器主要是单一热分析仪,如热重分析仪、差示扫描量热仪等;另外,也有两种或两种以上仪器联用的,本节仅对部分常用仪器结构、测试原理及应用等做简单介绍。

6.1.1 单一热分析仪器

热分析仪器的种类有很多,其中最常用的是热重分析仪(TG)、差示扫描量热仪(DSC)、热机械分析仪(TMA)和动态热机械分析仪(DMA)等,在此重点介绍在生物质复合材料中应用较多的几种热分析仪器,见表6-2。

表6-2 常用单一热分析仪器

热分析仪		测试原理	曲线形式与提供信息	主要用途
热重分析仪(TGA)		在程序控温和一定气氛下,测量样品质量随温度或时间连续变化的关系	TG曲线:质量随温度或时间的变化曲线,曲线陡降(台阶)处为样品失重区,平台区为样品的热稳定区	热稳定性与氧化稳定性评定,对分解、吸附、解吸附、氧化、还原等物化过程进行分析
			DTG曲线:对TG曲线进行一次微分计算,得到热重微分曲线,曲线上的峰代替TG曲线上的台阶;峰面积与质量变化成正比	体现试样质量的即时变化速率,可用于反应动力学研究
差热分析仪(DTA)		样品与参比物处于同一控温环境中,记录温差随环境温度或时间的变化	温差随环境温度或时间的变化曲线,提供聚合物热转变温度及各种热效应[1]的信息	定性分析各种热力学和动力学参数,如熔化及结晶转变、氧化还原反应、裂解反应等
差式扫描量热仪(DSC)		样品与参比物处于同一控温环境中,记录两者的热流量差或功率差与温度或时间的关系	热量或其他变化率随温度或时间的变化曲线;提供一阶相变温度、熔化温度;结晶温度;玻璃化温度;各状态转变前后的热容差	定量测定多种热力学和动力学参数,如比热容、反应热、转变热、反应速度和高聚物结晶度等
热机械分析仪	静态热机械分析仪(TMA)[2]	样品在恒力作用下产生的形变随温度或时间的变化	样品形变值随温度或时间的变化曲线,体现热转变温度和力学状态,是膨胀行为和黏弹效应的加合	测定膨胀系数、体积变化、相转变温度、应力应变关系、重结晶效应等
	动态热机械分析仪(DMA)	样品在周期性变化外力作用下产生的形变随温度的变化	研究样品的储能模量、损耗模量和损耗因子等温度、时间与力的频率的函数关系;能把黏弹效应分解为黏性响应和弹性响应	可以定性、定量地表征材料的黏弹性能、阻尼特性、固化、胶化、玻璃化等转变
	热膨胀计(DIL)	在程序控温下,测量物质在可忽略负荷时尺寸与温度关系	可定量测试样品长度随温度的变化过程	材料的线性膨胀、烧结过程、玻璃化转变、软化点等特性

值得注意的是，表6-2中注(1)涉及试样所发生的热效应，大致可归纳为以下3个方面，具体如图6-1所示。

①发生吸热反应　结晶熔化、蒸发、升华、化学吸附、脱结晶水、二次相变(如高聚物的玻璃化转变)、气态还原等。

②发生放热反应　气体吸附、氧化降解、气态氧化(燃烧)、爆炸、再结晶等。

③发生放热或吸热反应　结晶形态转变、化学分解、氧化还原反应、固态反应等。

图6-1　生物质高分子材料的热效应示意

表6-2中注(2)虽然从书面上理解TMA为热机械分析法，在实际应用中为了与动态热机械分析法(简称DMA或DMTA)相区分，通常所指的TMA为静态热机械分析，也即在一些场合中所指的热机械分析为静态热机械分析，是对应于程序控制温度和一定的非振荡性荷载下(形变模式有压缩、针入、拉伸和弯曲等形式)，测量试样的形变与温度或时间关系的技术。此处所指的静态热机械分析与动态热机械分析是相对应的。

需要注意的是，热机械分析所包括的热膨胀法、热机械分析和动态热机械法3种技术都是在程序控制温度下测量物质的力学性质随温度(或时间)变化的关系，它们之间的差别在于测量的物理量和测量的方法不同。热膨胀法是测量试样在仅有自身重力条件而无其他外力作用时的膨胀或收缩引起的体积或长度的变化；热机械分析是在非交变负荷作用下测量试样形变的技术；动态热机械法是在交变负荷作用下测量试样的动态模量和力学阻尼(或称力学内耗)的方法，力学阻尼所给出的是当材料形变时以热形式损耗的能量大小，试样温度通常是以线性程序改变的。

不同的热分析方法具有不同的特点及适用对象，热性能分析的第一步是应根据实验需求来从十几种热分析技术中选择合适的实验方法，如当需要测量一种物质的熔融过程时，一般选择差热分析或差示扫描量热分析法，同时也可以通过热重分析法来从侧面进一步证实。同理，如果随着温度的变化，一种物质会发生固相-液相转变时，物质并没有发生分解，对于这种转变，一般会选择差示扫描量热法(DSC)或热膨胀法，从热量变化或体积变化的角度来研究这种相变，必要时还可通过热重曲线的质量百分比不发生变化来从侧面证明试样在实验温度范围内未发生热分解。

6.1.2　热分析联用仪器

绝大多数材料受热发生改变时，所发生变化的不只是一种性质变化，其他几种性质可能都会发生变化，利用单一的热分析技术有时难以对物质的受热行为进行明确的阐述，如热重法仅仅反映物质在升降温过程中的质量变化，而其他性质则无法判断有无变化。利用多种热分析技术手段，可以获得更多的热分析信息，可以更全面地对材料进行表征。较常用的热分析技术与常规技术的联用法主要有热重-差示扫描量热法(TG-DSC)，热重/红外光谱(TG/FTIR)，热重/质谱(TG/MS)，热重-裂解-气质联用(TGA-Py-GC/MS)法等。通过结合多种表征技术的优势，可以获得样品在相转变以及反应过程中的形貌结构、组成成分、热性能、机械性能等多种信息，帮助研究者从多个角度、更深层次地理解样品在热转变过程中的内在机理。

总之，当复合材料受热发生性能变化时，通常可以选择不止一种热分析方法来研究这些变化，因此如何选择一种合适的方法来更为真实、有效、全面地反映这些变化显得尤为重要。如当一种复合材料随着温度的升高，发生分解时，将伴随着质量、热量、体积、折射率等性质的变化，理论上可以选择与此对应的热重法、差热法、差示扫描量热法、热膨胀法等，但事实是，如果一个样品发生了大量的分解，一些未知的分解产物可能会对 DSC 或 DIL 仪器的检测器或支架等造成不同程度的损害。因此，在研究物质的热分解过程时，应尽可能地选择热重法、差热分析和与热重技术同时联用的差示扫描量热法等。

6.2 热分析曲线和影响因素

热分析方法作为一种强有力的热性能分析手段，可以用来研究生物质复合材料在一定气氛下随温度和时间的改变而发生某种性能变化的连续过程，其优势是快速、方便、灵敏度高、所需样品量少、可以连续地记录变化的全过程等。但也应注意到，热分析的实验结果受到许多因素的影响，不同实验仪器及实验条件下得到的曲线的形状和特征变化的位置不同，如果忽视这些影响因素，将很难对热分析实验结果进行完美的解释，有时甚至会得到错误的实验结论。

6.2.1 热分析曲线

在程序控制温度下，用热分析仪器扫描出的物理量与温度或时间关系的曲线称为热分析曲线。通常不应被称为热谱或热谱曲线。在实验条件发生变化时。所得到的热分析曲线的形状或位置会发生变化，对应的热分析曲线上所出现的是"峰"或"台阶"，所以应首先考虑曲线中这些变化所对应的科学意义，即所研究的物质随温度或时间变化所发生的物理或化学变化的基本规律、所选用的热分析方法的特点、所得到的热分析曲线所能提供的信息等。而在对热分析曲线进行解析时，应密切结合实验时所用的样品的结构、成分、制备方法或处理条件等信息，并根据所使用的热分析方法自身的特点和实验条件等，对曲线进行科学、规范、合理的解析。为此，世界上很多国家均制定了相关的标准，从规范其术语开始，对热分析的解析加以规范。例如，中国国家标准《热分析术语》(GB/T 6425—2008)中明确规定了热分析的定义及与实验方法相关的术语等。

需要注意的是热分析曲线在分析过程中经常采用微商处理法，所得的曲线称为微商热分析曲线，是由热分析曲线对时间或温度进行一阶微商处理得到的曲线。如微商热重法(derivative thermogravimetry, DTG)或称导数热重法，是对 TG 曲线进行一次微商(一阶导数)从而得到 dm/dt-T 曲线的一种方法，它表示质量随时间的变化速率(失重速率)与温度(或时间)的函数关系。一般对于一些连续变化的曲线而言，在确定其特征参数(如温度、时间、应变等)时，采用微商处理更方便，可以方便地确定试样发生转变过程中的特征温度，该温度一般对应于在转变过程中形状变化最快的阶段。如在热重分析中，当试样发生分解时，微商曲线的峰值代表分解的最大速率。另外，通过微商处理可以得到与速率有关的动力学方面的信息。

6.2.2 影响因素

热分析曲线的影响因素基本可分3类：一是仪器因素，包括加热炉的几何形状、坩埚的材料、试样支持器的形状、热电偶的位置、仪器结构等。二是样品因素，包括样品的质量、粒度、装样的紧密程度、样品的导热性等。三是实验条件，如升温速率、等温、升/降温的范围、保温时间、试样容器、实验气氛的种类与流速、其他如力的加载方式、光源等。与仪器因素相比，实验条件对热分析实验结果的影响程度最大也是最复杂的。在此仅做简单介绍，详细内容可针对具体的实验仪器，参考相关的仪器手册或热分析手册。

仪器因素主要是热分析仪器自身的结构形式等差异对实验结果的直接影响主要体现在基线的位置、形状和漂移程度的变化。试样支持器的形状、热电偶的位置、气氛流速、仪器结构等因素均会引起基线的变化等。一般来说，由仪器本身对实验曲线的影响可以通过空白基线校正和扣除空白基线等方式来减弱其对实验结果的影响。例如，在热重实验中，随着炉内温度的升高，试样周围气体的密度会发生变化，从而会引起气体的浮力发生变化。另外，当试样周围的气体受到加热后，由于密度变小而形成向上的热气流，从而导致表观的质量变化。此外，实验时使用的流动的实验气氛的流动方式也会引起浮力和对流的变化等。

样品因素包括样品的质量、粒度、装样的紧密程度、样品的导热性等。由于热分析仪器的种类、结构形式、实验条件等因素的差异，导致不同的热分析仪器（有时也包括不同的实验条件）对试样量或试样形状的要求差别较大。通常试样量增加，样品内温度梯度也大，对于受热产生气体的样品，样品量越大，气体越不易扩散，峰面积增加，并使基线偏离零线的程度增大。有时样品质量太大会导致热滞后效应加剧，响应周期延长，测量的有效频率和振幅范围减小等；样品量越大，这种影响越大。试样量小，曲线分辨率高，基线漂移也小。但是若试样用量过少，会使本来很小的峰不能检测出来。试样量一般以盖满坩埚底部即可，具体质量与密度有关。对于膨胀型的材料应适量减少试样量。试样粒度、形状和装填密度等对不同的热分析曲线的影响比较复杂。对于大多数情况而言，试样的粒径不同会引起气体产物扩散的变化，导致气体的逸出速率发生变化，从而引起曲线的形状发生变化。一般情况下，试样粒度大往往得不到较好的 TG 曲线，试样的粒径越小，反应速率越快，反映在曲线上的起始分解温度和终止分解温度也降低。同时反应区间变窄，而且分解反应进行得也越彻底。但粒度也不能太小，否则开始分解的温度和分解完毕的温度都会降低。

对于 DIL 实验，在需要准确测定膨胀系数时，所需的试样尺寸应与标准样品的尺寸接近。一般长度为 25 mm，直径为 2~3 mm。试样的具体尺寸取决于所使用的仪器；TMA 实验所需的试样尺寸取决于所采用的实验模式、温度程序和仪器探头的尺寸。当进行 DMA 实验时，实验时所需的试样尺寸取决于实验模式、温度程序和夹具的尺寸。在进行 TMA、DMA 实验时，试样的长度、宽度和厚度的测量要尽可能准确。测量时应进行多次测量，测量较软的样品时不宜用力过大。如高模量(>50 GPa)的材料应该用长而薄的试样，以保证挠度的精确测量。低模量(<100 MPa)的材料应该用短而厚的试样，以保证作用力的测量具有足够的精度。DMA 实验时，对于双悬梁夹具，要求试样的跨(自由长度)/厚比>16，跨/宽比>6；对于三点弯曲夹具，要求试样的跨/厚比>8，跨/宽比>3 等。

对于 TGA、DTA、TG-DTA、TG-DSC 和独立的 DSC 实验而言，对试样的状态没有严格的要求，液态、块状、粉状、晶态、非晶态等形式均可以进行实验，而且实验前可以不进行专门的处理，直接进行测试。而对于比较潮湿的样品或含水率会对结果产生影响的情况下，一般在实验前进行冷冻干燥处理，以避免因溶剂或吸潮而引起曲线变形。对于这类实验的样品用量一般为 20 mg 以内。近年来发展起来的闪速示差扫描量热法(fast-scan chip-calorimetry，FSC)将 DSC 技术的研究范围拓展到了微纳米高分子材料体系，可在纳米尺度上考察分子链的运动过程。它是基于芯片量热技术和微制造技术而发明的超快速示差扫描量热技术，是采用氮化硅芯片传感器替代传统 DSC 的坩埚，将样品质量由原来的毫克级别减小到了纳克级别，有效避免了样品内部的热滞后，并能通过芯片传感器进行温度的控制和热量的补偿，实现了快速的升降温扫描，拓展了材料表征的时间和空间灵敏度，增强了其表征和研究各种热转变动力学的能力，促进了对高分子亚稳态结构相转变动力学行为的研究。

另外，在研究材料的热分解过程时，试样本身的反应热(潜热)、导热能力、比热容都会对曲线产生影响。一般来说，试样本身在实验过程中出现的较大的吸热或放热过程会引起试样的温度低于或高于程序温度，从而引起热分析曲线的异常变形，消除这种现象的有效办法是减少试样的使用量和尽可能使用较浅的实验容器。再如，有些试样如聚合物和液晶的热历史对 DSC 曲线也有较大影响。而在进行热机械分析实验时，试样本身在加工时如果存在结构不均匀或存在气泡、裂痕等缺陷时，也会对实验曲线带来较大的负面影响，最终会导致曲线出现"失真"的现象。此外，在较高温度下由于试样分解或挥发产生的气体产物在仪器加热炉或检测器的低温区域会出现冷凝现象。这些冷凝物的存在会对后续的实验造成影响，同时也会腐蚀仪器的相关部件。因此，定期对仪器的关键部位进行清洁是十分必要的。

总之，影响热分析曲线的因素很多，不同的因素对于不同实验的影响程度也不尽相同。因此，在进行热性能分析时，首先选择合适的热分析方法；其次是要考虑所用试样的来源、状态(粉末、薄膜、颗粒、块体或液态)、用量与前处理方式；再次是确定实验条件，实验条件包括温度变化方式(加热速率、等温、升/降温的范围、保温时间)、试样容器、实验气氛的种类与流速、其他如力的加载方式、光源等。根据国际热分析与量热协会(ICTAC)的意见，在进行热分析时必须对实验条件加以严格控制，并要仔细研究实验条件对所测数据的影响，在发表热分析数据时必须同时明确测定时所采用的实验条件。

6.3 生物质复合材料的热性能及测试方法举例

生物质复合材料的热性能包括热物理性能和热化学性能，如热导率、热容量(比热容)、热膨胀性等热物性参数以及各种力学性能的温度效应、玻璃化转变、黏流转变、熔融转变、耐热性、热稳定性和燃烧性能等，每一性能的表征方法又有多种，且各自都有其独特性，如热重法的最主要特点是定量性强，它能准确测量物质的质量变化及变化的速率。根据这一特点，只要物质受热时发生质量变化，都可以用热重法来研究其变化过程。对于在实验过程中样品未发生明显的质量变化的过程，如熔融、结晶和玻璃化转变之类的热行为，虽然通过热重法得不到明显的质量变化信息，但可以作为间接的数据来证明物质在实验过程中没有发生质量变化，因此热重法广泛应用于生物质复合材料领域中热稳定性、吸附与解吸、成分的定量分析、水分与挥发物、分解过程、氧化与还原、添加剂与填充剂影响以及反应动力学的研究开发、工艺优化与质量监控等。

6.3.1 热容量

热容量又称热容(heat capacity)，是材料受热(或冷却)时吸收(或放出)热量的性质。一般是指在没有相变或化学反应的条件下，材料温度每升高1℃时所吸收或放出的热量 Q，单位为 J/℃。一般而言，质量不同，热容量就不相同。热容量 C 的大小可按式(6-1)计算：

$$C = \frac{Q}{m(T_2 - T_1)} \tag{6-1}$$

式中　Q——材料吸收或放出的热量，J；

　　　C——材料的比热容，J/(g·k)；

　　　m——材料的质量，g；

　　　$T_2 - T_1$——材料受热或冷却前后的温差，K。

上述公式应用于保温材料时，热容量大的生物质复合材料，对于保持室内温度稳定性有良好作用。如冬季房屋内采暖后，热容量大的材料，本身吸入储存较多的热量，当短期停止供暖后，它会放出吸入的热量，使室内温度变化不致太快。

6.3.1.1 比热容

比热容简称比热(specific heat capacity)，是单位质量材料的热容量[J/(g·K)]，而 1 mol 材料的热容称为摩尔热容[J/(mol·K)]。比热容的含义其实是指质量为 1 g 的材料，当温度升高(或降低)1 K 时，所吸收或释放的热量，也可以表述为物质分子或原子热运动的能量 Q 随温度 T 的变化率，因此，比热容是材料内部分子运动能力的衡量尺度，它体现了物体吸收或放出热量的能力。

生物质复合材料的比热不是恒定不变的，它随生物质的种类、水分、灰分等含量的变化而变化。影响比热容的因素主要取决于化学组成，如矿物成分和有机质的含量，一般无机材料的比热小于有机材料的比热。

6.3.1.2 比热容的测试

常见的比热容的测量方法有混合法、保护绝热法、差示扫描量热法(DSC)、比较热量计法和绝热式量热计法等。其中比较方便的是采用 DSC 法测定，其测定又分为直接法和间接法(比例法)2 种。直接法就是在 DSC 曲线上，直接读取纵坐标 dH/dt 数值和升温速率 β，二者的比值即为热容量，除以质量，即为比热容。直接法简单，但往往误差较大。间接法也称比较法，就是在相同条件下测量标准物质(通常为蓝宝石)和样品的比热，通过标准样品和样品的比例关系计算样品的比热，该法比较常用。

【例 6-1】 DSC 法测定样品的比热容举例

在 DSC 中保持升温速度不变时，DSC 谱图中基线的偏移量只与试样和参比物的热容差有关，因此可用基线偏移量来测定样品的比热容。测试时一般采用三段法(也称三线比较法)测量，即以相同的扫描速率进行 3 次实验：①样品盘和参比盘上分别摆放一个空坩埚，进行空白实验，得到空白信号 $\varphi_{empty}(T)$。②将标准物质(如蓝宝石)放入试样盘的空坩埚中，参比盘保持原先空坩埚，测量得到参比信号 $\varphi_{sapphire}(T)$。③将样品放入试样盘的空坩埚中，参比盘保持原先空坩埚，测量得到样品信号 $\varphi_{sample}(T)$。

以 10 ℃/min 常规升温速率，升温范围为 70~220 ℃，样品在氮气气氛的环境下进行试验。试验步骤如下：①精密天平称取样品 10.0 mg；②将金属铝样品盘压制好，手动将参比盘和样品盘一同放入测试平台，开始试验，待试验完毕后，将数据格式转换并保存。试验得到的数据通过 DSC 仪器的分析软件绘制 DSC 图，从图中得到峰值图，读出其相变温度和相变焓值。采用三段法测量样品比热容的热流曲线如图 6-2 所示，由式(6-2)蓝宝石的比热容 $c_{m,sapphire}$、样品和蓝宝石的质量 m 可求出样品的比热容：

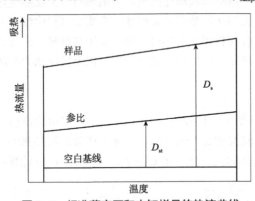

图 6-2 标准蓝宝石和未知样品的热流曲线

注：图中 D_s(mW)是给定温度下基线与试样 DSC 热曲线之间的垂直位移，D_{st}(mW)是给定温度下基线与蓝宝石 DSC 热曲线之间的垂直位移。

$$c_{m,sample}(T) = c_{m,sapphire}(T) \cdot \frac{m_{sapphire}}{m_{sample}} \cdot \frac{\varphi_{sample}(T) - \varphi_{empty}(T)}{\varphi_{sapphire}(T) - \varphi_{empty}(T)} = c_{m,sapphire}(T) \cdot \frac{m_{sapphire}}{m_{sample}} \cdot \frac{D_s(T)}{D_{st}(T)}$$

(6-2)

6.3.2 热转变

生物质复合材料在受热以后会发生热运动进而发生各种转变，而表征高分子热运动情况的参数有：热力学状态曲线，玻璃化转变温度 T_g，流动温度 T_f，熔融温度 T_m 及熔融热焓（ΔH_m），高聚物的蠕变、应力松弛及内耗等。DMA 可以考察生物质复合材料的黏弹性能、蠕变与应力松弛现象、软化温度、二级相变、固化过程等，相关内容将在第 8 章力学性能中详细介绍，本部分重点阐述玻璃化转变温度与转变焓的测定方法。

6.3.2.1 热转变温度

比较典型的热转变温度是玻璃化转变温度 T_g，它是无定型或半结晶的聚合物材料中的无定型区域在降温(升温)过程中从橡胶态(玻璃态)向玻璃态(橡胶态)转变的一种可逆变化，是衡量高聚物链段运动的特征温度之一。对于生物质材料，玻璃化转变主要发生于非晶区中，并对力学性能有很大影响。以 T_g 为界，高分子聚合物呈现不同的物理性质：在温度低于 T_g 时，高分子材料具有大多数塑料的典型特性；在玻璃化温度以上，高分子材料则表现出橡胶类的高弹性。T_g 和聚合物链段的柔性有很大的关系，一般链段越柔顺，T_g 越低；链段刚性越大，T_g 越高。从工程应用角度而言，T_g 是工程塑料使用温度的上限；而对于橡胶或弹性体材料，T_g 是其工作的最低温度，也是其耐寒性的重要指标。研究玻璃化转变温度可以得到有关样品的热历史、稳定性、化学反应程度等重要信息。如当温度达到 T_g 时，材料的热容增大就需要吸收更多的热量，使基线发生位移。假如材料是能够结晶的，并且处于过冷的非晶状态，那么在 T_g 以上可以进行结晶，同时放出大量的结晶热而产生一个放热峰。进一步升温，结晶熔融吸热，出现吸热峰。再进一步升温，材料可能发生氧化、交联反应而放热，出现放热峰；最后试样则发生分解，吸热，出现吸热峰。

6.3.2.2 转变焓

转变焓(enthalpy，常用 H 表示)与内能一样，是一个状态函数，其含义是内能与压强和体积乘积之和，具有与能量相同的量纲。转变焓一般包括熔融焓、结晶焓、反应焓等，是一定物质按定压可逆过程从一种状态变为另一种状态，焓的增量即为在此过程中吸入的热量，可以通过对 DSC 热流曲线峰面积进行积分得到。当转变峰曲线左右两边的基线水平时，可通过直接连接转变前后的基线进行面积积分。当聚合物的熔程较宽或者基线发生较大偏移时，简单的基线法无法较为准确地计算转变焓。此时，可根据相转变过程中吸收的熔融热的多少来确定基线的位置，也可简单地根据峰顶的位置将熔融峰分成左右两部分，两边使用各自的基线来加和计算。更多的定量计算可通过计算机程序或者去卷积计算得到。

6.3.2.3 玻璃化转变温度和转变焓的测试举例

由于生物质复合材料在发生玻璃化转变时，很多性质如力学性质(模量、力学损耗)、热力学性质(比热容、热膨胀系数、焓等)、电磁性质(介电性、导电性、内耗峰)、光学性质(折光指数)等均会发生突变，因此测定玻璃化转变温度 T_g 的方法有很多，如常见的 DSC、DTA、TMA 和 DMA 等，其他还有核磁共振法(NMR)、顺磁共振法(ESR)、热膨胀法(TDA)等。其中 DSC 法是最常用的传统测量方法，通过测量试样和参比物的功率差(热流率)与温度的关系，进而得到材料的玻璃化转变温度；DMA 法是最灵敏的方法，测量对试样施加恒振幅的正弦交变应力，观察应变随温度或者时间的变化规律，从而计算力学参数用来表征弹性体的方法；TMA 法则是利用敏感性好的探针测量材料的膨胀系数，根据这种变化测量材料玻璃化转变温度。

需要注意的是玻璃化转变温度是一个转变温区，而不是对应的一个固定值，因此用不同的方法测试，结果会不同。而且 T_g 与升、降温速率、杂质、样品尺寸等也有关。因此，测试结果应该标注测量时的升降温速率。如 DSC 测试时，玻璃化转变是材料无定型相分子运动能力的阶跃式变化，因此也会引起比热的阶跃式变化，即比热容的变化反映了样品中无定型结构的比例。

由试样 DTA 或 DSC 曲线的熔融吸热峰和结晶放热峰可确定各自的转变温度，一般为消除热历史的影响，并考虑到在升温、降温过程过热、过冷和再结晶等的作用实验可按如下规程进行：测定前将试样在温度 23 ℃±2 ℃、相对湿度 50%±5% 放置 24 h 以上，进行状态调节。称取有代表性的试样 10 mg（准确到 0.1 mg），若试样含有大量填充剂时，则试样量应为 5~10 mg。将经状态调节后的试样放入 DSC 或 DTA 装置的容器中，升温至比熔融峰终止时温度高约 30 ℃ 的温度使样品熔融，在该温度下保持 10 min 后，以 5 ℃/min 或 10 ℃/min 的降温速率冷却到比初始转变峰至少低约 50 ℃ 的温度。如测熔融温度时，首先要在比熔融温度低约 100 ℃ 的温度使装置保持到稳定后，以 10 ℃/min 的升温速率加热到比熔融终止时的温度高约 30 ℃，记录 DTA 或 DSC 曲线；而测结晶温度时，一般是加热到比熔融峰终止时温度高约 30 ℃ 的温度，在该温度保持 10 min 后，以 5 ℃/min 或 10 ℃/min 的降温速率冷却到比结晶峰终止时温度低约 50 ℃ 的温度，记录 DTA 或 DSC 曲线；另外，当结晶缓慢持续进行，结晶峰低温侧的基线难于决定时，可结束实验。通过二次加热扫描，测定样品的冷结晶温度 T_c、玻璃化转变温度 T_g、熔化温度 T_m、冷结晶放热焓 ΔH_c 和熔化焓 ΔH_m。同时，结晶度 X_c 可按式（6-3）进行估算：

$$X_c = \frac{\Delta H_m - \Delta H_c}{\Delta H_m^0} \times \frac{100}{w} \tag{6-3}$$

式中 ΔH_m^0——100% 结晶时的熔化焓。

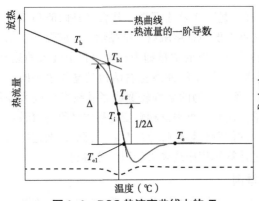

图 6-3 DSC 热流率曲线上的 T_g

玻璃化转变时，虽然没有吸热和放热现象，但其比热容发生突变，因此在 DSC 曲线上表现为基线向吸热方向偏移，产生一个台阶。T_g 通常取 DSC 曲线发生玻璃化转变台阶上下范围的中点，图 6-3 是 ASTM 方法测量聚合物玻璃化转变温度的热流曲线图，在台阶的拐点处做一条切线，由这条切线与基线的交点可得到外推起始温度和外推终止温度，这两点的中点即为玻璃化转变温度 T_g。一般在玻璃化转变区域包括一些特征温度，如玻璃化转变的起始温度 T_b，外推起始温度 T_{b1}，中点温度 T_g、变形温度 T_i、外推的终点温度 T_{e1} 和返回基线温度 T_e。玻璃化转变由热曲线上的点 T_g(℃) 决定，这点对应于外推起始点与外推终点之间的热流差的一半。

玻璃化转变常常与焓松弛、冷结晶等热效应重叠，因为玻璃化转变是一个动态变化过程，其热容变化具有频率依赖性。近年来发展的温度调制示差扫描量热法（TMDSC）可以有效地区分玻璃化转变和其他热效应，从而准确测量玻璃化转变温度。TMDSC 能在 2 个时间尺度上测量玻璃化转变，包括较快的调制频率和较慢的平均升降温速率。其中，调制热流信号测得的玻璃化转变温度与其热历史（最大升降温速率、退火温度等）无关，而只与调制频率有关，因此，TMDSC 可以准确测量玻璃化转变过程中的热容变化的频率依赖性。在测试过程中,保持最大降温速率不变,改变调制频率,得到不同调制频率下的玻璃化转变温度,由此还可计算出样品在玻璃化转变区域的活化能。

(1)DSC 法测定生物质相变储能材料的相转变温度与储热焓

相变储能材料是一种新型储热材料,能够通过自身相态的转变,在相变温度范围内进行热能的储存与释放,调节能源供需的问题。为实现生物质复合材料对环境温度的响应和热能的高效存储与转化,顺应生物质复合材料的功能化发展趋势,将相变储热功能引入生物质复合材料,使生物质复合材料具有储热功能,将对建筑节能产生积极效应。有研究者采用界面聚合法设计了以聚氨酯为壁材、聚乙二醇 PEG 800 与 PEG 1000 共混的复合芯为芯材的二元微胶囊型相变储热材料,制备微胶囊型木塑复合材料,其中的杨木粉、HDPE 按 1∶2 进行配比;相变储热材料按杨木粉与 HDPE 质量总和的 10%、20%、30%、40%的添加量添加,标记分别为 WPC-M1、WPC-M2、WPC-M3、WPC-M4。将混合料在 150 ℃下用精密开炼机进行混炼后得到物料,经切割、冷却、干燥后得到 4 组不同微胶囊型相变储热材料添加量的木塑复合材料样品。利用差示扫描量热法(DSC)测试该组微胶囊型相变储热木塑复合材料的储热性能,测试时取待测样品 5 mg 置于坩埚中,氮气氛围为 50 mL/min,升降温区间为 −10~60 ℃,升降温速率为 5 ℃/min。

从表 6-3 微胶囊型相变储热木塑复合材料的 DSC 数据可以看出,木塑复合材料本身具有一定的储热值。随着相变储热材料添加比例的增大,木塑复合材料的储热值随之增大。当添加量为 40%的 WPC-M4 样品在凝固-熔化循环过程中的储热值为 127.14 J/g 和 121.37 J/g,储热值较高。同时,二元储热模式的影响下,在结晶和熔融过程中微胶囊型相变储热材料的相变温度区间宽度分别为 22.37 ℃和 20.64 ℃,有利于在室内温度范围中发挥储热功能。

表 6-3 微胶囊型相变储热木塑复合材料的 DSC 数据

样品名	结晶过程			熔化过程		
	相变范围(℃)	峰值温度(℃)	储热(J/g)	相变范围(℃)	峰值温度(℃)	储热(J/g)
空白组	0	0	79.20	—	—	79.19
WPC-M1	12.08~26.45	20.27	88.65	27.08~38.83	33.80	88.47
WPC-M2	10.47~25.65	20.42	98.91	29.36~39.47	34.38	99.13
WPC-M3	7.90~29.81	22.70	117.76	25.03~44.17	34.96	114.16
WPC-M4	7.51~29.88	22.92	127.14	21.73~42.37	34.94	121.37

(2)TG-DSC 联用测定异氰酸酯增强聚乳酸/木粉复合材料的热转变温度和反应焓

研究者以阿拉伯树胶/明胶为囊壁,以多亚甲基多苯基二异氰酸酯(PAPI)为囊芯,采用复凝聚法制备的异氰酸酯微囊(IM),加入聚乳酸/木粉(PLA/WF)复合材料中,利用 TG-DSC 对其热性能进行了研究,如图 6-4 所示,相关热参数见表 6-4。

聚乳酸(PLA)的 T_g 为 60.9 ℃,而木粉(WF)在 PLA 基体中作为增塑剂,使 PLA/WF 的玻璃化转变温度 T_g 略有降低。复合材料的 T_g、T_c 和 T_m 温度略有升高,而 ΔH_c、ΔH_m 和 X_c 则有所降低。

从图 6-4(b)不同异氰酸酯微胶囊(IM)含量的 PLA/WF 复合材料的热性能结果可以看出,

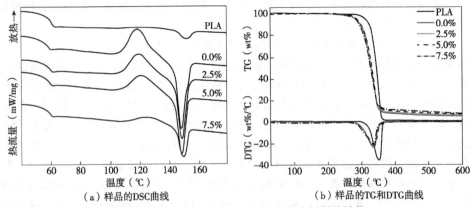

(a) 样品的DSC曲线　　(b) 样品的TG和DTG曲线

图 6-4　不同 IM 含量的 PLA/WF 复合材料热性能

表 6-4　DSC 曲线中得到的聚乳酸及不同 IM 含量的聚乳酸/WF 复合材料的热性能

试样名	T_g(℃)	T_c(℃)	T_m(℃)	ΔH_c(J/g)	ΔH_m(J/g)	X_c(%)
PLA	60.9	121.1	151.5	1.2	6.7	5.84
0.0%	58.1	118.3	148.1	20.8	22.7	2.56
2.5%	58.2	119.3	148.1	18.4	19.6	1.58
5.0%	59.5	121.5	148.4	17.9	18.7	1.10
7.5%	59.8	123.7	149.6	8.4	8.5	0.17

纯 PLA 的最大热降解温度约为 356 ℃，而 PLA/WF 复合材料的最大热降解温度则向更低的温度移动，约为 335 ℃。与纯聚乳酸相比，由于 WF 的热稳定性较差以及聚乳酸在热加工过程中的一些降解，使得聚乳酸/WF 复合材料的热稳定性降低。而不同 IM 含量的复合材料的热重曲线基本一致。说明聚乳酸/WF 中的 IM 用量对复合材料的热降解性能影响不大。红外分析表明，IM 的加入能在复合材料中形成氨基甲酸酯键，而氨基甲酸酯的热稳定性较差。因此，随着 IM 用量的增加，PLA/WF 复合材料的最大热降解温度略有降低，残炭量逐渐增加，主要是由于制备过程中，通过挤压 IM 释放异氰酸酯，并与木粉中的羟基反应，提高了分子链之间的交联程度，如图 6-5 所示，限制了分子链的迁移，从而提高了复合材料的 T_g 和 T_c。T_m 的增加则可能与刚性结构 PAPI 的加入和交联度的增加有关。同时，交联结构会减缓或限制分子链的取向过程，导致 T_c 和 X_c 的降低。此外，T_m 也是聚合物可以使用的最高温度，甚至是结构材料耐热性的最重要指标。T_m 随 IM 含量的增加而增加，说明 IM 可以提高复合材料的耐温性。

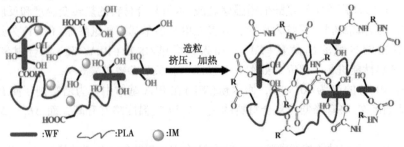

图 6-5　IM 增强可生物降解 PLA/WF 复合材料示意

（3）DSC法测定腰果酚基环氧树脂的固化反应焓

生物质复合材料中的树脂在交联和固化过程中经历了复杂的物理化学反应和复杂的化学反应动力学过程，常用DSC法研究树脂的固化过程机理、揭示固化反应动力学机制，从而控制固化反应过程、优化固化工艺参数等，该方向一直是生物质复合材料研究的重要内容。

有学者采用DSC，以N_2为保护气氛，升温速率为10℃/min时，对腰果酚基环氧树脂/离子液（DGEBA/IL）反应体系的反应焓峰进行了表征。不同离子液固化的腰果酚基环氧树脂体系（DGEBA或CA）的DSC曲线如图6-6所示，固化放热反应焓和放热峰值温度见表6-5。

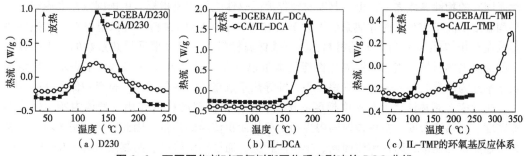

图6-6　不同固化剂对环氧树脂固化反应影响的DSC曲线

表6-5　不同环氧树脂的固化放热峰值温度和反应焓

样品	第一峰顶温度（℃）	反应焓（J/g）
DGEBA/D230	141	447.7
CA/D230	140	211.4
DGEBA/ILDCA-10	194	370.6
CA/IL-DCA-10	210	108.1
DGEBA/ILTMP-10	140	251.9

由图6-6和表6-5可以看出，采用不同物质作固化剂时，环氧树脂的起始温度、峰顶温度和终止温度均有所不同，用ILs或胺固化的腰果酚DGEBA基环氧体系，与DGEBA/D230体系及DGEBA/ILTMP-10一样，固化放热峰均出现在140℃。表明通过改变2种与双氰胺和磷酸酯反阴离子结合的磷离子液体的结构，作为环氧体系的固化组分，则固化剂或引发剂与腰果酚基环氧预聚物（CA）之间存在固化反应，腰果酚基环氧预聚物可部分或完全替代DGEBA在环氧/IL网络中。

6.3.3　热传导性

热传导（thermal conduction）是由于大量分子、原子或电子的互相撞击，使能量从物体温度较高部分传至温度较低部分的过程。材料传导热量的性质称为导热性，以热导率λ表示。热传导是生物质复合材料中热传递的主要方式，各种生物质材料都能够传热，但是不同材料的热传导性能不同。近年来生物质复合材料在节能建筑材料中的研究与应用越来越多，除了需要有足够的力学强度外，还需要具有优异的隔热性能，良好的隔热效果可以有效降低建筑物制冷和供暖的能耗。目前，建筑物中通常用双层玻璃来降低导热系数以节省能源。但这种方法不仅会大大增加成本，还会增加重量。因此，开发低成本和可持续建筑节能生物质复合材料成为热点研究。一般认为，防止室内热量的散失称为保温；防止外部热量的进入称为隔热。木材本身作为一种各向异性材料，木质部的导热机制随纤维生长方向的不同而不同，因此可以将不同的导热材料浸渍于木材中或涂布于透明木材表面得到导热型透明木材，使木材作为储能和导热材料应用于建筑材料。近年来研究较多的是采用聚甲基丙烯酸甲酯（PMMA）、环氧树脂、聚丙烯酰胺（PAM）或聚乙烯醇（PVA）等聚合物浸渍脱木质素木材制备具有高强度、高韧性、隔热性和优异的光透过率等特点的透明木材。与其他透明建筑材料（如玻璃）相比，透明木材具有较低的热导率且可减少光的散射，可降低室内外热交换程度，进而可降低空调的工作负荷而实现节能的目的。

6.3.3.1 导热系数

导热系数又称热导率（thermal conductivity），是表征材料导热能力大小的物性参数，是物质固有的物性参数之一，也是判断材料保温隔热性能的重要指标。中国国家标准规定，凡平均温度不高于350 ℃时导热系数不大于 0.12 W/(m·K)的材料称为保温材料，而把导热系数在 0.05 W/(m·K)以下的材料称为高效保温材料。一般可根据导热系数的大小选取相应的保温隔热材料。当然保温隔热性能的衡量也可以用热阻 R(m·℃/W)来表示，热阻与热导率互为倒数关系。一般热导率越小，即导热系数越小，热阻越大，材料的保温性越好。

热导率 λ 是热流密度与温度梯度的比值，即在单位温度梯度作用下物体内所产生的热流密度。而热流密度是指单位时间内界面上单位面积传递的热量。因此，热导率实际上是材料传输热量的速率，即在单位时间、单位面积上，通过单位厚度、两侧温差为 1 K（或℃）时所传导的热量，可用式(6-4)表示：

$$\lambda = \frac{Q\delta}{At(T_2-T_1)} \tag{6-4}$$

式中　λ——热导率，W/(m·K)；

Q——传导的热量，J；

A——热传导面积，m^2；

δ——材料厚度，m；

t——热传导时间，s；

T_2-T_1——材料两侧温差，K。

复合材料中容易传热的物体是热的良导体，不容易传热的物体是热的不良导体，如金属的导热系数 10~400 W/(m·K)，是热的良导体；而木材纵向的导热系数为 0.38 W/(m·K)，横向的导热系数为 0.14~0.17 W/(m·K)，是热的不良导体；纤维增强复合材料保温板的主要原料一般为阻燃发泡材料、黏结剂及各种改性剂等，导热系数为 0.063~0.07 W/(m·K)，而 $\lambda \leq 0.175$ W/(m·K) 的材料称为绝热材料。因此，总体而言，生物质复合材料一般为多孔材料，是不良导体。热量在生物质复合材料中的传递是热量在构成生物质细胞的固体、液体及气体中传递的共同结果，因此通常将诸如木材一类的多孔材料的导热系数定义为有效导热系数或表观导热系数。

导热系数不仅是评价材料热学特性的依据，而且是材料在应用时的一个设计依据，在加热器、散热器、传热管道设计、房屋设计等工程实践中都会涉及。

6.3.3.2 导热系数的测定

常用的导热系数测试方法主要有激光闪射法、热线法、保护热流计法、保护热板法和热流计法等。固体材料导热系数的测量通常分为接触式和非接触式，常见的接触式如激光闪射法，可有效测量厚度为毫米级的薄片状材料，而厚度为纳米级时对加热激光的脉冲宽度以及测试系统设计则要求较高；常见的非接触式如光声法，该方法不用接触样品本身，可操作性强,但是测试系统设计复杂。保护热板法测量时需要精密保护装置,而且测量时间大于3~6 s时,受自然对流和辐射的影响很大;而激光闪射法属于导热测试"瞬态法"的一种,能直接获得材料的热扩散系数,结合材料的比热容和表观密度,可以间接地从式(6-5)获得材料的导热系数:

$$\lambda = \alpha \rho c \tag{6-5}$$

式中 λ——导热系数,W/(m·K);
α——材料热扩散系数;
ρ——材料的密度,g/cm³;
c——材料的比热容,J/(g·K)。

激光闪射导热测试方法所要求的样品尺寸小,测量时间短,重复性好,温度跨度大,能够测量包括较低导热系数的聚合物到超高导热的金刚石在内的各类材料。因此,在现代导热测试领域,这一测量方法正扮演着越来越重要的角色。

(1)保护热板法测定透明纤维木材的隔热特性

研究者使用预聚合的甲基丙烯酸甲酯分别浸渍脱木质素的木材和疏解的纤维,分别标记为传统透明木材和透明纤维木材,通过导热系数测定仪对样品进行测量后,热导率 λ 由式(6-6)计算:

$$\lambda = \frac{Q_U + Q_L}{2} \cdot \frac{D}{\Delta T} \tag{6-6}$$

式中 Q_U——上热通量传感器的读数;
Q_L——下热通量传感器的读数;
D——试样厚度;
ΔT——试样表面温度差。

测得的天然木材、常规透明木材、透明纤维木材和玻璃的热导率如图6-7所示,可以看出透明纤维木材的导热率明显低于无机玻璃,略高于天然木材和常规透明木材。这可能是因为木材导管上声子的高电阻和多个界面的声子散射引起的。由于天然木材和常规透明木材均是各向异性材料,热流方向通常是沿着木材导管的径向和轴向,而径向和轴向传热都具有较强的声子散射效应,因此导热系数较低,尤其是径向更为明显,因而,透明纤维木材仍具有优异的隔热性能。

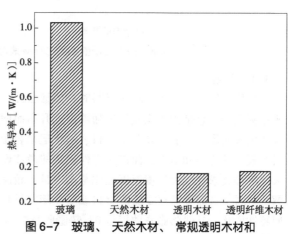

图6-7 玻璃、天然木材、常规透明木材和透明纤维木材的热导率

(2)扫描热显微镜技术研究木材细胞壁的微观导热特性

扫描热显微镜技术(SThM)是微尺度研究材料导热特性的有效手段。在XE-100型原子力显微镜的基础上拓展其扫描热显微功能,选用SThM的CCM模式进行扫描,对获得的热扫描显微图片进行线形分析,读取所取线段的长度及对应点在形貌图上的形貌高低和探头电流图上的电流大小,根据SThM的成像机理,获得探头电流图(probe current),而探头电流大小与材料导热能力成正比,由此可获得试样表面的导热特性信息。

用 SThM 对橡木木材细胞壁的导热特性进行研究，其横切面细胞 SThM 表面形貌和探针电流扫描结果如图 6-8 所示。分析可知在微观层面木材细胞壁纵向导热能力大于横向，木材细胞壁的 S1、S2 和 CML 的导热性表现出一定的差异，在横切面 S2 层的导热能力明显大于 CML，而在纵切面 S2 层的导热性和 CML 基本一致，而 S1 却略有增加。造成木材细胞壁导热性差异的主要原因是构成细胞壁物质的大分子链排列角度不同造成的，而不同区域的化学成分差异即纤维素、半纤维素和木质素含量的差异对传热物性造成的影响并不明显。

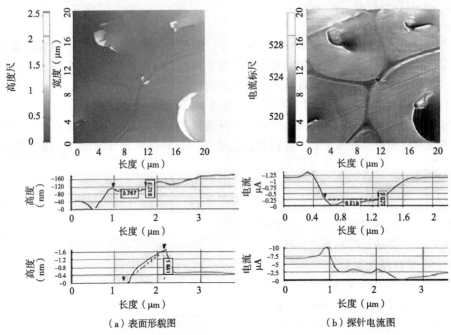

(a) 表面形貌图　　　　　(b) 探针电流图

图 6-8　橡木横切面细胞 SThM 表面形貌和探针电流扫描结果

6.3.4　热膨胀性

生物质复合材料用于耐火材料时，热膨胀性（thermal expansivity）是评价其使用性能的重要指标之一，它是指体积或长度随着温度升高而增大的物理性质。热膨胀性的大小常用热膨胀系数来表示，一般的高分子材料、形状记忆合金、智能材料等属于高热膨胀系数的材料，具有较高的弹性和塑性；而作为零件稳定的微波设备、谐振腔、精密计时器和宇宙航行雷达天线等都要求在服役环境温度变化范围内具有较高的尺寸稳定性，所以选用较低的热膨胀系数的材料，有时则需要零膨胀材料或负热膨胀材料，即使在温度升高情况下，几乎不发生几何特性变化，其热膨胀系数接近 0。热膨胀系数与原子间相互作用力有直接的关系，而物质的熔点也是表征原子间结合力的物理量之一，因此，热膨胀系数和熔点之间也必然存在密切的联系。不同材料的熔点差别极大，但它们和膨胀系数之间却存在共同的规律，即熔点越高的材料膨胀系数越小；反之，熔点越低的材料膨胀系数越大。

6.3.4.1　热膨胀系数

热膨胀的度量方式是热膨胀系数，热膨胀系数是材料物理性能中一个非常重要的参数。由于温度升高时，原子的非谐性振动增大了物体中原子的间距，从而使体积膨胀，这种变化能力以等压（p 一定）下单位温度变化所导致的长度量值的变化，即热膨胀系数来度量。当 2

种不同材料的部件相熔接以及配合使用时，必须要求两者具有相近的热膨胀系数。材料的热膨胀系数随温度变化的特点，主要与材料的相组成和材料的显微结构特点（晶粒大小、气孔大小与分布、微裂纹的存在与形式等）有关。热膨胀系数的大小直接影响生物质复合材料的热震稳定性和受热后材料内的应力分布及大小等。

生物质复合材料的热膨胀系数可分为 2 种：①线膨胀率和线膨胀系数；②体膨胀率和体膨胀系数。线膨胀系数又称为线膨胀率，是由室温升至试验温度时，平均每升高 1 ℃，材料长度的相对变化率。在保持压强 p 恒定时，材料的温度由 T_1 变为 T_2，长度由 L_1 变为 L_2，则材料在该温度区域内的平均线热膨胀系数按式(6-7)或式(6-8)进行计算：

$$a_\mathrm{L} = \frac{L_2 - L_1}{L_1(T_2 - T_1)} = \frac{\Delta V}{L_1 \Delta T} \tag{6-7}$$

或

$$a_\mathrm{L} = \frac{1}{L}\left(\frac{\mathrm{d}L}{\mathrm{d}T}\right)_p \tag{6-8}$$

体膨胀系数又称为体膨胀率是指在压强恒定时，温度改变，材料自身体积发生的变化率。在压强 p 不变的条件下，材料的体积由 V_1 变为 V_2，则在温度区域($T_1 \sim T_2$)内，材料的平均体热膨胀系数按式(6-9)进行计算：

$$a_\mathrm{v} = \frac{V - V_1}{V_1(T_2 - T_1)} = \frac{\Delta V}{V_1 \Delta T}$$

或

$$a_\mathrm{v} = \frac{1}{V}\left(\frac{\mathrm{d}L}{\mathrm{d}T}\right)_p \tag{6-9}$$

大多数情况之下，热膨胀系数为正值，即温度变化与长度变化成正比，温度升高体积扩大。但是也有例外，如水在 0~4 ℃，会出现负膨胀。负膨胀材料(negative thermal expansion, NTE)的线膨胀系数或者平均体膨胀系数在某些温度区间内为负值。负热膨胀材料根据热膨胀系数不同(以平均线膨胀系数的绝对值 $|\alpha_1|$ 表示)，主要分为巨负热膨胀材料($|\alpha_1| \geq 8$ K^{-1})、中负热膨胀材料($2 < |\alpha_1| < 8$ K^{-1})、低负热膨胀材料($|\alpha_1| \leq 2$ K^{-1})以及近零热膨胀材料($|\alpha_1| \leq 0.4$ K^{-1})4 类。

6.3.4.2 热膨胀性的测定方法举例

热膨胀系数的测定可以通过热膨胀测量仪(DIL)或静态热机械分析仪(TMA)等进行，不同的仪器测试的温度范围不同，应根据所测材料大概的热膨胀系数和工作温度来选择不同材质的支架，如对于热膨胀系数很小的材料在低于 1000 ℃ 时，应选用石英支架，而高于此温度时，应选用氧化铝支架。而当用 DIL 测定时，所施加的机械力可近似忽略，即在程序控温下，测量生物质复合材料在可忽略负荷时尺寸与温度关系，它可定量测试样品长度随温度的变化过程，能得出复合材料的线性膨胀、烧结过程、玻璃化转变、软化点等特性。需要注意的是，如果仅是在加热或冷却的过程中出现了相变，则相变可能也会引起体积变化，因此在测量热膨胀系数过程中应当没有相变发生。

(1) 柔性透明木材热膨胀性分析

研究耐高温高湿柔性透明木材基交流电致发光器件(ACEL)时，要求基底材料在高温条件下具有较小的变形和较低的热膨胀性，以保证发光器件的不同功能层即使在高温下也能保持尺寸稳定，而不会因为热膨胀失衡而导致器件发生变形，从而失去导电能力，影响器件的使用寿命。研究采用刨切桦木薄木为原料，使用亚氯酸钠溶液对 0.25 mm 厚的刨切薄木进行脱除木质素处理，2.5 h 后得到脱除木质素木材，经过真空-常压循环方式，将折射率相近的柔性环氧树脂填充于脱除木质素薄木的孔道，制备得到了柔性透明木材基底。利用 TMA 402 F3 型热膨胀分析仪对样品厚度方向进行热膨胀系数的测试。样品的测试温度控制在 10~100 ℃，升温速度 10 ℃/min。结果表明环氧树脂含量约为 64.28 wt%的柔性透明木材基底热膨胀系数(4.08×10^{-6} K^{-1})远低于 PET 薄膜和环氧树脂薄膜，且当基底放置于 100 ℃ 加热板上 30 min 后，仍具有较好的热稳定性和尺寸稳定性。而 PET（$86.37\times10^{-6}K^{-1}\pm3.62\times10^{-6}$ K^{-1}）和环氧树脂膜（$76.89\times10^{-6}K^{-1}\pm3.53\times10^{-6}$ K^{-1}）的高热膨胀系数无法满足显示器件衬底在高温条件下工作的要求。

（2）复合材料热膨胀、压缩的异向性

TMA 方法基本上只测量单一方向上尺寸的变化，但是由于样品的材质、成分、结构等不同，在不同的测量方向（加载的方向），热膨胀、热收缩等行为及大小可能会有差异。方向不同，物质特性也不同的这一特性称为异向性。通过 TMA 测量，可以了解物质的异向性特性。印刷电路板（玻璃纤维增强环氧树脂基板）3 个方向的膨胀、压缩测量结果如图 6-9 所示。从该图可知，测量方向不同，热膨胀行为也不同。而 130~150 ℃ 附近的膨胀率变化是由印刷电路板的主要成分环氧树脂发生玻璃化转变所造成的。

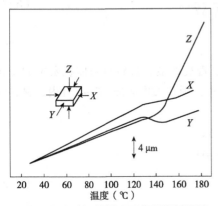

图 6-9 玻璃纤维增强环氧树脂基板的膨胀、压缩

由此可见，生物质复合材料的热膨胀性并不是各组分热膨胀系数之间的线性叠加，而是各组分之间相互作用的结果。一般热膨胀主要受到 2 个因素的影响：①生物质复合材料各组分自身的热膨胀；②复合过程中各组分之间由于受热产生相互的摩擦、缠绕和挤压所产生的相互约束力会限制复合材料的热膨胀性。

6.3.5 耐热性和热稳定性

生物质高分子材料在高温下，因为分子运动加剧，首先会改变材料的一些物理特性，最为明显的就是弹性。随着温度的继续升高，材料的化学结合也会发生相应的变化，结构随之发生破坏，最终导致其热分解行为，因此，它决定了生物质复合材料所能使用的最高温度，常用耐热性或热稳定性进行评估。

6.3.5.1 耐热性

耐热性是指在热负荷下，材料能够保持其结构、性能和功能的能力，是材料失去其物理机械强度而发生形变的温度。耐热性所表征的是材料的热物理变化，反映了材料的上限使用温度。如何提高生物质复合材料的耐热性是目前的热点研究方向之一。最为普遍的办法就是通过各种手段来抑制分子运动，如可以通过改性使得其中的高分子构架呈三维结构，形成网眼，从而抑制分子运动；或者是在分子中加入难以运动的芳香族环和脂环结构；也可以在生物质高分子材料中引入更多的极性基团，从而依靠更多的结合力来抑制分子结构；抑或在高分子结构中导入含晶体构造的改性剂进行耐热改性。其中，构建刚性链结构是耐热性聚合物开发的一个主要方向，大分子主链由芳环和杂环以及梯形结构连接起来的聚合物具有较高的耐热性，常用的耐热性十分优异的聚合物主要有聚酰亚胺，其上限使用温度可达 300~350 ℃；另外，聚苯并咪唑和聚喹恶啉的上限使用温度可达 400 ℃。但需要注意的是这类刚性链结构聚合物的溶解性极差，熔点非常高，甚至不溶不熔的特点导致其加工成型困难。

耐热性表征的方法和指标有很多，不同材料的耐热性又有不同的标准和测试方法。从物理状态的角度，可以用玻璃化转变温度 T_g、软化温度 T_s 或熔融温度 T_m 来表征。工业上有几种耐热性试验方法，如马丁耐热温度、热变形温度和维卡耐热温度等。其基本原理是测定复合材料在一定负荷下产生规定变形的温度。它们的共同特点是在恒速升温过程中，对已知尺寸的试样施加固定的力，测量试样形变量达到规定值时的温度。其实质是测量试样模量降低到规定值时的温度。对生物质复合材料而言，通常用其最高使用温度来表征其耐热性。

6.3.5.2 热稳定性

热稳定性是指材料在高温下不发生明显的分解、降解或结构变化的能力，是化学结构开始发生变化的温度。一般认为材料所能承受温度的急剧变化，而结构不致破坏的性能称为抗热震性，也称热稳定性。它通常也是材料不发生热损坏能力的体现。在不同的应用领域，热稳定性表现的方式不同。对于生物质复合材料，热稳定性也是具有重要意义的性能之一，其体现的是在热作用下因温度变化而影响的形变（或称变形）能力，形变越小，热稳定性越高。它既与构成生物质复合材料的高分子聚合物树脂及增强材料等各自的结构特性有关，也与它们之间的复合方式密切相关，如与所形成的化学键的牢固程度成正相关，而化学键的牢固程度又与键能成正相关。

研究热稳定性的方法可以是热重法或差示扫描量热法等，即可以根据复合材料的质量和热效应的变化来反映其热稳定性。如通过 DSC 可以确定不同材料的初始氧化温度，通过 TG 法可以用样品在惰性气体（或空气）中开始分解的温度 T_d 表征热稳定性（或热氧稳定性），或用热失重（TG）来表示。另外，复合材料在受热过程中的物理变化加重将导致其化学变化的发生，而化学变化则又以物理性能变化的形式表现出来，如由于化学键的断裂而导致相对分子质量降低，体现在具体材料性能中的是软化点降低，因此也可以通过软化点的测定来表征其热稳定性。

6.3.5.3 热稳定性的测定方法举例

（1）利用 TGA 研究接枝环氧大豆油复合改性酚醛树脂泡沫的热稳定性

将 9,10-二氢-9-氧-10-磷菲-10-氧化物（DOPO）引入环氧大豆油（ESO）结构中，得到 DOPO 接枝环氧大豆油（DOPO-g-ESO），对酚醛树脂（PR）进行改性，制备改性酚醛泡沫（DEMPF），进一步采用 TG 分析了其热稳定性，结果如图 6-10 所示。

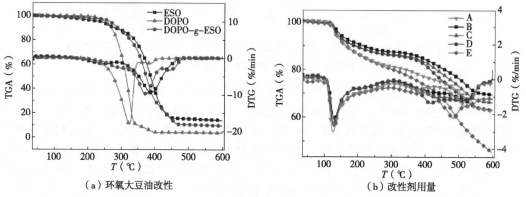

(a) 环氧大豆油改性　　(b) 改性剂用量

图 6-10　改性酚醛泡沫的 TGA 和 DTG 曲线

注：A.0%；B.5%；C.10%；D.15%；E.20%。

改性酚醛树脂(DEMPR)的初始热分解温度 T_i 略高于未改性的酚醛树脂(PR)，当改性剂 DOPO-g-ESO/P 用量小于或等于 15% 时，DEMPR 的残炭量(600 ℃)大于 PR，继续增加用量时则又要低于 PR。此外，随着 DOPO-g-ESO/P 用量的增加，600 ℃时 DEMPR 的残炭量逐渐减少，但初始热分解温度 T_i 略有增加。特别是 DOPO-g-ESO/P 用量为 20% 时，DEMPR 的残炭(600 ℃)减少更为明显，且小于 PR。与环氧大豆油相比，接枝改性的 DOPO-g-ESO 的热稳定性略差；初始分解温度 T_i 和残余碳(600 ℃)分别降低了 18.3 和 5.57%。DOPO-g-ESO 修饰 PR(DEMPR)的分解温度略高于 PR，其碳残基(600 ℃)随着 DOPO-g-ESO/苯酚(P)含量的增加而降低。

(2) 利用 TGA 研究木塑复合材料中各组分的热稳定性

将 180~425 μm 的杨木纤维放入恒温干燥箱中，在 105 ℃恒温干燥 24 h，以除去水分，然后按质量比 1∶1 加入 HDPE，制备木塑复合粒料。将粒料放入高速粉碎机中粉碎、过筛、干燥。选取粒径小于 125 μm 的杨木粉、HDPE 和 WPC 颗粒在 Perkin-Elmer TGA-7 热重分析仪上进行试验。载气为高纯氮气，流量为 20 mL/min，每次准确称取 10 mg，升温速率为 10 ℃/min。结果从图 6-11 的 DTG 曲线来看，杨木的热解过程可分为 2 个阶段：温度从室温到 150 ℃，杨木自由水逸出；温度在 150~400 ℃，是杨木主要热失重阶段，在 350 ℃出现最大的热失重峰，主要对应于纤维素以及部分木质素的热解，而在 257 ℃出现的肩状峰，可以归因于半纤维素的热解；此后失重速率变缓，发生缩聚和碳化反应。HDPE 的热解行为包含一个主要的失重阶段，温度在 400~500 ℃，在这一温度区域 HDPE 高分子链发生随机断裂，并生成大量的挥发分，DTG 的峰值温度为 465 ℃，失重率为 99.23%。与杨木不同，由于 HDPE 的吸水性很低，低温下没有发现明显的自由水的脱除，此外高于 500 ℃到最终温度，热解残留物的缩合和碳化反应也不明显。由于 HDPE 的结构规整和组成单一，HDPE 主要失重发生的温度区域也很窄。

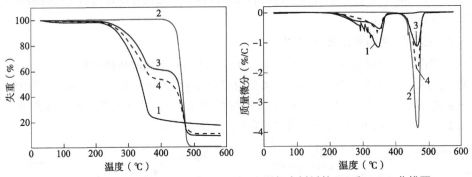

图 6-11 杨木、HDPE、杨木/HDPE 木塑复合材料的 TG 和 DTG 曲线图
1. 杨木；2. HDPE；3. 杨木/HDPE 木塑复合材料；4. 杨木+HDPE

木塑复合材料热解过程可以分为 3 个阶段：温度从室温到 200 ℃，主要是杨木自由水的蒸发；温度在 200~400 ℃，是杨木热解的主要失重阶段，DTG 的峰值温度为 345 ℃，这一阶段失重率为 47.08%；温度在 400~500 ℃，是 HDPE 的主要失重阶段，DTG 的峰值温度为 467 ℃，这一阶段失重率为 88.67%；此后杨木和 HDPE 热解残留物发生缩合和炭化反应，析出少量挥发分，到终温时的失重率为 89.33%。对比拟合 DTG 曲线和 WPC 实际热解 DTG 曲线可以发现，在 200~350 ℃和 400~500 ℃温度范围内，两者不能很好地吻合，说明杨木和 HDPE 之间存在明显的相互作用。木塑复合材料的焦炭残留量大于其理论加和值，原因可能是 HDPE 相对低的温度下受热软化，对杨木产生包覆作用，阻碍了挥发性物质的逸出。随

着温度的升高,HDPE 高分子链断裂发生分解,包覆作用消失,到 550 ℃时,木塑复合材料的焦炭残留量小于其理论加和值,说明在高温区存在协同作用。

6.3.6 热解特性

热解处理会显著改变生物质材料的组织结构与物理性质,对生物质热解特性研究一直是生物质热处理、生物质基炭材料及生物质能源转化利用等所关注的重点研究内容。相关工作主要是试图揭示不同热解条件对生物质原料组织结构及物理化学性质的影响。纤维素、半纤维素和木质素构成了生物质的主体,这三大素的持续裂解改变了生物质的化学组成,同时三大素也决定着生物质材料细胞壁的空间构造特征,其热解必然导致细胞壁构造发生变化,化学组成与空间构造的转变必然引起材料的物理性质发生变化。充分理解生物质热分解过程,是研究其野外火灾和建筑火灾的基础,也是设计和优化生物质热化学转化系统的重要依据,不仅关乎社会安全保障,还可以为经济发展提供助力。

6.3.6.1 生物质的热解

生物质热解(又称热裂解或裂解)是指原料在缺氧的环境中(隔绝空气或通入适量空气或其他介质条件下)受热降解,形成固体(焦炭)、液体(生物油)和气体三相产物的热化学转化过程。这个过程极为复杂,既包括热量传递、物质扩散等物理过程,也包括生物质大分子的化学键断裂、分子内(间)脱水、官能团重排等复杂的化学过程,2 个过程以热量为主要媒介相互作用。通过改变热解工艺和反应条件,可以在较大的范围内得到不同比例的固、液、气三相产物。根据加热速率,热解工艺可以分为慢速热解、常速热解和快速热解 3 种,见表 6-6。

表 6-6 生物质热解工艺分类

热解工艺类型		升温速率(℃/s)	温度(℃)	物料尺寸(mm)	滞留期	主要产物
慢速热解(炭化)300~700 ℃		非常低	400	5~50	几小时至几天	炭
常规热解 300~700 ℃		0.5~1	600	5~50	5~30 min	汽、炭、油
快速热解 600~1000 ℃	真空	10~200	400	<1	2~30 s	油
	快速	10~200	650	<1	0.5~5 s	油
闪速热解 800~1000 ℃	闪速	>1000	<650	粉状	<1s	气
	闪速	>1000	>650	粉状	<1s	气
	极速	>1000	1000	粉状	<0.5 s	气

生物质热解既是一种生物质热化学转化的途径,可以用于制备生物质油、生物质气等,也是所有生物质热化学转化(包括热解、气化和直接燃烧等)过程中的第一步反应,因此了解生物质热解特性有助于新能源技术的开发与利用。然而,生物质组成的复杂性决定了其热解过程复杂且未知反应众多。因此,目前为止还不可能详尽地描述生物质热解过程。

6.3.6.2 生物质热解的测定方法

生物质热解过程中结构特征变化的研究技术非常丰富,相关的研究工作已发展到微观尺度。通常用于热分解的分析技术包括热重法(TG)、热重-差热分析法(TG-DTA)、热重-差示扫描量热法(TG-DSC)等。由这些热分析方法可以得到热分解过程中试样产生的质量变化以及伴随的热效应信息。对于生物质材料在热分解过程中产生的气体,可以与红外、质谱、气相色谱/质谱联用技术等进行联用测试,如热裂解气相色谱/质谱(Py-GC/MS)。

(1) TG-FTIR用于棕榈仁壳热解特性的研究

由不同温度下逸出的气体产物的红外光谱图可以判断热解产物,根据热解产物推断主要热解产物的形成途径等。马中青等使用TG-FTIR和傅里叶变换红外光谱仪组成的热重-红外联用分析仪进行热解实验,对经过洗涤预处理后的棕榈仁壳的失重特性和挥发性成分进行鉴定。该实验中使用高纯氮气作为载气,流速为70 mL/min。每组实验样品约20 mg,加热速率20 ℃/min,从50 ℃升温至650 ℃,热传输线的设定温度为210 ℃。实验进行1 min左右时,挥发分由热传输线进入热重/红外接口主机的红外气体分析池。红外光谱仪实时对气体的化学结构进行分析,其扫描范围为400~4000 cm^{-1},分辨率4 cm^{-1},每次扫描时间约8 s。用一台计算机同时连接热重分析仪和红外光谱仪,并通过它们自身的软件分别对其进行实验控制和结果分析,得到TG/DTG曲线和3D FTIR光谱,如图6-12所示。

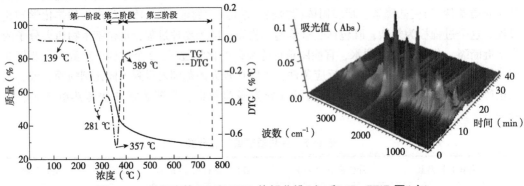

图6-12 棕榈壳的TG和DTG热解曲线(左)和3D-FTIR图(右)

棕榈壳PKS为典型的生物质原料,主要由半纤维素、纤维素和木质素组成,从TGA曲线结果可以看出其热解过程分为139~323 ℃、323~389 ℃和390~762 ℃ 3个阶段。前2个阶段为快速降解挥发阶段,样品质量损失较大,有2个显著的质量损失峰(DTG曲线),其中,第一阶段(139~323 ℃),主要是由半纤维素降解造成的质量损失。半纤维素是由多种单糖(木糖、甘露糖、葡萄糖、半乳糖、阿拉伯糖等)聚合而成的混合物,聚合度较低,热稳定性低于纤维素。而半纤维素降解的主要温度为185~325 ℃,如图6-13所示。然而,棕榈壳的失重率(30.52%)高于半纤维素含量(23.82%)。这可能是由于棕榈壳中木质素含量较高(45.59%),由于木质素在100~800 ℃时具有较宽的降解温度范围。因此,高出的失重率应是由部分木质素的降解引起的。第二阶段(324~389 ℃),主要是纤维素的解聚,脱水或糖基单元分解引起的纤维素失重也非常快。第三阶段(390~762 ℃),即慢速降解阶段,仅占总质量损失的一小部分(11.88%),主要归因于木质素的降解,降解的主要产物为焦炭。

从对应的3D-FTIR光谱图可以看出,第一阶段的降解挥发主要发生在10~20 min,挥发性成分的吸光度强度发生变化。分析认为这2个峰值温度(281 ℃和357 ℃)时热解产生的主要挥发性成分为CO_2(2250~2400 cm^{-1}和586~726 cm^{-1})、醛、酮、有机酸(1650~1900 cm^{-1})和烷烃、酚类(1000~1475 cm^{-1})。其中CH_4主要来源于甲氧基(—OCH_3)、甲基(—CH_3)和亚甲基(—CH_2—)在高温下的分解。CO_2是通过脱羧反应和羰基的断裂形成的,醚键和C=O键的断裂很可能形成CO。在1000~1900 cm^{-1}处和指纹区也检测到一些有机化合物,如醛、

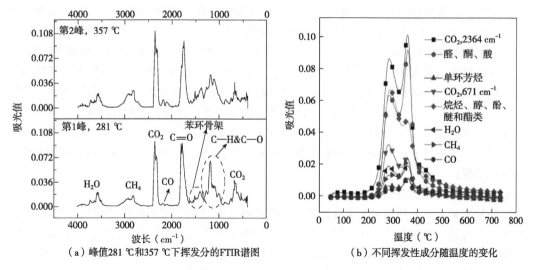

(a) 峰值281 ℃和357 ℃下挥发分的FTIR谱图　　(b) 不同挥发性成分随温度的变化

图 6-13　升温速率为 20℃/min 的 PKS 热解成分的 3D-FTIR 分析

酮、有机酸、单环芳烃、烷烃、醇、酚、醚和酯类等。第二阶段纤维素的快速分解，CO_2 和 CO 逐渐减少，CH_4、H_2 等开始增多，冷凝液体产物中含有大量的醋酸、甲醇、焦油等物质。第三阶段排出其中的大部分挥发组分，此时液体产物已经很少。

(2) 热重-裂解-气质联用(TGA-Py-GC/MS)研究木塑复合材料热解过程中的相互作用

木塑复合材料(WPC)是将植物纤维和热塑性塑料添加特殊功能助剂，通过熔融复合加工成型的复合材料，兼有木材和塑料的优点，综合性能优异。对木塑复合材料(WPC)进行热解，可考察木粉和聚烯烃塑料热解过程中的相互作用。采用的 Py-GC/MS 实验装置由热裂解仪和气质联用仪组成，原料热解后得到的有机蒸气通过气相色谱/质谱来分离和鉴定产物组成。

将热解原料放入石英管中，通过石英管外铂丝加热使石英管内原料迅速热解。快速热解实验中，在石英管中加入 0.5 mg 的原料和一定量的石英棉，石英棉将原料夹住以防止原料颗粒被载气吹出石英管。热裂解仪的升温速率 20 ℃/ms，热解温度为 475 ℃、550 ℃ 和 625 ℃（图 6-14），热解时间 15 s，热解气传输管路温度 285 ℃，进样阀温度 280 ℃，以防止有机

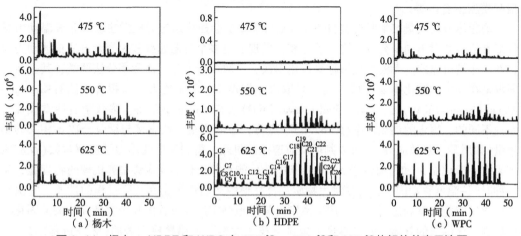

(a) 杨木　　(b) HDPE　　(c) WPC

图 6-14　杨木、HDPE 和 WPC 在 475 ℃、550 ℃ 和 625 ℃ 热解的总离子流图

蒸气冷凝。原料热解气由载气带入 GC/MS 进行在线分析。色谱柱为 DB-17ms 毛细管柱（0.25 mm×30 m×0.25 μm，采用分流模式，分流比为 1∶50。GC 程序升温为：40 ℃ 保持 4 min、升温速率 5 ℃/min、终温 230 ℃ 并保持 2 min。离子源温度为 280 ℃。根据 NIST02 谱库，确定热解气的化学组成。结合热重和 Py-GC/MS 实验结果，证明木塑复合材料热解过程中生物质/聚乙烯两者之间存在明显的协同效应。热稳定性低的生物质首先发生热解并产生自由基，随着温度升高，生物质热解产生的自由基促进聚合物发生断链并参与了自由基转移反应。富氢的聚乙烯基体可通过氢转移反应为生物质供氢，使生物质热解产生的自由基得到稳定，部分抑制了自由基间的聚合结炭反应和二次分解，从而得到更多可挥发产物和更少的固体残炭。

6.3.7　热分解动力学

热分解动力学是利用热失重分析研究物质在热分解过程中发生的物理变化和化学反应，借助一定的数学处理方法，获得相应的反应动力学参数和反应机制函数。生物质热解反应动力学研究，可以为生物质热降解、热老化等热性能提供更具体的热稳定性和老化周期评估，为热化学转化系统设计提供依据，具有工程和理论上的应用价值。

6.3.7.1　热分析动力学基础

热分析动力学是用热分析技术研究某种物理变化或化学反应的动力学过程的方法，是研究生物质复合材料热化学转化机理的重要途径。根据实验过程中的温度变化方式，可以将热分析动力学方法分为等温动力学分析法和非等温动力学分析法；根据动力学方程的形式，可以将热分析动力学方法分为微分动力学分析法和积分动力学分析法；根据温度扫描速率的变化方式，可以将热分析动力学方法分为单个扫描速率法和多重扫描速率法。其中等温动力学（isothermalkinetic）分析法是由等温方式测得热分析曲线，根据曲线进行反应、结晶和固化等过程的动力学分析并求解动力学参数的方法。常用的等温动力学分析法通常有微商法和积分法两类，可用于推测反应机理、预测材料的使用寿命（耐温等级等）。一般是通过在几个不同的恒定温度下测量待测的反应速率可获得 Arrhenius 参数，得到与反应级数相关的物理量（如质量、热效应等）。非等温动力学（non-isothermal kinetic）分析法由非等温方式测得热分析曲线，与等温动力学相似，可根据曲线进行反应、结晶和固化等过程的动力学分析，并求解动力学参数的方法。非等温动力学可分为无模型和模型拟合两类。

国际热分析及量热学联合会（ICTAC）动力学委员会建议通过无模型法求解非等温动力学特征参数，并对不同研究方法进行了比较，发现通过多个升温速率和无模型方法描述动力学特性是比较可靠的。无模型法又称等转化率法，一般可分为微分法和积分法两类，其基本的假设是在一定的转化率 α 下反应速率只取决于温度 T。常见的无模型拟合方法有 Kissinger-Akahira-Sunoes（KAS）法、Flynn-Wall-Ozawa（FWO）法和 Friedman 法等。多数学者通常设计一系列不同的、恒定的加热速率（$\beta=dT/d$）下进行，主要测量一些直接与反应分数 α 相关的物理量（如质量、热效应等），可以判断反应遵循的机理，得到反应的动力学速率常数（反应机理函数、活化能 E_a 和指前因子 A 等）。其中活化能是关于化学反应势垒和机理的物理量，是一种时间-温度移动因子，可预测生物质复合材料中热固性树脂在实际过程的性质，它决定了固化反应能否顺利进行。而反应级数则可简约地判定反应过程的复杂程度和相关的固化反应机理。该部分的具体内容可参见中国科学技术大学丁延伟教授编著的《热分析基础》，在此不做赘述。

6.3.7.2 热分解动力学研究方法举例

生物质组成结构复杂，且受物种多样性影响，其主要成分有半纤维素、纤维素、木质素。以纤维素为例，Schwenker 和 Beck 从提纯的纤维素热解产物中分离出至少 37 种成分，另有许多未知的微量成分。可见，生物质组成的复杂性决定了其热解过程复杂且未知反应众多。因此，不可能详尽描述生物质热解过程。在生物质复合材料的制备过程中，其中的树脂需经历复杂的化学反应和能量交换，从液态到橡胶态最终达到玻璃态完成固化成型。树脂在固化过程中会释放大量的热量，使产品产生一定的温度梯度和固化度梯度，成为复合材料构件产生固化变形的原因之一，因此研究树脂的固化动力学行为是生物质复合材料的研究重点之一。

(1) TG 和 DTG 研究改性木质素-酚醛树脂的热解动力学研究

选用低共熔离子液体分别对酶解木质素和磨木木质素进行处理，将处理前后的 4 种木质素分别替代部分苯酚制备木质素-酚醛树脂（LPF），借助热重曲线和 FWO 法对改性前后 PF 树脂的热解过程及热解动力学进行分析。采用 TG-209 F3 型热重分析仪，常压，升温速率 β 分别取 10 ℃/min、20 ℃/min 和 30 ℃/min。树脂样品用量 5 mg 左右，氮气气氛，吹扫气、保护气流速为 20 mL/min。

结合 5 种树脂不同升温速率下的热分解温度及残余质量（表 6-7），以及以 PF 为代表的不同升温速率下 TG 和 DTG 曲线可知，随着升温速率提高，热失重曲线逐渐向高温方向移动，初始分解温度和峰值温度均有所升高，这是因为升温速率越快，样品在相同温度下受热时间变短，热降解产物的释放发生滞后所致。分别为 5 种酚醛树脂热降解过程中 $\lg \beta$ 与 $1/T$ 的拟合直线，由直线的斜率求得的活化能与拟合相关系数 r^2 都大于 0.98，表明拟合效果较好。5 种酚醛树脂的活化能 E_a 均呈现先升高后降低又升高的态势。在热解反应的初始阶段，活化能 E_a 缓慢增加，主要是由于酚醛树脂中未反应的小分子发生降解；当转化率为 40% 时，温度在 275 ℃ 左右，此时，酚醛树脂中未反应的小分子基本分解完毕，所以此时活化能最低；当转化率为 50%~60% 时，温度在 275~425 ℃，活化能逐渐增加，主要是因为酚醛树脂进入热降解阶段，树脂中羟甲基、醚键、羰基都开始发生氧化分解；当转化率为 70%~90% 时，温度在 425~625 ℃，酚醛树脂进入炭化反应阶段，随着降解机理的改变，活化能进一步提高，达到最大值。

如图 6-15 所示，对比处理前后木质素改性的 4 种 LPF 的热性能发现：在不同转化率时，反应活化能明显不同，升温速率影响树脂的热分解过程，4 种改性木质素酚醛树脂的初始分解温度、热解过程所需的活化能均高于常规酚醛树脂，特别是再生磨木木质素改性酚醛树脂，其热降解温度更高（514.6 ℃），残炭率更多（73%），树脂热解过程所需的活化能比酚醛树脂高出 2~4 倍，热稳定性明显提高。

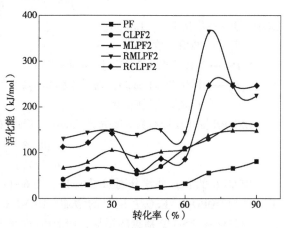

图 6-15 树脂在不同转化率时的活化能

(2) DSC 法研究环氧大豆油基酚醛树脂（DEMPR）的固化动力学

马玉峰等采用一种新的 Starink 等转化率法计算环氧大豆油基酚醛树脂的活化能 E_a，其

表 6-7 树脂的热分解参数

树脂类型	升温速率 β(℃/min)	初始分解温度 T_o(℃)	峰值温度 T_p(℃)	残余质量(%)
PF	10	275.1	506.6	66.3
	20	277.7	518.7	68.1
	30	279.7	524.6	67.8
MLPF2	10	279.2	497.3	68.2
	20	280.3	507.1	68.3
	30	281.4	517.9	68.8
RMLPF2	10	277.9	496.3	68.4
	20	293.2	501.7	68.9
	30	312.4	511.6	72.7
CLPF2	10	280.3	490.6	67.5
	20	288.5	500.9	69.4
	30	290.7	517.9	69.6
RCLPF2	10	290.4	494.9	71.1
	20	314.6	500.4	74.8
	30	317.9	514.6	73.0

计算公式见式(6-10)，这种方法比传统的 Starink 方程和 Ozawa 等转换率计算法的精度更高。

$$\ln\frac{\beta}{T_p^{1.8}} = 1.0037\frac{E_a}{RT_p} + 常数 \tag{6-10}$$

式中　β——升温速率，K/min；

T_p——峰值温度，K；

R——气体常数，8.314 J/(mol·K)；

E_a——活化能(kJ/mol)。通过绘制 $\ln(\beta/T_p^{1.8})$ 对 $1/T_p$ 为一条直线，斜率为 $-1.0037E_a/R$，得到固化反应的活化能。

DEMPR 固化反应级数 n 是按照 Crane 方程式(6-11)，通过绘制 $\ln\beta$ 与 $1/T_p$ 做图得到的。

$$\frac{d\ln\beta}{d(1/T_p)} = -\frac{E_a}{nR} \tag{6-11}$$

DEMPR 的 DSC 曲线分别如图 6-16、图 6-17 所示，数据见表 6-8 所列。结果表明，随着改性剂 DOPO-g-ESO/P 用量的增加，DEMPR 的 E_a 值逐渐增大，反应级数均为非整数。随着 DOPO-g-ESO/P 掺量的增加，DEMPR 固化能逐渐增大，但固化反应相当复杂。

总体而言，生物质组成结构的复杂性决定了将动力学方法应用于生物质复合材料热分解研究时面临着许多的困难，许多研究中不同动力学方法结果存在不一致。未来需要进一步通过建立生物质热解模型，发展可靠的动力学方法等加强生物质复合材料热分解动力学的研究。

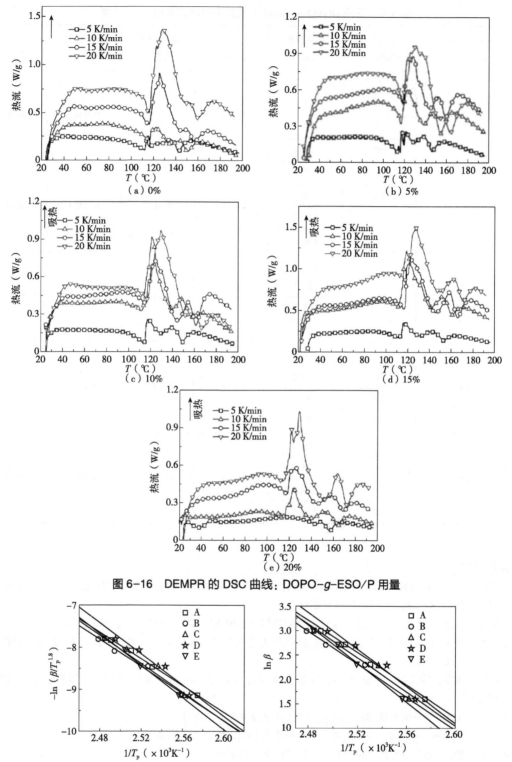

图 6-16 DEMPR 的 DSC 曲线：DOPO-g-ESO/P 用量

图 6-17 ln($\beta/T_p^{1.8}$)对 1/T_p 的线性拟合(左) ln β 对 1/T_p 的线性拟合(右)

注：DOPO-g-ESO/P 用量：A. 0%；B. 5%；C. 10%；D. 15%；E. 20%。

表 6-8 不同 DOPO-g-ESO/P 用量下 DEMPR 的 DSC 数据

DOPO-g-ESO/P 用量(%)	升温速率(K/min)	峰值温度(K)	活化能 E_a (kJ/mol)	线性相关系数 R	反应级数 n	R^2
0	5	115.2	130.21	0.9987	0.9448	0.9988
	10	122.0				
	15	125.2				
	20	128.4				
5	5	117.6	132.94	0.9922	0.9569	0.9942
	10	122.7				
	15	127.8				
	20	130.3				
10	5	117.2	140.42	0.9790	0.9745	0.9823
	10	121.1				
	15	125.9				
	20	129.4				
15	5	116.4	152.69	0.9770	0.9671	0.9805
	10	120.0				
	15	123.9				
	20	127.6				
20	5	118.0	156.85	0.9963	0.9640	0.9965
	10	123.8				
	15	126.2				
	20	129.4				

参考文献

国家质量监督检验检疫总局, 中国国家标准化管理委员会, 2018. 耐火材料 热膨胀试验方法: GB/T 7320—2018[S]. 北京: 中国标准出版社.

岑珂慧, 2021. 烘焙脱氧与洗涤脱灰对生物质热解特性的影响[D]. 南京: 南京林业大学.

陈咏萱, 周东山, 胡文兵, 2021. 示差扫描量热法进展及其在高分子表征中的应用[J]. 高分子学报, 52(4): 423-444.

丁延伟, 郑康, 钱义祥, 2020. 热分析实验方案设计与曲线解析概论[M]. 合肥: 中国科学技术大学出版社.

丁延伟, 2020. 热分析基础[M]. 合肥: 中国科学技术大学出版社.

刘振海, 陆立明, 唐远望, 2012. 热分析简明教程[M]. 北京: 科学出版社.

陆立明, 2010. 热分析应用基础[M]. 上海: 东华大学出版社.

潘明珠, 连海兰, 2016. 生物质纳米材料的制备及其功能应用[M]. 北京: 科学出版社.

孙剑平, 张志军, 王清文, 等, 2015. 木塑复合材料热解特性[J]. 化工进展, 34(增刊1): 156-161.

吴三军, 赵泽航, 刘磊, 等, 2020. 利用快速升温大尺寸热重分析对松木热解特性的研究[J]. 燃烧科学与技术, 26(4): 325-331.

杨修飞, 2018. 平板法测定生物质材料的导热系数[J]. 能源与节能, 5: 46-47, 51.

杨颖旎, 2020. 定形相变储热木塑复合材料的制备及性能表征[D]. 北京: 北京林业大学.

张涛, 2020. 耐高温高湿柔性透明木材基交流电致发光器件的制备及性能研究[D]. 南京: 南京林业大学.

张秀华, 李丹, 田志宏, 等, 2008. 热膨胀仪 DIL402PC 的测控技术[J]. 工程与试验, 3: 45-48.

赵长生, 顾宜, 2019. 材料科学与工程基础[M]. 北京: 化学工业出版社.

朱锡锋, 陆强, 2014. 生物质热解原理与技术[M]. 北京: 科学出版社.

American Society for Testing and Materials, 2018. Standard test method for determining specific heat capacity by differential scanning calorimetry: ASTM E1269-11[S]. West Conshohocken, PA: ASTM International.

American Society for Testing and Materials, 2014. Standard test method for assignment of the glass transition temperatures by differential scanning calorimetry: ASTM E1356-08[S]. West Conshohocken, PA: ASTM International.

MA Y B, LV S S, YAO X R, et al., 2020. Preparation of isocyanate microcapsules as a high-performance adhesive for PLA/WF[J]. Construction and Building Materials, 260: 120483.

MA Y, GONG X, ZHANG Z, et al., 2020. The synthesis of DOPO-g-ESO and its effect on the properties of phenolic foam composites[J]. Green Materials: 1-10.

MA Z Q, CHEN D Y, GU J, et al., 2015. Determination of pyrolysis characteristics and kinetics of palm kernel shell using TGA-FTIR and model-free integral methods[J]. Energy Conversion and Management, 89: 251-259.

MONTANARI C, LI Y, CHEN H, et al., 2019. Transparent Wood for Thermal Energy Storage and Reversible Optical Transmittance[J]. ACS Appl Mater Interfaces, 11(22): 20465-20472.

QIU Z, WANG S, WANG Y G, et al., 2020. Transparent wood with thermo-reversible optical properties based on phase-change material[J]. Composites Science and Technology: 108407.

THI KHANH LY NGUYEN, SÉBASTIEN LIVI, BLUMA G, et al., 2017. Development of sustainable thermosets from cardanol-based epoxy prepolymer and ionic liquids[J]. ACS Sustainable Chem. Eng, 5: 8429-8438.

WANG X, SHAN S Y, SHI S Q, et al., 2021. Optically transparent bamboo with high strength and low thermal conductivity[J]. ACS Applied Materials & Interfaces, 13 (1): 1662-1669.

第7章 阻燃性能

随着我国城市化进程的加快和人民生活水平的不断提高,生物质复合材料在家具、室内装饰材料以及建筑材料领域的用量日益增大,生物质复合材料的市场需求空间不容低估。生物质复合材料的原料多为植物纤维和聚合物,属于可燃材料,其可燃性是导致火灾的重要原因。近年来我国的火灾事故呈上升趋势,火灾造成的损失也日趋严重,因此,阻燃性能成为评价生物质复合材料产品的主要性能之一。

7.1 生物质复合材料的燃烧

7.1.1 生物质复合材料的燃烧过程

燃烧是一种放热发光的化学反应,其反应过程极其复杂,是物理和化学过程的综合,燃烧反应的实质是游离基之间的连锁反应。生物质复合材料的燃烧和其他固体可燃物的燃烧具有共同的特征,即需要3个必备因素:可燃物、温度和氧气浓度。但生物质复合材料的燃烧也有其鲜明的特性,这些特性既反应在材料点燃之前,也反应在点燃和燃烧过程中。生物质复合材料在燃烧过程中会释放出大量的热,常用来表征材料热释性的量为热释放速率,定义为单位质量的复合材料燃烧时在单位时间内的热释放量。生物质复合材料燃烧的主要原因有大量热的存在,因此热释放速率是影响火灾现场温度和火灾传播速度的重要因素。生物质复合材料的热释放速率越大,火灾危害性越大,可能造成的损失和人员伤亡也越大。

此外,生物质复合材料在燃烧过程中会产生一定量的烟,这与构成生物质复合材料的成分与结构有关。材料的生烟性一般可以用烟密度或光密度来表示。生烟性是可燃材料在火灾中产生的最严重危险因素之一,因为火灾中生成的烟具有毒性,会危及人的生命;同时由于它降低了火灾现场的可见度,从而严重影响逃生和救援工作。其中,生物质复合材料中的聚合物分子在分解或燃烧时还会生成有毒气体,毒气也是火灾中人员伤亡的主要原因。不同聚合物材料释放的毒性气体和种类不同,这与它们的结构和成分有关,最常见的毒性气体是一氧化碳,其他还有卤化氢、硫化氢、氰化氢等。可燃材料燃烧时的发烟速率和一氧化碳等毒性气体的生成速率,是评价生物质复合材料火灾安全性的重要指标。

生物质复合材料中的生物质组成以植物纤维为主,这里以木材的燃烧过程(图7-1)为例,简要概述生物质的燃烧过程。木材燃烧过程主要有以下3个阶段:

①吸热阶段 温度≤260 ℃,木材吸收的热量大于放出的热量,无明显的燃烧现象。150 ℃时,木材中的自由水全部蒸发,并随着温度的升高,木材中的碳水化合物开始分解,并产生二氧化碳、水蒸气及少量一氧化碳等可燃气体。

②有焰燃烧阶段 温度界限为260~450 ℃,木材中的纤维素、半纤维素和木质素进行

激烈的热分解反应，产生大量的热分解产物，发生氧化反应，产生有焰燃烧，释放大量热量。

③阴燃(无焰燃烧)阶段　温度为450~1500℃，燃烧过程中气体和液体产物极少，通常依靠外部供热，进行木炭的燃烧，木炭以一氧化碳、甲醛等形式脱出氧和氢，进一步芳构化。

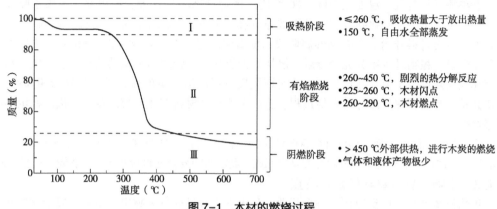

图7-1　木材的燃烧过程

生物质复合材料中的另一组成成分主要是高分子聚合物，聚合物的燃烧过程按时间可划分为以下5个阶段：

①受热熔融阶段　聚合物材料从外部热源获得热量，表面温度逐渐升高，然后从表面内部形成温度梯度，并随时间而变化，聚合物材料的温度逐渐升高，升高速率取决于材料的比热容、热导率和材料在加热过程中发生相变或结构变化时吸收或放出的热量大小。由于温度的升高，聚合物材料内部分子或大分子链段的运动会加剧，温度高于材料的玻璃化转变温度后聚合物开始软化，热塑性塑料会因温度升高而熔融。

②热分解阶段　聚合物分子因其结构特点，分子链中往往存在热稳定性较差的弱键，这些键在受热时容易发生一系列的化学反应，引起聚合物的分解。聚合物在外部热源的作用下，达到一定温度时，聚合物分子链中的弱键首先发生断裂，此时聚合物基体仍然可能是稳定的，但最薄弱键的断裂易使聚合物的性能发生变化，然后引发其他链的断裂，使得聚合物大分子链迅速分解。

③点燃阶段　在外部热源的持续作用下，聚合物中的大多数键发生断裂时，聚合物本身开始发生变化。分解产物大量集中在聚合物和空气临界处，并和空气中的氧气混合，形成燃烧反应所需的"燃料"。聚合物分解放出的可燃气体和充足的氧气混合后，外部引燃源存在下，当温度足够高时发生急剧的氧化反应，引发火焰，聚合物就会被点燃而发生燃烧。

④燃烧阶段　聚合物被点燃后，进入燃烧阶段，分解反应会进一步加剧，一般认为聚合物的燃烧是自由基连锁反应，机理也比较复杂，可以把聚合物的燃烧看作放热反应，通过本身反应产生的热和自由基来维持进一步反应。

⑤火焰传播　聚合物燃烧放出的大量热量加剧了聚合物的分解，促使质量传递和能量传递加快，从而使燃烧热分解层向聚合物内部发展，不断为燃烧反应提供更多的燃料，使燃烧加剧；另外，由于聚合物表面与空气临界处汇聚着大量的可燃性气体混合物，火焰会沿着聚合物表面扩散与传播，引发更大面积的表面燃烧。聚合物火焰传播是聚合物引发火灾过程中非常重要的阶段，它决定着火灾初期的发展和热释放速率。

结合上述生物质与高分子聚合物的燃烧过程，本小节以生物质复合材料中的典型材料——木塑复合材料为例，概括生物质复合材料的燃烧过程，如图7-2所示。木塑复合材料的燃烧过程分为以下3个阶段：

①干燥预热阶段　当温度升至100~200℃时，受热影响植物纤维的自由水分子开始蒸发，部分结晶水开始散失，热塑性基体开始发生相转变。

②热解燃烧阶段　温度达200~400℃时，植物纤维的半纤维、纤维素、木质素陆续分解，并产生大量的一氧化碳、氢气及甲烷等可燃性挥发物，热塑性基体链段开始断裂分解，此时木塑复合材料开始进入有焰燃烧阶段；随着温度进一步升高至440~490℃，热塑性基体迅速分解，植物纤维组分完全分解，燃烧更为炽烈，并释放出大量的热和二氧化碳，部分二氧化碳与炭层发生氧化还原反应，此时燃烧反应释放出大量的热，并会传导给相邻部位，致使其重新开始预热、热分解燃烧过程，造成木塑复合材料整体的燃烧蔓延，进入稳定的有焰燃烧阶段。

③燃烧产物阶段　随着温度升至500℃以上，木塑复合材料中有机成分残余物缓慢分解，释放的可燃气体逐渐减少至零，分解过程基本完成，此时木塑复合材料转变至无焰燃烧，直至熄灭。

7.1.2　生物质复合材料的燃烧特点

生物质复合材料广泛应用于各个行业，是火灾中常见的着火材料。生物质复合材料在火

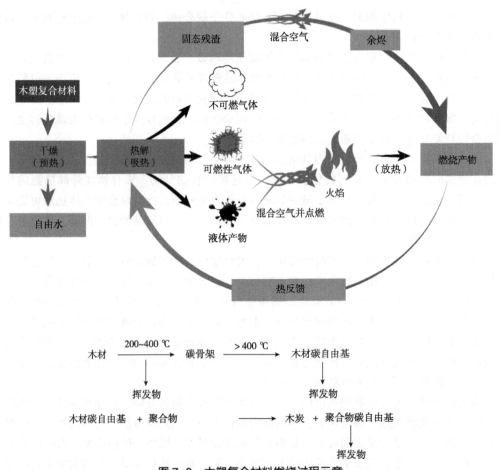

图7-2　木塑复合材料燃烧过程示意

灾中的燃烧过程非常复杂，是一个复杂的物理和化学的综合过程，其燃烧行为是指材料遇火时，对火的反应特性，通常包括以下几个方面：

①阴燃性　指可燃材料遇火发生无焰缓慢燃烧的特性，阴燃可持续较长时间，可能转化为明燃，也可能经过一定时间后熄灭。阴燃材料通常为多孔易成炭材料。例如木材、棉花、黏胶、酚醛树脂和聚氨酯泡沫塑料易成炭，故常引起阴燃。

②引燃性　指可燃材料在一定温度和氧气浓度下被引燃的难易程度。引燃是燃烧的初始阶段，在热流和氧的共同作用下，生物质复合材料本身或其分解产物被引燃，可以衡量材料在一定条件下被引燃的难易性。点燃温度越低的生物质复合材料，越容易被引燃，从而发生火灾并蔓延。而点燃温度高的生物质复合材料则相反。

③闪燃性　指燃烧的一种特殊形式，通过燃料和空气的混合物传播火焰前沿，由该混合物燃烧放出的能量所形成的，这种燃烧只需要一个引燃源即可发生，传播速度极快。

④火焰传播性能　指火焰在材料表面的发展。火焰传播速度是在一定燃烧条件下，火焰前沿发展的速度。火焰传播速度的快慢，常常影响火灾危害性的大小，一般来说，传播速度越高，越容易蔓延到临近的材料及可燃物，使火灾扩大。

⑤热释性　常用来表征材料热释性的量为热释放速率，定义为单位质量的生物质复合材料燃烧时在单位时间和面积内的热释放量。生物质复合材料燃烧的主要原因是存在大量热量，因此热释放速率是影响火灾现场温度和火灾传播速度的重要因素。热释放速率越大的复合材料，火灾危害性越大，可能造成的损失就越大。

⑥耐燃性　生物质复合材料的耐燃性可以表征材料抵制燃烧的能力，可以用点燃时间来表示，在条件相同时，生物质复合材料点燃时间越久，说明材料越不易燃烧，耐燃性越高。

⑦自熄性　表明材料抵抗燃烧的能力，通常可以用极限氧指数来表示。极限氧指数越高，表示材料越容易发生自熄，燃烧持续的时间越短，不同材料的自熄性能不同。

⑧生烟性　生物质复合材料在燃烧过程中总会产生一定量的烟，烟气生成量与材料的成分与结构有关，材料的生烟性一般可以用烟密度或光密度来表示。生烟性是生物质复合材料在火灾中产生的最严重的危险因素之一，因为它降低了火灾现场的能见度，而且有毒性，影响逃生和救援工作，严重威胁人类的生命。

⑨有毒气态产物　生物质复合材料中的聚合物是有机高分子，在分解或燃烧时都会释放出有毒气体，因此毒性气态产物已经成为火灾中人员伤亡的主要原因。材料燃烧时的发烟速率和一氧化碳等毒性气体的生成速率，是评价材料火灾安全性的一个重要方面。不同生物质复合材料释放的毒性气体和种类不同，最常见的毒性气体是一氧化碳，其他还有氰化氢、卤化氢和硫化氢等。

⑩腐蚀性气态产物　生物质复合材料在燃烧时除了释放出毒性气体外，还会产生腐蚀性气体，如卤化氢。腐蚀性气体会损害金属、电器、通电线路等，使财产损失更为严重。

7.1.3　阻燃性能评价方法

在评价材料的燃烧性能时，相关的燃烧性能测试是评价的前提和基础。了解并掌握燃烧性能的相关测试具有很重要的意义，应当特别注意的是，阻燃不是一个绝对的概念，在提及材料的某一阻燃性能时，一定要具体说明采用的测试方法、测试条件和依据的标准。到目前为止，阻燃领域的研究学者已经设计了很多阻燃标准和测试方法。这里重点介绍生物质复合材料的燃烧性能测试的相关内容及现行的国家标准和其他国家的标准。

根据实验试样大小阻燃性能测试方法可分为实验室试验、中型试验及大型试验3类，其中以实验室试验、中型试验最为常用。阻燃性能测试方法通常可分为下述6类：

①点燃性和可燃性(如点燃温度和极限氧指数)。
②火焰传播性(如隧道试验和辐射板试验)。
③热释性(如锥形量热仪和量热计试验)。
④生烟性(如烟箱试验和烟尘质量试验)。
⑤燃烧产物毒性及腐蚀性(如化学分析法和生物试验法)。
⑥耐燃性(如电视整机或建筑部件耐火性试验)。

上述6类方法看似简单,但每一类中的很多种则相当复杂。点燃性和可燃性是要测定火焰是否易于引起;火焰传播性是要测定火焰是否易于蔓延和火焰传播速率;热释性是要测定材料燃烧时的放热量及放热速率,以了解火焰的发展趋势及火对邻近地区的危害性;生烟性和有毒及腐蚀性燃烧产物试验是要测定材料燃烧时的生烟量及火灾气体的毒性和腐蚀性,以了解材料对生物及设备的危害性;耐燃性是为了了解某种材料构筑成的建筑物或建筑物的一部分(如墙、地板、天花板)或其他制品,在强热及火焰的作用下所能经受的时间,即它们在火灾中倒塌或破坏或燃尽所需的时间。

7.2 点燃性和可燃性测定

目前采用的材料可燃性的测定方法多数是基于将特定火焰施加于材料所产生的结果。所用火焰的类型、大小、施加于试样的时间以及试样的尺寸、形状及放置方向等,在不同的试验中可有所不同,且均在测试方法或标准中有详细的规定。近年来,人们正在考虑使这些方法或标准更加合理化和国际化。

7.2.1 氧指数测定

氧指数法(oxygen index, OI)是1966年C. P. Fenimore 和 J. J. Martin 在评价塑料和纺织品燃烧性能的基础上提出来的一种测试火反应的实验方法,又称极限氧指数法(limited oxygen index, LOI)或临界氧指数法(critical oxygen index, COI)。极限氧指数被定义为在规定试验条件下,在氮、氧混合气流中,刚好维持试样燃烧所需的最低氧浓度,以体积分数表示,计算公式如下:

$$OI = \frac{[O_2]}{[N_2]+[O_2]} \times 100\% \tag{7-1}$$

式中 $[O_2]$——氧气的体积流量;

$[N_2]$——氮气的体积流量。

目前我国现行的测定室温下的氧指数的标准是《塑料 用氧指数法测定燃烧行为 第2部分:室温试验》(GB/T 2406.2—2009)[等同采用国际标准《塑料 用氧指数法测定燃烧行为 第2部分:室温试验》(ISO 4589—2:1996)英文版]。这部分标准适用于试样厚度小于10.5 mm 能直立支撑的条状或片状材料,也适用于表观密度大于 100 kg/m³ 的泡沫材料,并提供了能直立支撑的片状材料或薄膜的试验方法。这部分获得的氧指数值能够提供材料在某些受控试验条件下燃烧特性的灵敏尺度,可用于质量控制,所获得的结果依赖于试样的形状、取向、隔热以及着火条件。

在所有材料的可燃性测定试验中,LOI具有特别重要的地位。对很多可燃性试验,其结果都是"通过"或"不通过",或者将材料划为阻燃性等级,但LOI测定的结果则是量化的。LOI对研制阻燃材料,特别是对比较材料的阻燃性,是一个很有用的技术指标,它反应材料燃烧时对氧的敏感程度。但是,用LOI来评价成品元器件中材料的可燃性,则不一定是恰当的,因为LOI的实验室条件并不反映火灾的真实情况。认为LOI大于21%的材料在大气中不能导致燃烧的观点是不正确的，因为测定 LOI 时，试样是在人为的富氧大气中，从上向下点燃的，而在实际火灾过程中，材料可由下向上燃烧，这时就存在对上部材料的预热作用，所以 LOI 大于 21% 的材料也可能在空气中燃烧。另外，日本标准 JISD 1322—77 中根据材料的氧指数将难燃性分为 3 个等级：24% ≤ LOI < 27% 为难燃三级，27% ≤ LOI < 30% 为难燃二级，LOI ≥ 30% 为难燃一级。材料的极限氧指数越高，说明其难燃性越好。尽管其不能反映材料在真实火灾中的情况，但由于氧指数分析法燃烧结果重现性较好，能以数字结果评价燃烧性能，且操作简单、成本低，广泛应用于评价塑料、橡胶、纺织物、泡沫材料、薄膜材料等聚合物或生物质复合材料样品的燃烧性能。除少数阻燃材料外，纯聚合物或生物质复合材料的氧指数一般都比较低，属于易燃材料。

生物质作为积碳型材料，燃烧时能够产生炭层，提高残炭率，其作为填充料也能够促进热塑性塑料脱水成炭，炭层的屏障作用降低热释放量和减少分解气体的扩散，可以延缓热塑性塑料的燃烧进程，提高热塑性塑料的阻燃性能，所以生物质的加入可以提高热塑性塑料的 LOI。生物质材料，例如，木材的 LOI 一般介于 23% ~ 26%，而聚丙烯（PP）、聚乙烯（PE）等热塑性塑料是碳、氢化合物，极易燃烧，LOI 一般介于 17.5% ~ 19%。添加 30 wt% 稻秸纤维，PE 基木塑复合材料（WPC）的 LOI 提高至 21.2%；添加 30 wt% 木粉，PP 基 WPC 的 LOI 可以提高至 21.3%；添加 40 wt% 的椰子皮纤维，PP 基 WPC 的 LOI 可以提高至 20.1%；而添加 60 wt% 木粉，PP 基 WPC 的 LOI 可以提高至 22.3%。

事实上，常温 LOI 只是材料燃烧时在常温环境条件下自熄能力的一种表征，因而在评价材料燃烧性能方面存在明显的局限性。20 世纪 70 年代中期，Routley 提出了高温氧指数的实验方法，在高于室温条件下测试同一材料在不同温度下的氧指数即高温氧指数（oxygen index at elevated temperature, LOI_T），直至 1996 年 12 月该试验方法才有相应的商业测试标准（ISO 4589—3）问世。高温氧指数法是在测试玻璃罩上增加了可控加温装置，可以测试材料在较高温度下燃烧时的氧指数，用于评价材料高温时的燃烧性能，一般最高温度可以提高到 400 ℃。利用高温氧指数技术研究生物质复合材料的氧指数随温度的变化规律，并结合其他阻燃研究的实验表征技术探讨影响这种规律的主要因素的内在机制，进而寻找出抑制材料在高温下氧指数下降趋势的有效途径，对于评价材料抵抗燃烧的能力及阻燃配方的研究无疑具有重要的理论价值和实际意义。杜建新等研究了 PE 与 2 种不同 VA 含量的 EVA 共聚物的高温氧指数，同时结合常温氧指数及锥形量热仪对材料进行阻燃能力的评价，测试后得出结论：LOI_T 能较好地反映材料抵抗燃烧的能力，同时多种测试方法的结合能够更加准确地评价材料燃烧在火灾中的危险程度。

7.2.2 水平及垂直燃烧试验

在众多阻燃性能试验方法中，水平及垂直燃烧试验法最具代表性，应用也最为广泛。其原理为水平或垂直夹住试样一端，对试样自由端施加固定的燃烧源，测定线性燃烧速率（水平法）或有焰燃烧及无焰燃烧时间（垂直法）等来评价试样的阻燃性能。ANSI/UL 94：2013 标准是全球广泛采用的测定塑料阻燃性的方法，可用来初步评价被测生物质复合材料是否适合于某一特定的应用场所。目前关于生物质复合材料的阻燃性能测试中主要使用 UL 94 V-0、UL 94 V-1 及 UL 94 V-2 垂直燃烧试验方法。UL 94 垂直燃烧试验方法根据样品燃烧时间、熔滴是否引燃脱脂棉等因素，将材料燃烧的难易程度分 V-0、V-1、V-2 级，具体的分级方法见表 7-1。

笔者所在课题组根据 ATSM D3801，对添加了阻燃剂 PEI/APP/CNC（PEC）的 WPC 进行了 UL 94 垂直燃烧测试。研究发现，添加了 15 wt%PEC 的 WPC 无法通过 UL 94 测试，添加

表 7-1　UL 94 垂直燃烧试验评定分级指标

级别	指标				
	有焰燃烧时间（s）	每组 5 个试样，施加 10 次火焰的有焰燃烧时间总计(s)	试样有焰或无焰燃烧长度	试样的有焰颗粒对棉花铺底层的影响	任一试样在第二次供火后的无焰燃烧时间（s）
V-0 级	≤10	≤50	不燃烧到夹具	不点燃脱脂棉	≤30
V-1 级	≤30	≤250	不燃烧到夹具	不点燃脱脂棉	≤60
V-2 级	≤50	≤300	不燃烧到夹具	不点燃脱脂棉	≤60

了 20 wt%PEC 的 WPC 的 UL 94 测试等级为 V-1，而添加了 25 wt%PEC 的 WPC 的 UL 94 测试等级为 V-0，具体结果见表 7-2。Guan 等为了提高木塑复合材料的阻燃性，采用单乙醇胺经离子交换反应改性的聚磷酸铵（APP）阻燃剂 ETA-APP 制备了阻燃木塑复合材料。通过极限氧指数（LOI）、UL 94 垂直燃烧测试等研究了该生物质复合材料的可燃性。结果表明，阻燃 WPC 的阻燃性能大大提高，LOI 为 43.0%，与含相同 APP 质量分数的 WPC 相比，LOI 提高了 71.6%，垂直燃烧测试可以通过 UL 94 V-0 等级。

表 7-2　WPC 的 LOI 和 UL 94 测试结果

试样名	LOI(%)	UL 94(3.2 mm)	
		等级	是否滴落
WPC	19.8(0.15)	无等级	否
WPC/PEC 15%	24.4(0.17)	无等级	否
WPC/PEC 20%	26.6(0.15)	V-1	否
WPC/PEC 25%	28.7(0.21)	V-0	否

7.3　点燃温度测定

点燃温度指在规定试验条件下，材料分解放出可燃气体，经外界火焰点燃并维持燃烧一定时间的最低温度。BS ISO 871：2006、ASTM D1929—16、GB/T 9343—2008 及 GB/T 4610—2008 都是测定点燃温度的标准方法。但实际上测定的是材料的闪燃温度和自燃温度。闪燃温度是材料分解形成的可燃性气体可被火焰或火花点燃的温度，它通常高于起始分解温度。自燃温度是材料本身的化学反应可导致其自燃的温度，它一般高于闪燃温度(但也有例外)，因为引发自身维持的分解比引发依靠外力维持的分解需要更多的能量，例如，木材的闪燃温度一般在 225~260 ℃，自燃温度在 410~440 ℃。材料的自燃温度随环境中氧浓度的增高而降低。此外，材料的闪燃温度和自燃温度不是一个绝对的定量指标，因为它们与测定设备的几何特征，特别是分解气体与大气中氧的混合情况有关。因此，在给出自燃温度及闪燃温度时，必须注明所用试验方法。

7.3.1　塑料燃烧性能试验方法 闪燃温度和自燃温度的测定（GB/T 9343—2008）

GB/T 9343—2008 与 ASTM D1929—16 及 BS ISO 871：2006 等标准测定材料点燃温度的

方法基本上是一样的,均采用 Setchkin 仪(热空气炉)。测定点燃温度的试样,热塑性材料可为块状、粒状或粉状,热固性材料则为 20 mm×20 mm 的片状或膜状。试样质量为 3 g±0.5 g,若单片试样的质量不足 3 g±0.5 g,可将若干片或薄膜用金属丝捆扎。观察分解气体被点燃时的空气温度(T_2)及试样温度(T_1)。若 T_1 迅速提高,则 T_2 即闪燃温度的第一近似值。改变空气流速为 50 mm/s 和 100 mm/s,重复测定试样的另外 2 个闪燃温度的第一近似值。

自燃温度的测定方法及步骤与闪燃温度相同,只是不使用点火器。

材料的点燃温度是材料可燃性的重要特征之一,它可以相对比较各种材料在特定条件下的火灾安全性。但点燃温度不是一个具有绝对意义的物理量,它只是表征材料可燃性的一个相对参照量,不仅不同方法测得的结果缺乏严格的可比性,且即使是使用同一种方法,其测定结果也随测定条件而异,即受很多因素的影响,主要有空气流速、空气升温速率、试样质量等。一般来说,空气流速增高,升温速率增大,试样质量减小,均可使点燃温度升高。

塑料制品的自燃温度约在 400 ℃,由于塑料制品受热会挥发出可燃气体,其闪燃温度比自燃温度低。纸张、棉布类可燃物的自燃温度约 270 ℃,其受热后挥发出可燃物较少,其闪燃温度与自燃温度比较接近。

7.3.2 塑料 热空气炉法点着温度的测定(GB/T 4610—2008)

此法用于测定材料的点着温度,该温度表征材料分解出的可燃气体,经外火焰点燃并能持续燃烧一定时间的最低温度。点着温度是评价材料火灾危险性的重要参数之一。一般情况下材料的点着温度越低,火灾危险性越大。

7.4 火焰性能测定

火焰传播是指火焰前沿在材料表面的发展,它关系到火灾波及邻近可燃物而使火势扩大。火焰传播性能常以隧道法及辐射板法测定。

7.4.1 隧道法

(1) ASTM E84-18 隧道法

此法用于测定建筑材料及固体塑料的火焰传播速率(同时测定生烟性)。根据试验测得的火焰传播指数(FSI)(及烟密度)将材料分类。

由隧道法测定的材料的 FSI 值介于 0 到 200,FSI 值越小的材料,火灾危险性越小。高层建筑和楼道,应采用 FSI<25 的材料,25≤FSI≤100 的材料只能用于防火要求不甚严格的场所,而 FSI>100 的材料不符合阻燃要求。根据 NFPA 的规定(ASTM E84—18 标准与 NFPA 255:2006 及 UL 723:2008 等同),用隧道法测定的一般建材的 FSI,A 类为 0~25,B 类为 26~75,C 类为 76~200,烟指数小于 450(或按 ANSI/ASTM D2843:1999 测定的烟密度不大于 75)。对硬质泡沫塑料,根据其用途,用隧道法测得的 FSI 应≤25 或≤75,烟指数≤450。

Fabian 根据 ASTM E84 确定的 FSI 对超过 35 种甲板类型的防火性能进行评估(图 7-3),实验发现,除 2 个评估的盖板以外,所有其他评估的盖板 FSI 测量结果均符合 ASTM D 7032 和 ICC-ES AC174 中指定的"不大于 200 的 FSI"要求。Ipe 木材的 FSI 值为 35~45(IBC B 级火焰蔓延等级)。出于比较目的,基于 PVC 的地板的 FSI 值最低,通常在 15~45,基于聚烯烃的地板的 FSI 值在 50~130,而木材的 FSI 值则在 35~90,具体取决于种类。

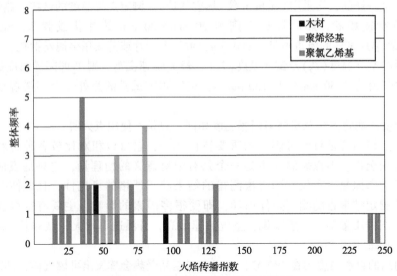

图 7-3　甲板表面燃烧火焰传播指数

(2) 加拿大 CAN/ULC-S 102-10 隧道法

此法用于测定建筑材料表面燃烧特征,它基本上类似于美国的 ASTM E84—18 隧道法,但该法的实验结果表述方法则不同于 ASTM E84—18,它至少要进行 3 轮试验,求得火焰传播指数 FSI_1 及 FSI_2。

将火焰前沿移动的距离对时间作图,如果所得曲线下的总面积 $A_T \leqslant 29.7\ \text{m}\cdot\text{min}$,则 $FSI_1 = 1.85 A_T$;如 $A_T > 29.7\ \text{m}\cdot\text{min}$,则 $FSI_1 = 1640/(59.4 - A_T)$。有些材料燃烧时,其火焰前沿在试验早期可能传播很快,但随后即减慢,甚至最终不能达到试样末端,这时按式(7-2)计算 FSI_2 值。

$$FSI_2 = 92.5 \frac{d}{t} \tag{7-2}$$

式中　d——火焰前沿传播速率开始明显下降时移动的距离,m;

　　　t——火焰前沿移动距离 d 相应的时间,min。

此外,CAN/ULC-S 102-10 试验还测定或计算材料燃烧时的生烟性及热释性。生烟性的测定与 ASTM E84—18 相同。热释性则是根据火焰前沿移动距离对时间作图所得曲线来计算的。以红橡木的该曲线包围的面积为 100,复合材料的该曲线包围的面积为 0,将试样的该曲线包围的面积与红橡木的相应值比较,以评估试样的热释性。根据加拿大的有关建筑规范,应按火焰传播分类指数及生烟性将材料分类,以一个分数表示,分子代表允许的最大火焰传播指数,分母代表允许的最大生烟性,例如,25/50 所代表的材料,其火焰传播指数为 0~25,生烟值为 0~50。150/300 所代表的材料,上述 2 值分别为 76~150 及 101~300。加拿大有关建筑规范提出的建材的火焰传播指数及生烟性等级见表 7-3。

7.4.2　辐射板法

(1) ASTM E162—16 辐射板法

《Standard test method for surface flammability of materials using a radiant heat energy source》(ASTM E162—16)也称辐射面板试验,是实验室使用最为广泛的火焰传播性能测定方法之一。试验时,将试样暴露于辐射板热源及中型喷灯下最多 15 min,试样点燃后,记录火焰前

表 7-3 火焰传播指数和生烟性等级

火焰传播指数	范围	生烟值	范围
25	0~25	50	0~50
75	26~75	100	51~100
150	76~150	300	101~300
X_1	>150	X_1	>300
X_2	>300	X_2	>500

沿达到参考标记(两参考标记间距离为 76 mm)处的时间。如果火焰前沿由一个参考标记到另一个参考标记的时间小于 3 s,则视为闪燃。试验中,还要记录由烟气释放出的热、生烟性及燃滴。实验结果是计算被试材料的火焰传播指数 I_s,它是火焰传播因素(F_s)与放热因素(Q)的乘积,计算公式如下:

$$I_s = F_s Q \\ Q = \frac{CT}{\beta} \quad (7-3)$$

式中 C——单位换算常数;

T——被试样温度-时间曲线上与石棉-水泥标定试样温度-时间曲线上热电偶测得的最大温度差;

β——设备常数,约 40 ℃/kW。由 ASTM E162—16 测得的一般材料的 I_s 介于 0 至 200。

(2)ASTM E970—17 法

此法以辐射板试验测定屋顶绝缘地板材料的火焰传播性能,以火焰不再传播的辐射板的临界热流量表征。此法的试验装置同《铺地材料的燃烧性能测定 辐射热源法》(GB/T 11785—2005)。ASTM E970—17 的试验结果可用于评价屋顶绝缘地板材料的燃烧行为(火焰传播性能),此法系模拟屋顶火灾对材料的点燃,不太适用于评估作为其他建筑构件的绝缘材料的火焰传播行为。国际建筑规范(IBC)建议,可用 ASTM E84—18(隧道法测定材料的火焰传播速率),检验屋顶绝缘地板材料的火焰传播性能。

刘东发等参照《铺地材料的燃烧性能测定 辐射热源法》(GB/T 11785—2005)进行实验,如图 7-4 所示,在保证烟道内气体流速、辐射校准曲线、养护时间等条件一致的基础上,分别将讨验基材设定为硅酸钙板、B1 级木地板、B2 级木地板,材料黏附方式分化学固定(胶黏剂)以及机械固定 2 种,取 2 种不同样品(90%羊毛+10%尼龙+麻纱、100%尼龙-66+PVC、100%涤纶+PVC)作为试件,试件取固定方向进行 3 次试验,取 3 次平均值作为该校准曲线条件的实验结果。结果表明,为保证测试结果的良好重现性,①尽量保证辐射通量曲线与标准曲线一致;②养护时间应保证试件达到质量平衡状态以消除水分的影响;③试件安装时选择与实际安装一致的基材及安装方式。

(3)DS/ISO 5658—2:2006 法

DS/ISO 5658—2:2006 规定的方法用于测定建筑产品的横向火焰传播性能。此法采用的是点燃源为辐射板及丙烷喷灯,辐射板尺寸为 450 mm×300 mm,辐射强度可达约 62 kW/m²,表面温度可达约 750 ℃。此法的试样,无论是地板、墙壁还是天花板,均为 3 个,尺寸为 800 mm×155 mm×(≤40 mm)。但试样的位置则有不同,对于地板及天花板,应保持辐射板

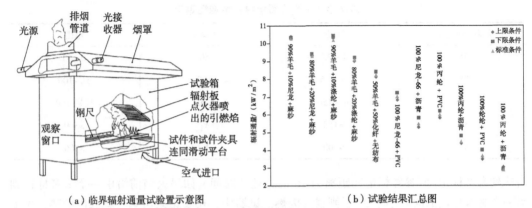

(a) 临界辐射通量试验置示意图　　　(b) 试验结果汇总图

图 7-4　临界辐射通量试验测定方法及结果

长边(450 mm)垂直，试件水平，位于辐射板底部平面的中央，试件长边(800 mm)与辐射板呈 45°角。另外，所有试件暴露面积的末端最近距辐射器应为 100 mm。

(4) 意大利 UNI 9174：2010 法

UNI 9174：2010 与 DS/ISO 5685—2：2006 法相同，用于测定水平位置材料(天花板和地板)及垂直位置材料(墙壁)的火焰传播性能，其试验装置同 DS/ISO 5685—2：2006，试验条件也与其类似，但是只有 UNI 9174：2010/A1 规定，被试材料按其 4 个阻燃参数(火焰传播速率、破坏长度、阴燃时间及燃烧熔滴)的极权总和值分成 4 类(表 7-4)，且极权总和值越大的材料，易燃性越高。

表 7-4　UNI 9174：2010/A1 对材料的分类

类别	I	II	III	IV
地板	5~7	8~10	11~13	14~15
墙壁	6~8	9~12	13~15	16~18
天花板	7~9	10~13	14~17	19~21

极权总和值是上述 4 个阻燃参数各自的等级与相应权重系数乘积的综合，即极权总和 = $\sum$(等级×权重系数)。3 个阻燃参数的等级见表 7-5，各参数的权重系数分别为：火焰传播速率为 2；破坏长度为 2；阴燃时间为 1；燃烧熔滴，对材料地板材料为 0，墙壁材料为 1，天花板材料为 2。

表 7-5　材料 4 个阻燃参数的等级

级别	火焰传播速率(mm/min)	破坏最大长度(mm)	阴燃时间(s)	熔滴自燃时间(s)
1	不测定(火焰未达试样 150 mm 标记处)	≤300	≤180	不燃
2	≤30	300~600	180~360	≤3
3	>30	>600	>360	>3

(5) 英国 BS 476—6：1989+A1：2009 法

BS 476—6：1989+A1：2009(简称 BS 476—6)法用于比较多种材料对火灾形成的贡献，且主要是用于评估墙壁和天花板衬里的防火性能，其测定结果以火焰传播指数表示。

(6) 英国 BS 476—7：1997 法

英国 BS 476—7：1997 法用于测定火焰沿垂直板状试样表面传播的情况，其测得的结果适用于比较墙壁或天花板暴露表面的防火性能。根据试验结果将被试材料按表 7-6 分为 4 级，4 级材料火灾危险性很高，不允许用作建材。

表 7-6 按火焰表面传播情况对材料分类

级别	试样 1.5min 时的火焰传播程度		试验终了时的火焰传播程度	
	极限值(mm)	一个试样允许偏差值(mm)	极限值(mm)	一个试样允许偏差值(mm)
1	165	25	165	25
2	215	25	455	45
3	265	25	710	75
4	超过 3 级的值			

(7) 德国 DIN 4102—14：1990 法及荷兰 NEN 1775：1991 法

德国 DIN 4102—14：1990 法以辐射板试验测定地板材料的火焰传播性能。其试验装置同 GB/T11785—2005 和 ASTM E970—17。此法采用 3 个尺寸为 1050 mm×230 mm×(一般厚度)的试样。该法还同时测定试样的生烟性，临界辐射热流量及生烟性均符合规定的才能通过此试验。

荷兰的 NEN 1775：1991 法测定地板对火蔓延的贡献，其中包括 2 个参数，一个是火焰传播，另一个是点燃性。该法对火焰传播性能的测定同德国的 DIN 4102—14：1990 法，但 NEN 1775：1991 法不测定试样的生烟性。

(8) EN ISO 9239—1：2010 法及 ISO 9239—2：2003 法

这 2 种方法用于在高热流下测定地板材料水平表面的火焰传播性能。其实验装置及规范与 ASTM E970—17 相似，但 ISO 9239—2：2003 法施加于试样的辐射热流量较高。此两法所用试样尺寸为 1050 mm×230 mm，水平放置。这 2 种试验方法均能得出试样火焰不再传播的临界流量，并据此将材料分类，ISO 9239—2：2003 法是模拟地板表面有风时的火焰传播性能，且热流量较高，所以试验结果更具普遍性。

7.4.3 其他方法

本部分所描述的 2 种方法，是以单一喷灯(或燃烧器)点燃水平、垂直或倾斜放置的试样，这些方法实际上都是设计用于测定材料的点燃性及可燃性的，但因为它们均测定试样燃烧一定距离所需时间以计得燃烧速率，并据此评估火焰传播情况。这些方法的试验装置及规范基本上与 UL 94 有关试验(塑料可燃性测试)类同，故在此只简单介绍。

(1) ASTM D635—14 法

此法是用于测定硬质塑料的燃烧速率，它相当于 UL 94 HB 法，不过试样尺寸略有不同。ASTM D635—14 采用 10 个尺寸为 125 mm×13 mm×3 mm 的试样，从试样自由端计起，100 mm 处做有参考标记。试验时，以蓝焰长 20 mm 的本生灯火焰施加于试样 30 s，如试样燃烧达 100 mm 标记处，测定平均燃烧速率(mm/min)；如试样燃烧未达 100 mm 标记处即自熄，测定平均燃烧时间(s)和平均燃烧长度(mm)，根据有关建筑规范将塑料分级。

此结果为材料的可燃性分类提供基础。在建筑规范中，要求建材用生物质复合材料以此法测定的燃烧速率小于 63.5 mm/min(试样厚度大于 1.27 mm 时)。如防火要求更严格，则最大燃烧速率限于 20 mm/min，或燃烧达参考标记前自熄。在最新的国际建筑规范中，要求

CC1 类材料的燃烧长度不大于 25 mm(厚度 1.5 mm 时),CC2 类材料的燃烧速率应小于 63.5 mm/min(厚度 1.5 mm 时)。

Halim 等采用 ASTM D635—14(UL 94)方法测量纯的不饱和聚酯树脂(UPR)以及添加了三氢氧化铝(ATH)/二氧化硅气凝胶(SA)的不饱和聚酯树脂复合材料的燃烧性能,结果表明,所有调查的样品均根据 ASTM D635—14 评估通过了 HB(水平燃烧)等级。由于连续燃烧,纯的 UPR 和 UPR/30SA 被归类为 D 级,而 UPR/30ATH 和 UPR/15ATH15SA 由于达到了燃烧后着火迅速减少的目的而达到了 B 级阻燃,具体的测试结果见表 7-7。

表 7-7 用于 UPR 和 UPR 复合材料的 UL 94 水平燃烧(ASTM D635—14)测试结果

试样名	燃烧时间(s)	燃烧长度(mm)	燃烧速率(mm/s)	等级分类	描述
UPR	161	100	0.28	D	较浓黑烟和空气中的颗粒物
UPR/30SA	153	100	0.33	D	较浓黑烟和空气中的颗粒物
UPR/30ATH	6	<25	自熄	B	无烟
UPR/15ATH15SA	13	<25	自熄	B	烟雾较少,火焰迅速缩小

(2)法国 NF P 92—504 法

此法相当于美国的 UL 94 HB 法和美国的 DIN 50051:1977 法,用于测定水平放置的材料的火焰传播速率。如果材料在有关的火试验中迅速熔化而不燃烧,或者材料经有关的火试验检测,不能达 M1~M3 级(法国分类标准),则进行此试验。对于前一种情况,测定试样的明燃、熄火、滴落物燃烧和不燃熔滴等现象;对于后一种情况,测定火焰的传播速率。此法采用 4 个尺寸为 400 mm×35 mm 的试样。按试验结果,将材料分为 M1~M4 级。

Butstraen 等通过原位聚合成功地将间苯二酚双(磷酸二苯酯)微囊化,并且在涂覆前先用热塑性塑料外壁[聚苯乙烯(PS)或聚甲基丙烯酸甲酯]包衣,通过简单的填充工艺将阻燃化合物掺入非织造 PET 基材中,并使用 NF P92—504 标准评价阻燃性能。结果表明,所有测试配方的火焰蔓延率都相对较低,只有 PS 含量低的配方才被归类为 M2,其他的则归为 M3 级。

7.5 热释性测定

材料的热释放量是指材料燃烧时放出的总热量,是材料火灾危险性的重要特征之一,热释放量越大的材料,越易引发材料闪燃,以致形成灾难性火灾的可能性越高,特别是热释速率(HRR)及其峰值(pHRR),对评估材料火安全性更具实际意义。

试验证明,对火具有决定作用的阻燃参数之一是 HRR,特别是 pHRR,它与火的最大强度有关。因为要使火能蔓延,即由一个着火体点燃另一物体,需满足两个条件:一是着火体要能产生足够的热量以点燃另一物体;二是热释放的速率要足够快,以避免由于另一物体周围空气的冷却效应而使热量耗损。生物质复合材料经阻燃后,峰值热释放速率成倍下降。

生物质复合材料的热释性,包括总热释放量、HRR(其平均值及峰值)等常采用锥形量热仪及美国俄亥俄州立大学(OSU)量热仪测定。但应注意,这 2 种装置所测得的同一指标所用的单位是不同的。

7.5.1 锥形量热仪法

锥形量热仪是按物质燃烧的耗氧原理,由美国国家标准与技术研究院(NIST),即原美国国家标准局(NBS)Babrauskas 博士研制成功的小型材料燃烧性能测试仪,以其锥形加热器而得名,也称为耗氧量热仪。在小型锥形量热仪问世后,又出现了多种大型锥形量热仪,如测定家具燃烧热的"家具量热仪",测量房间燃烧热释放的"单室量热仪"等。

(1)锥形量热仪原理——耗氧原理

耗氧原理是 1917 年 Thornton 发现的。物质的摩尔燃烧焓是指每摩尔物质与氧完全燃烧所产生的焓变(数值与燃烧热相同,但符号相反),以 ΔH_c 表示,单位为 kJ/mol 或 kJ/kg 或 kJ/g。耗氧燃烧热是指物质与氧完全燃烧时消耗单位质量氧所产生的热量,以 E 表示,单位为 kJ/g,计算公式如下:

$$E = \frac{-\Delta H_c}{r_0} = \frac{-\Delta H_c}{消耗氧量/燃烧物质量} \tag{7-4}$$

式中 $-\Delta H_c$——燃烧焓,kJ/g;

r_0——完全燃烧反应中氧消耗量与燃烧物的质量比,即氧与物质完全燃烧时的计量比。

大量有机物及聚合物的计算耗氧燃烧热极为相近,可视为常数。所以,利用耗氧燃烧热估算火灾中材料燃烧所释放的热能,特别是热释放速率是比较方便的。按此原理,只需知道燃烧体系在燃烧前后含氧量的差值就可以由耗氧燃烧热计算材料燃烧释放的热量,且较容易用于开放体系中材料燃烧热的测量。

(2)锥形量热仪测定的参数

①点燃时间(TTI) 指在一定辐射热流强度(0~100 kW/m²)下,用标准点燃源(电弧火源)施加于试样,从样品暴露于热辐射源开始到表面出现持续点燃现象为止的时间(s),即样品在设定辐射功率下的点燃时间,也称为耐点燃时间。点燃时间是评价材料火灾危险性的重要参数之一,材料点燃时间越短,越容易点燃,火灾危险性就越大。

②热释放速率(HRR 或 RHR) 指在设定的辐射热流强度下,样品点燃后单位面积上的热释放速率,单位为 kW/m²。HRR 按耗氧量原理确定。一般地,热释放速率越大,大量热反馈至材料表面加快其热解速率,从而产生更多的挥发性可燃物,加速火焰传播,因此,材料的火灾危险性就越大。热释放速率有平均值及峰值。锥形量热仪根据上文提及的耗氧原理,通过式(7-5)来测定热释放速率:

$$\dot{q}^n = \frac{1}{A}E(\dot{m}_{O_2}^0 - \dot{m}_{O_2}) = \frac{1}{A}\frac{\Delta H}{r_0}\left[\frac{\dot{M}_{O_2}}{\dot{M}_a}\left(\frac{x_{O_2}^{A^0} - x_{O_2}^A}{\alpha - \beta x_{O_2}^A}\right)\right] = \frac{1}{A}\frac{\Delta H}{r_0}\times 1.10\left[C\sqrt{\frac{\Delta \rho}{T_e}}\frac{0.2095 - x_{O_2}^A}{\alpha - \beta x_{O_2}^A}\right] \tag{7-5}$$

式中 $\dot{M}_{O_2}$——氧气的相对分子质量;

$x_{O_2}^{A^0}$——氧气分析仪测定的初始摩尔分数;

$\dot{M}_a$——空气的相对分子质量;

T_e——烟道中孔板流量出口处的气体温度;

$x_{O_2}^A$——氧气分析仪测定的燃烧摩尔总数;

$\Delta \rho$——孔板流量计测定的气体压差;

α, β——各种气体常数膨胀因子;

C——质量流速,kg/s;

A——样品实际暴露于辐射场的面积。

i. 平均热释放速率(avHRR):与截取的时间有关,因此有几种表示法,单位均为 kW/m²,

如从燃烧起至自熄这一段时间的 avHRR 为总的 avHRR。在实际中，经常采用从燃烧开始至 60 s、180 s、300 s 等初期的 avHRR，分别以 avHRR$_{60}$、avHRR$_{180}$、avHRR$_{300}$ 来表示。avHRR 是与材料在室内初期燃烧时的热释放速率关联，此时不是室内所有材料同时被点燃。在火灾过程中，初期的 HRR 有着重要的作用，因为当火灾进入闪燃阶段时，大多数阻燃高分子材料对提高防火安全性已无所贡献，而阻燃是着眼于火灾的早期防治，且初期火灾的发展直接同消防设计方案有关。有些研究表明，锥形量热仪测定的 avHRR$_{180}$ 同大型试验的室内火灾初期的 HRR 有很好的相关性。

ii. 热释放速率峰值(pHRR)：指热释放速率曲线上的最高值，是材料重要的火灾特性参数之一，单位为 kW/m^2。一般材料在燃烧过程中有 1 个或 2 个峰值，其初始的 pHRR 往往代表材料的典型燃烧特性。燃烧过程中，成炭材料一般出现 2 个峰值，即初始的最高峰和熄灭前的另一个高峰，这种现象被认为是燃烧时材料炭化形成炭层，减弱了热向材料内层的传递，以及阻隔了一部分挥发物进入燃烧区的结果，使热释放速率在最初的第一个峰值后趋于下降。

iii. 火灾性能指数(FPI)：指 *TTI* 与第一个 *pHRR* 的比值，单位为 $s \cdot m^2/kW$。*TTI* 与封闭空间(如室内)火灾发展到闪燃临界点的时间，即"闪燃时间"有一定的相关性。*FPI* 越大，达到闪燃的时间越长，火灾危险性越小。

③质量损失速率(MLR)　指材料燃烧时质量损失变化的速率，单位为 kg/s 或 $kg/(s \cdot m^2)$。*MLR* 也与所取的时间间隔有关，且热质量损失曲线和 *MLR* 都是在设定辐射热强度下测得的，*MLR* 一般随辐射强度的升高而增长。*MLR* 与 HRR 是相关联的，若已知材料的有效燃烧热 EHC，则可由 *MLR* 估算热释放速率。

④有效燃烧热(EHC)　表示燃烧过程中材料受热分解形成的挥发物中可燃烧成分燃烧释放的热，单位为 MJ/kg。由 *EHC* = *HRR*/*MLR* 计算。由于分解产物中有不燃烧的成分，或由于燃烧产物中释放出阻燃的物质导致原来的可燃物不再燃烧，EHC 可以反映材料在气相中有效燃烧成分的多寡，能够帮助分析材料燃烧和阻燃机理。

⑤总热释放量(THR)　指试样在分解和燃烧过程中释放出的总热量，单位为 MJ/m^2。

⑥生烟参数：锥形量热仪测得的材料的生烟性可由几种生烟参数表示。主要包括比消光面积(SEA)、生烟速率(SPR)、生烟总量(TSP)、烟释放速率(RSR)、烟参数(SP)和烟因子(SF)，具体关于生烟参数的内容请参照下文 7.6.4 锥形量热仪法测定材料生烟性。

⑦燃烧产物的生成量：如 CO 及 CO_2 等的生成量。

⑧成炭率：通过上述参数，可预测材料在大型燃烧试验时的热释放速率，研究小型阻燃试验结果与大型阻燃试验结果的关系，并能分析阻燃剂的性能和估计阻燃材料在真实火灾中的危险程度。此外，锥形量热仪也可用于测定阻燃聚合物的点燃性。在很多情况下，材料是由临近火焰的热辐射点燃，而不是由与材料直接接触的小火焰点燃的。例如，房屋的墙壁和天花板，它们可由屋内燃烧材料的家具的热辐射而导致着火，这种情况是非常危险的，因为被点燃的墙壁及天花板表面积很大，火焰传播速率极快。多年来，人们都是采用辐射板法来模拟材料的这种点燃情况。但如果采用锥形量热仪法，不仅更方便，而且更易反映材料固有的阻燃性能，因为此试验不易被材料的收缩或熔化干扰。

潘明珠等以稻秸为增强相、高密度聚乙烯(HDPE)为基体相、聚磷酸铵(APP)为阻燃剂制备了稻秸-HDPE 复合材料，并利用锥形量热仪，探讨 APP 的添加量(0、8%、10%、12%)对复合材料阻燃性能的影响。稻秸-HDPE 复合材料在燃烧过程中的热释放速率、总热释放量曲线如图 7-5 所示。从图中可以看出，稻秸-HDPE 复合材料的燃烧曲线特性与木材-HDPE(WPC)复合材料相似。在 60~360 s 的范围内，稻秸-HDPE 复合材料的峰值热释放速率、总热释放量均低于木材-HDPE 复合材料。氧指数值测试结果显示,稻秸-HDPE 复合材料的氧指数值为 20.4%,略高于木材-HDPE 复合材料。这进一步说明,在增强相与高密度聚乙烯配比相同时,稻秸-HDPE 复合材料的阻燃性能高于木材-HDPE 复合材料。当在稻秸-HDPE 复合材料中添加 APP 时,复合材料的热释放速率、总热释放量明显降低。当 APP 添加量为 12% 时,稻秸-HDPE 复合材料的平均热释放速率、峰值热释放速率、总热释放量达到 133 kW/m²、357 kW/m² 和 105 MJ/m²,比未添加 APP 时分别降低了 20.4%、20.7% 和 11.0%。稻秸-HDPE 复合材料阻燃性能的具体测试结果见表 7-8。

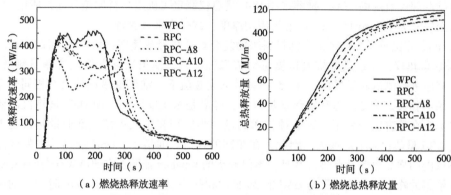

图 7-5 稻秸-HDPE 复合材料的燃烧特性曲线

表 7-8 稻秸-HDPE 复合材料阻燃性能的测试结果

试样	平均热释放速率(kW/m²)	热释放速率峰值(kW/m²)	总热释放量(MJ/m²)	点燃时间(s)	总烟释放(m²/m²)	氧指数值(%)
WPC	165	471	117	23	1478	19.6 (0.15)
RPC	167	450	118	24	1455	20.4 (0.15)
RPC-A8	147	408	114	27	2042	22.1 (0.17)
RPC-A10	168	453	112	20	2116	22.3 (0.17)
RPC-A12	133	357	105	19	2044	23.0 (0.15)

(3) 设备及操作

锥形量热仪法的美国标准为 ASTM E1354—17,国际标准为 ISO 5660—1:2003、ISO 5660—2:2003、ISO 5660—3:2013。

锥形量热仪工作时,将试样置于加热器下部点燃。试样表面尺寸为 10 cm×10 cm,厚度可达 5 cm。只要表面不是十分不规则,即可满足测试要求。

试验证明,由锥形量热仪测得的烟参数(S_p)可与大型火试验测得的消光系数(C_e)相关联,计算公式如下:

$$\lg S_p = 2.24 \lg C_e - 1.31 \tag{7-6}$$

对锥形量热仪的测定结果,至少还存在下述另外 4 种相关性:

① 比消光面积峰值与家具量热仪测得者平行。

② 简单燃料在锥形量热仪中燃烧的比消光面积与在大型试验中以相近的燃料燃烧速率测得者能良好关联。

③由锥形量热仪数据预测的最大热释放速率与相应的大型家具火试验结果的相关性甚佳。

④基于总热释放量及点燃时间的函数能准确地预测有些墙壁衬里材料在大型火试验中的相对闪燃时间。

7.5.2 美国俄亥俄州立大学(OSU)量热仪法

除了测定材料的热释放速率(ASTM E906/E906M—17),OSU 量热仪也可测定烟和有毒气体(如 CO、CO_2、NO_2、HCN 及 HBr)生成量及氧耗量。

美国联邦民航规则(FAR)推荐采用 OSU 量热仪测定飞机用材料的热释性,所用试样为 3 个,表面尺寸为 15 cm×15 cm,厚度为使用厚度,试样为垂直放置。

Kandola 等比较了 2 种飞机内饰材料织物复合材料热释放速率(HRR)的测试方法,分别使用 OSU 量热仪,通过热电堆直接测量对流和辐射热,使用锥形量热仪法测量氧气消耗。用标准程序进行测试时观察到,在 35 kW/m^2 入射热流下的锥形量热仪结果与相同热流下的 OSU 结果不相关。这是因为在锥形量热仪中,样品是水平安装的,而 OSU 量热仪需要垂直采样并暴露在垂直辐射板下。这 2 种技术的进一步区别在于点火源:锥形量热仪是火花点火,而 OSU 量热仪是火焰点火。因此,在相同的入射热通量下,OSU 量热计中的样品比锥形量热仪内的样品更容易点燃。并且,本段开头的 Kandola 证明了在 50 kW/m^2 热通量的锥形量热仪暴露的峰值热释放结果与 OSU 的 35 kW/m^2 热通量相似,但在 2 min 时间内的平均热释放值和总热释放值显著不同。

7.6　生烟性测定

材料燃烧时的生烟性是二次火效应。二次火效应是指那些与火灾伴生的、但并不构成火焰所显示的燃烧过程的现象。除了生烟性外,它们还包括燃烧气体的腐蚀性和毒性、明燃和阴燃熔滴等。本节仅讨论生烟性。

材料在火灾中燃烧时的生烟性,与一系列因素有关,如火灾规模、单位质量物质的生烟量、火灾传播速率、通风情况、材料燃烧时的温度等。而且,其中有些因素不仅影响生烟量,还影响所形成烟的特征。所以,火灾中烟的形成不是一个可重现的过程,要定量描述这一过程是很困难的。从实施技术的角度,材料生烟性的实际测定方法可分为两大类,一类是专门用于测定生烟性的;另一类是多功能的,一般与其他阻燃性能同时测定。

测定生烟性的方法最好是基于人眼对烟的感知和对烟可见度的影响。已有的测定烟密度的方法较多,其中较简单的是质量法测定生烟量,即将烟质点收集于滤纸或其他介质上,再称量其质量,以估测材料燃烧时的生烟量。电学法也可用于测定烟密度,其原理是根据电离室中电荷的生成量以测定生烟量。但最经常使用的还是光学法,此法是在一规定空间内建立一个模型火试验,然后测定生成的烟对光束的衰减,以计得烟密度。如 NBS 烟箱及 XP2 烟箱均系采用光学法测定烟密度。

目前,市场上已有一些可用于测定烟密度的光度计供应,其光敏元件的波长范围与人眼的可视波长范围相同,其测定结果能提供十分有用的信息,指导人们选用生烟量较低的材料,以便在火灾时取得更多的逃逸时间,提高防火安全水平。

很多生烟性的试验方法,已成为国家或国际标准,广泛用于测定很多工业领域(如电子电气、建材、交通)用材料的生烟性。一些材料允许的烟密度值,也是很多国家法令执行的标准。定量地表征火灾中的生烟性是很困难的,为了得到材料生烟性的确定信息,必须避免很多不确定的变量,因而应在标准条件下测试,以得到可再现性的结果。这就是说,至少在所规定的条件下，可以比较不同材料的生烟性。但是，要对材料在实际火灾中的生烟情况给出定量的结论，则还是不可能的。不过，从实验室的测定结果及火灾中取得的经验，对材料在实际火灾中的生烟行为，还是可以给出有限的预测。

7.6.1 光学法测定烟密度

当光线透过一个充满烟尘的空间时，由于烟质点的吸收和散射，光的强度降低。光衰减的程度与烟质点的大小和形状、折射率及光的波长和入射角有关。这可简化为朗伯-比尔定律：

$$F = F_0 e^{-\sigma L} \tag{7-7}$$

式中　F——由于烟层而引起衰减后的光通量；

　　　F_0——起始光通量；

　　　σ——衰减系数；

　　　L——通过烟的光径长。

衰减系数可用式(7-8)表示：

$$\sigma = K\pi r^2 n \tag{7-8}$$

式中　K——比例系数；

　　　r——烟质点的半径；

　　　n——单位体积内的质点数。

光密度可由朗伯-比尔定律衍生得到，即式(7-9)：

$$D = \lg\frac{F_0}{F} = \frac{\sigma L}{2.303} \tag{7-9}$$

现行以光学法测定烟密度的仪器，都是按朗伯-比尔定律工作的。

现用的以光学法测定烟密度的设备，虽然都是基于消光测定原理工作的，但所用设备及测定条件有所不同，且有时差别还很大，所以，当比较来源不同的烟密度数值时，应当说明测定所用设备及条件，否则缺乏可比性和相关性。

7.6.2　NBS 烟箱法

此法是由美国国家标准(NBS，现为美国国家标准及技术研究院，NIST)建立的，广泛地用于测定固体材料的烟密度。它在美国、中国、法国及德国均被引用为国家标准。与 NBS 烟箱法相应的美国标准是 ASTM E662—17a。另外，此法也为 ISO 接受。

NBS 烟箱测定材料的生烟性，无论从理论上还是实际上都有一些缺点，其中最重要的是缺乏与大型火试验的相关性。用 NBS 法测定的烟密度通常不能与大型火试验的结果相关联，因而不能用于预测材料在真实火灾中的危害性。但尽管如此，与 XP2 烟箱法相比，NBS 烟箱还是考虑到了较多的真实火灾条件，可测定材料明燃及阴燃 2 种情况下的烟密度。该法试验所用试样尺寸为 76 mm×76 mm×25 mm(最大厚度)，共用 6 个试样，3 个用于测定阴燃烟密度，3 个用于测定明燃烟密度。试验结果以最大烟密度表示。

在美国各种有关建筑的法规中，并未引入 NBS 烟箱法。根据 ASTM E662—17a 的规定，NBS 烟箱法只用于材料的研发，而不作为材料分类的目的。但在美国有些法规中有关建筑物内制成品的烟密度的规定，则涉及 NBS 烟箱法。

郭栋等将锥形量热仪和 NBS 烟箱法 2 种手段结合，以含钼化合物八钼酸蜜胺 K_c 分别对 PVC/K_c/Cu_2O 和 PVC/K_c/Fe_2O_3 体系的热和烟释放性能进行了研究。研究发现，锥形量热仪可以模拟实际火情下综合测量材料的动态热和烟释放性能，所测烟参数也更全面可靠，并能对添加的阻燃和抑烟作用机制作一定分析；NBS 烟箱测量的是封闭体系的积累释放状况，其操作简单、使用方便，在某些场合如机舱和建筑物内也被广泛采用。

7.6.3 XP2 烟箱法

此法已确定为美国标准 ASTM D2843—16，它用于测定塑料建材的生烟性。在欧洲，XP2 烟箱法或在其基础上经改良的方法，也用于其他建材生烟性的测定。XP2 烟箱法的测试试样为 6 个，试样尺寸是 30 mm×30 mm×4 mm，泡沫材料为 60 mm×60 mm×25 mm，包覆材料为 30 mm×30 mm×原始厚度。目前此法应用于生物质复合材料生烟性检测的研究较少。

7.6.4 其他方法

(1) ASTM E84—18 隧道法

此法是一个多功能火性能测试方法，主要用于测定材料的火焰传播速率，但在美国也常用于测定生烟性。对隧道法测得的生烟性，人为地将红橡木定为 100%，石棉-水泥定为 0。根据美国有关建筑法规的规定，用作建材的生烟性不应超过 450%。

(2) 锥形量热仪法

锥形量热仪法在测定一系列材料阻燃参数的同时，也测定生烟量，且可用下述一系列参数表示。

① 比消光面积(SEA) 表示单位质量燃烧物的生烟能力，单位为 m^2/kg。计算公式如下：

$$SEA = \frac{kV_f}{MLR} \tag{7-10}$$

$$k = \frac{I}{L}\ln\left(\frac{I_0}{I}\right) \tag{7-11}$$

式中 k——消光系数；

V_f——烟道中燃烧产物的体积流速；

MLR——质量损失速率；

L——烟道的光学长度，m（在标准的锥形量热仪中 $L = 0.1095$ m）；

I_0——入射光强度；

I——透射光强度。

SEA 不直接度量烟的大小，而是计算生烟量时的一个转换因子。锥形量热仪法中许多生烟量参数的计算均需采用 SEA。

② 生烟速率(SPR) 被定义为比消光面积与质量损失速率之比，单位为 m^2/S。计算公式如下：

$$SPR = \frac{SEA}{MLR} \tag{7-12}$$

③ 总生烟量(TSR) 表示单位样品面积燃烧时的累积生烟总量，单位为 m^2/m^2。计算公式如下：

$$TSR = \int SPR \tag{7-13}$$

④ 烟释放速率(RSR) 试样在燃烧过程中单位面积瞬时烟释放量。

⑤ 总产烟量(TSP) 表示总的产烟量，单位为 m^2。计算公式如下：

$$TSP = TSR \times 样品面积 \tag{7-14}$$

⑥ 烟参数(SP) 表示火灾发展最为充分时的烟气遮光度大小，可用于衡量人员疏散和逃生的难易程度。其数值越低，危险性越小。计算公式如下：

$$SP = SEA_{(平均)} \times pHRR \tag{7-15}$$

⑦烟因子(SF)　表征产品的潜在产烟量，计算公式如下：

$$SF = HRR \times TSR \tag{7-16}$$

以上烟的各种参数各有其特征与适用范围，有时不能单以某一生烟参数的大小来衡量材料生烟量的高低。例如，SEA 值大的材料有时并不比 SEA 值小的生烟量高，因为 SEA 中并未包含 pHRR 的影响。在实际火灾中，高 SEA、低 HRR 的材料可能烧不起来，或者很快熄灭，致生烟停止；低 SEA、高 HRR 的材料则可能导致火灾，并伴随大量烟的产生。与传统的测烟技术相比，锥形量热仪测定的是动态生烟效应，即瞬时的生烟特征，因此有可能用于模拟火灾中的真实释烟过程。

锥形量热仪测烟和 NBS 烟箱测烟间虽然很难定量联系，但 2 种方法对比试验的某些结果相当平行。如 NBS 烟箱法测定的纯均聚 PP(LOI=18%~19%)的 D_m 值为 152，十溴二苯醚阻燃 PP(LOI=24~25%)的 D_m 为 748，氢氧化镁阻燃 PP 的 D_m 为 99；而用锥形量热仪测定的此三者的 SEA 分别为 0.5552、1.2071 和 0.2697。2 种方法的 3 组数据之间的相对比率非常接近。

潘明珠所在课题组对添加了阻燃剂 PEI/APP/CNC(PEC)的 WPC 进行了锥形量热烟释放量测试，研究发现，与 APP 相比，添加 PEC 导致 WPC 的 TSR 显著降低，如图 7-6 所示。WPC/APP 15%的 TSR 较高，为 2626.1 m²/m²，这主要是由于被 APP 碳化的膨胀碳层燃烧不完全所致。PEC 的添加使得 WPC 的 TSR 急剧降低至 1897.8 m²/m²，与 APP 相比降低了 27.7%。随着 PEC 的添加量增加到 25%，TSR 最终降低到 1313.78 m²/m²，甚至低于纯 WPC 的 TSR。同时，SEA 的结果与 TSR 一致。

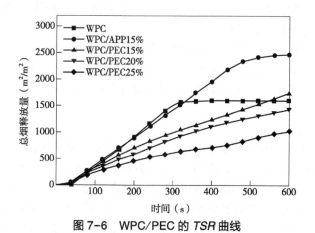

图 7-6　WPC/PEC 的 TSR 曲线

7.7　燃烧产物腐蚀性测定

在火灾中，由于材料燃烧而生成一些能腐蚀建筑物及其内部的气态产物。腐蚀的破坏程度取决于下述一系列因素：腐蚀物的类型、腐蚀物的浓度和作用时间、腐蚀物的温度及其周围的温度、大气温度、被腐蚀材料的种类以及清理火灾现场所采用的方法等。材料燃烧气态产物的腐蚀作用大致可分为 2 种：一种是对建筑物的，即对建筑材料及建筑构件的腐蚀；另一种是对设备的，即对机械、金属制品、生产设备和电子电气装置等的腐蚀。

一般来说，所有有机材料燃烧或热裂解时都会放出腐蚀性气体。即使像木屑、羊毛、棉花这类物质的燃烧产物，也对金属有腐蚀作用。不过，聚氯乙烯裂解所造成的腐蚀作用是最严重的，其次是含大量卤系阻燃剂的生物质复合材料，因为后者热分解时能产生酸性的卤化氢。降低材料中的卤系阻燃剂的用量，其热裂解或燃烧产物的腐蚀性可明显降低。但必须注意，材料的高氯含量并不等同其高腐蚀性，因为在火灾中，材料往往不是完全燃烧的。例如，地板就由于其特殊的位置，在火灾中仅部分被破坏。密实堆积的材料也会由于炭层的形成而受火灾的影响较小，因为炭层能保护下层材料。

含溴生物质复合材料热裂解时造成的腐蚀性比含氯者低，但低的溴含量即可赋予材料有效的阻燃性。有些腐蚀性气体(如 HCl、HBr)的腐蚀作用与大气中的相对湿度十分有关。例如，在相对湿度为 40%~70% 的大气中，HCl 的腐蚀性急剧增高。HCl 的临界相对湿度是 56%，HBr 是 39.5%。研究火灾气体的腐蚀性，其主要意义在于指导火灾后必需的清理和复原。由于现在已有很多有效的清理方法，所以火灾气体腐蚀性对建筑和装置(包括电子和电气设备)的永久性破坏已大为降低，且必要时可对设备快速修理，对有些电子设备，火灾后只经短期的中断即可重新启动。在电气工程中，目前测定火灾气体腐蚀性的标准方法还很少，但有些正在制订中。

目前，用于燃烧产物腐蚀性测定的方法有：ISO 11907—2、IEC 60754—1、ASTM D5485—16、法国 NF C20—453 等。

7.8　燃烧产物毒性测定

材料燃烧气态产物的毒性是一个很复杂的问题，其理论及实际方面的系统研究还处于初始阶段。材料燃烧时形成的有毒物质对人及动物的影响是至关重要的，人们对此正给予越来越多的关注。燃烧产物毒性试验的主要目的之一是确定火灾气体对生物体的病理影响，阐明这类气体对生命的实际毒性，并且区分火灾气体所能引起的各种不同类型的毒性，特别是要研究火灾气体中各组分对人体的综合作用。

检测燃烧产物毒性的试验方法主要采用 2 种方法。一种是化学分析方法，它是测量和分析燃烧产物中的化合物，以鉴别和定量化有毒的气体化合物；另一种是生物试验的方法，是在实验室研究燃烧时产生的有害气体对动物的生命和健康的影响程度。以下就这 2 种方法作简要介绍。

7.8.1　化学分析法

化学分析法同通常的燃烧成分分析方法没有多大差别，可采用红外光谱法、质谱法、核磁共振等方法分析 CO 等有毒有害化合物。这些方法有些是通过特定的小型分解或燃烧装置产生气体，如法国的 NF X 70—101 即采用燃烧箱燃烧样品，然后测量和分析燃烧或分解气体产物；有些是同小型或大型的燃烧实验相结合，如锥形量热仪，大型单室燃烧实验等都可以同气体分析仪器相连以分析燃烧产物的成分。目前国内外常见的烟气毒性测试标准中所用的实验装置的相关说明见表 7-9。

表 7-9　烟气毒性测试装置相关说明

标准	试样尺寸	点火方式	调控参数	测量特点
DIN5343、GA/T505	长度 400 mm	管式炉	温度、氧浓度、气体流量	各类气体
ASTM E662、ISO 5659	76 mm×76 mm，厚度小于 25 mm	热辐射与丙烷火焰	有无火焰	烟密度
ISO 5660	100 mm×100 mm，厚度小于 50 mm	热辐射与电火花	辐射强度	烟密度、各类气体、点燃时间、质量变化、热释放量

(续)

标准	试样尺寸	点火方式	调控参数	测量特点
NES713	1 g	电火花	无	各类气体
ASTM E1678	小于500 g	热辐射与电火花	辐射强度	点燃时间、质量变化和各类气体
ISO 19700	长度700 mm	管式炉	温度、氧浓度、气体流量	烟密度和各类气体

刘天奇等使用产物毒性测试箱(图7-7)对隔热隔声棉材料进行燃烧产物烟毒性测试，实验发现，隔热隔声棉燃烧产生的CO毒气体积分数虽然为0.003%，还没有达到足以让人体产生不良反应的体积分数(0.02%)，但是试验受到了点火持续时间、点火温度、燃烧箱体积、样品质量等因素的限制，若上述因素发生改变，例如，增大点火持续时间、点火温度、样品质量，产生的CO毒气便可能对人体构成威胁。

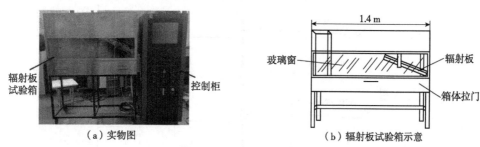

图7-7 产物毒性测试箱

7.8.2 生物试验法

在生物方法中，通常用大鼠和小鼠作为试验对象。将它们直接暴露于可控制的分解或燃烧气体中，在一定时间内观察和分析它们死亡的数目和性质。在生物方法中，有几种常用的表示毒性的参数比较重要，常常用来表示毒性的大小和分类，包括：死亡率(%)，致死时间，50%试验动物致死剂量(LD_{50})、50%试验动物致死浓度(LC_{50})、50%试验动物致死时间(LT_{50})等。

国际上目前有许多生物实验方法，例如，德国工业标准(DIN)方法(DIN 53436)；美国国家宇航局(FAA)方法；美国国家标准与技术研究院的(NBS)法；辐射热试验(RHT)法；匹兹堡大学(PITT)法；旧金山大学(USF)法；美国联合碳化物公司的卡内基梅隆(CMIR)法等。就火灾有关毒性分析而言，比较常用的方法为NBS方法和PITT方法。

7.9 阻燃机理分析

关于生物质复合材料的阻燃机理的表征测试对其阻燃性能的研究也起到必不可少的作用，其中有两点特别值得关注：

①生物质复合材料燃烧时凝聚相热降解过程产生的中间与最终产物大多是结构复杂、颜色深黑的不溶性物质，如何进行定性与定量的表征已成为制约本领域继续前行的绊脚石。

②获取聚合物受热降解与成炭过程中气相与凝聚相的实时信息。随着现代科学技术的发展，许多先进的分析仪器和处理方法如红外光谱仪、热分析技术、X射线光电子能谱等已被

应用于阻燃领域，对阻燃机理的研究做出了很大的贡献。

7.9.1　X射线光电子能谱分析法

电子能谱技术是20世纪70年代初发展起来的一种表面/界面分析技术，主要鉴别物质化学状态、结构。其应用于阻燃方面的研究工作仅有十几年，XPS可提供有关生物质复合材料中聚合物降解、交联成炭过程极有价值的信息，对揭示阻燃机理有着举足轻重的作用。XPS也是表面分析工具，主要用于粒子表面元素组成、价态及含量的分析，所得到的仅是粒子的表面信息，如果要得到材料深度组成信息，需要与离子束溅射剥蚀粒子表面技术配合，这样就可以进行深度剖面分析。

潘明珠课题组使用XPS对锥形量热仪测试得出的WPC燃烧残渣进行分析，如图7-8所示，可以看到，133eV、191eV、103eV、154eV、284eV和532eV处的峰可以指定为P2p、P2s、Si2p、Si2s、C1s和焦炭残渣的O1s。残留物中化学成分的相对含量见表7-10。对于WPC/APP 8%/纳米SiO$_2$ 6%，与WPC/APP 14%相比，O/C、Si/C和P/C的相对含量增加。这表明纳米SiO$_2$可以捕获更多的O和P，以改善炭层的完整性。

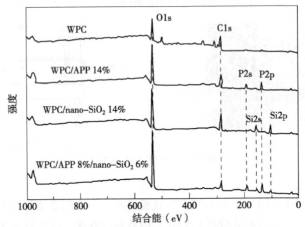

图7-8　WPC经锥形量热仪测试后炭渣的XPS光谱

表7-10　WPC的锥形量热法测试后，焦炭残留物的原子组成　　　　%

试样名	C1s	O1s	Si2p	N1s	P2p	O/C	Si/C	P/C
WPC	54.8	39.0	1.4	1.4	3.4	0.7	0.0	0.1
WPC/APP 14%	38.1	50.6	0.3	0.8	10.3	1.3	0.0	0.3
WPC/nano-SiO$_2$ 14	45.9	40.4	13.4	—	0.3	0.9	0.3	0.0
WPC/APP 8%/nano-SiO$_2$ 6%	22.8	60.7	4.5	1.4	10.6	2.7	0.2	0.5

Guan等为了提高木塑复合材料的阻燃性，采用单乙醇胺经离子交换反应改性的聚磷酸铵（APP）阻燃剂ETA-APP，制备了阻燃木塑复合材料。通过热重分析（TGA）、傅里叶变换红外光谱（FTIR）和X射线光电子能谱（XPS）研究了WPC/ETA-APP系统的阻燃机理。XPS的结果发现，如图7-9所示，在256℃时，在284.5 eV处的峰归属于残留物中脂肪族和芳香族物质的C—H和C—C。在285.0 eV附近的谱带归因于C—O—C，C—OH，C—N和C—O—P。在495℃附近出现的新的峰值归因于C=O、C=C、C=N，表明在相对较高的温度下，芳构化反应进一步形成稳定的交联。

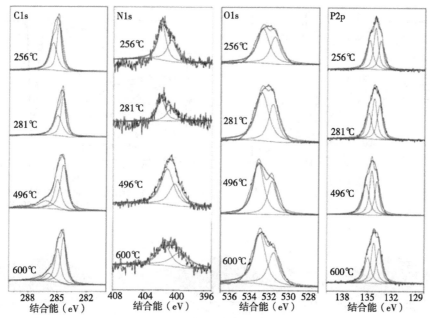

图 7-9　WPC/30wt% ETA-APP 的缩合产物在不同温度下的 C1s, N1s, O1s 和 P2p X 射线光电子能谱图

7.9.2　热重-红外联合分析法

由于材料的成炭性与其氧指数密切相关，通过热分析研究生物质复合材料燃烧时的残炭量，为其阻燃性提供有利数据，同时也可以根据其质量及热效应的变化，对其燃烧性和燃烧过程中的稳定性做出评价，结合红外光谱技术对不同阶段残炭物的结构进行表征分析，可以分析出阻燃体系的微观阻燃机理，是一种有效评价材料阻燃性能的有效手段。

潘明珠课题组对添加了阻燃剂 PEI/APP/CNC(PEC) 的 WPC 进行阻燃机理的研究，使用 TG-FITR 联合分析法对生物质复合材料热解过程的气态产物进行分析，如图 7-10 所示，对于纯的 WPC，很明显，在 280 ℃以下几乎没有气体产物释放出来。WPC 在 298 ℃时开始分解，在 2100~2200 cm^{-1} 处的峰归因于 CO。随着时间的流逝，大量的气体化合物(例如 CO_2、H_2O 和一些烷烃、醚、酚、酮、醛和其他有机物质)开始挥发。对于 WPC/APP 15%，它在 308 ℃时开始分解，析出的产物有 CO(2200~2300 cm^{-1})，NH_3(3000~3200 cm^{-1}、800~1000 cm^{-1})，H_2O(3500~4000 cm^{-1})和氧化磷(1200~1300 cm^{-1})。对于 WPC/PEC 15%，在 290 ℃发生热解，并且与 WPC/APP 15% 相比，它在 TG-FTIR 光谱上显示出相似的峰。但是，WPC/PEC 15% 中存在的相应峰比 WPC/PEC 15% 中的峰弱，这表明 WPC/PEC 15% 的燃烧过程相对较温和，并释放出较少的气态化合物，从而在 700℃时有较高的炭残留量，这进一步说明了 PEC 可以改善 WPC 的抑烟性。

7.9.3　扫描电子显微镜分析法

扫描电子显微镜(SEM)分析法是利用细聚焦的电子束在样品表面逐点扫描，用探测器收集在电子束下样品中产生的电子信号，再把信号转变为能反映样品表面特征的扫描图像。扫描电镜具有可进行微区成分分析、分辨率高、成像立体感强和视场大等优点，因而使其在阻燃科学中的应用越来越广泛。利用扫描电镜可以研究阻燃剂对成炭过程的影响、燃烧炭层的结构及其组成成分。

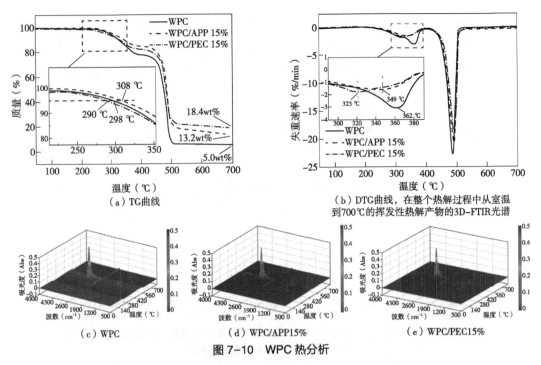

图 7-10 WPC 热分析

潘明珠等对稻秸-HDPE 复合材料残炭的形貌和化学成分做 SEM-EDS 测试，如图 7-11 所示。稻秸-HDPE 复合材料残炭表面覆盖着颗粒物，如图 7-11(a)所示。经 EDS 测试，残炭的主要化学成分为 C、O、Si。Si 来自稻秸，是水稻在生长过程中通过生物矿化作用沉积在稻秸表面所致。当采用稻秸作为 HDPE 的增强相时，在复合材料的燃烧过程中，伴随着有机质的热解，硅物质性质稳定，可以逐渐迁移到材料表面，起到一定的阻燃作用。因此，在增强相与 HDPE 配比相同时，稻秸-HDPE 复合材料的阻燃性高于木材-HDPE 复合材料。

图 7-11 稻秸-HDPE 复合材料残炭的表面形貌图

当在稻秸-HDPE 复合材料中添加 APP 后，复合材料的残炭表面覆盖颗粒物和簇状物，如图 7-11(b)~(d)所示，颗粒物与簇状物相互交错分布。经 EDS 测试，残炭的主要化学成分为 C、O、P、Si。在稻秸-HDPE 复合材料燃烧过程中，APP 受热迅速分解成氨气和聚磷酸。聚磷酸是强脱水剂，可以催化稻秸中的聚糖发生酯化、脱水和交联反应，因此，稻秸-HDPE 复合材料的初始分解温度向低温方向移动，提前发生热降解。热解过程促进了炭层的形成，炭层隔绝材料与氧气的接触，在固相起阻止燃烧的作用；脱水过程中形成的水汽和

APP 分解的氨气可以稀释气相中的氧气浓度，从而起到阻止燃烧的作用。另外，稻秸中含有的硅物质可以通过吸附和物理覆盖，减少燃烧过程中热量向材料内部的传递，同时，硅物质还可以和 APP 发生交联反应，起到稳定炭层的作用。

7.9.4 拉曼光谱分析法

拉曼(Raman)光谱是研究分子振动的一种光谱方法，它的原理和机制都与红外光谱不同，但它提供的结构信息却是类似的，都是关于分子内部各种简正振动频率及有关振动能级的情况，从而可以用来鉴定分子中存在的官能团。分子偶极矩变化是红外光谱产生的原因，而拉曼光谱是分子极化率变化诱导的，它的谱线强度取决于相应的简正振动过程中极化率的变化的大小。在分子结构分析中，拉曼光谱与红外光谱是相互补充的。例如，电荷分布中心对称的键，如 C—C、N=N、S—S 等，红外吸收很弱，而拉曼散射却很强，因此，一些在红外光谱仪无法检测的信息在拉曼光谱能很好地表现出来。

潘明珠采用拉曼光谱对添加了阻燃剂 PEC 的 WPC 残炭进行进一步分析，如图 7-12 所示，2 个主要特征峰明显出现在 1585 cm^{-1}(G 频带)和 1349 cm^{-1}(D 频带)。对于 WPC/APP 15%残炭显示出较高的 I_D/I_G 值，为 0.89，表明石墨化度较低。对于 WPC/PEC 15%，其 I_D/I_G 值降低至 0.84，表明石墨化程度增加，说明 PEC 的添加有利于复合材料的燃烧成炭，进一步增强了其阻燃性。

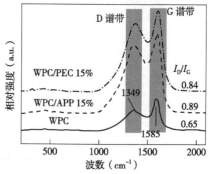

图 7-12　WPC 燃烧残炭的拉曼谱图

除上述常见表征方法外，差示扫描量热分析(DSC)、俄歇电子能谱(AES)、紫外可见光谱、介电松弛谱、光声光谱等方法也可以作为生物质复合材料的阻燃机理的分析手段。

潘明珠采用多种分析测试手段对添加 CNC 协效 APP 阻燃剂的 WPC 进行阻燃机理解释。锥形量热仪测试后 WPC 残炭的化学和物理结构如图 7-13 所示。对于纯的 WPC，如图 7-13(a)所示，在 1571 cm^{-1} 处的峰归属于芳族 C=C 拉伸振动，表明产生了多环芳族烃。对于 WPC/APP，C=C 拉伸振动的峰值移到了一个相对较高的波数 1627 cm^{-1} 并变得更宽，揭示了一些含有 C=C 结构的形成。另外，在 997 cm^{-1} 和 880 cm^{-1} 处的峰分别对应于 PO_2 和 PO_3 中 P—O—P 的不对称拉伸振动和 P—O 的对称振动。对于 WPC/APP-9wt% CNC，与 WPC/APP 相比，没有产生新的峰，并且在焦炭层内仍保持相似的化学结构。WPC/APP-9wt%CNC 的残炭的 XRD 谱图，如图 7-13(b)所示，在 22.9°和 24.1°处显示 2 个新峰，分别为 P—O—C 和 P=O，这表明形成了良好的焦卟啉磷酸盐结构。焦炭残留物的 XPS 光谱显示出 WPC/APP 在 133 eV 和 191 eV 处分别出现 2 个新峰，如图 7-13(c)所示，分别归因于 P2p 和 P2s。对于 WPC/APP-9wt%CNC，随着 C1s 峰强度的增加，P2p 和 P2s 的峰强度明显降低，这与 EDS 结果一致。所有样品炭层的拉曼光谱，如图 7-13(d)所示，显示出 2 个主要谱带，分别位于 1370 cm^{-1}(D 谱带)和 1600 cm^{-1}(G 谱带)。WPC/APP 的炭层显示较高的 I_D/I_G 为 0.75，表明石墨化程度较低。然而，WPC/APP-9wt%CNC 中出现的 I_D/I_G 降低至 0.672，这表明石墨化程度相对较高，CNC 对 WPC 炭的形成具有积极作用。

评价生物质复合材料的阻燃性能，主要包括材料的点燃性和可燃性、火焰传播性、热释性、生烟性、燃烧产物毒性和腐蚀性以及材料耐燃性。目前，关于阻燃性能的定性评价主要依赖于各种阻燃标准和测试方法，从实验尺度和分析内容上基本可以看成从微观测试逐步发

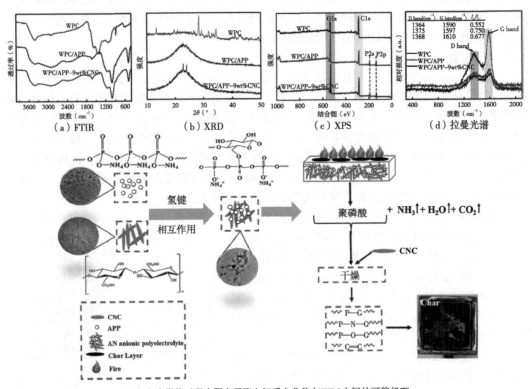

图 7-13 燃烧产物的结构特征

展为宏观测试。除了锥形量热仪法、垂直燃烧性能测试、极限氧指数法、化学分析法及生物试验法等多种用于评价材料的不燃性、着火(点着)性、热释放速率、火焰蔓延性、放热性、发烟性、烟气毒性的常规表征手段，关于生物质复合材料的阻燃机理的表征测试对其阻燃性能的研究也起到必不可少的作用，同时进一步直观化生物质复合材料的具体燃烧过程。随着科学技术的不断发展和学科的深入交叉，阻燃领域的相关标准和测试方法仍在不断地更新和发展中，生物质复合材料的阻燃性能测试技术也将进一步加快生态化发展的脚步，为阻燃生物质复合材料的改进提供坚实的基础。

参考文献

范维澄，孙金华，陆守香，等，2004. 火灾风险评估方法学[M]. 北京：科学出版社.

欧育湘，2001. 阻燃高分子材料[M]. 北京：化学工业出版社.

罗文圣，1994. 木质材料的燃烧过程及其阻燃处理[J]. 建筑人造板，4(2)：13-18.

胡源，宋磊，2008. 阻燃聚合物纳米复合材料[M]. 北京：化学工业出版社.

潘明珠，丁春香，张帅，等，2020. 木塑复合材料阻燃研究新进展[J]. 林业工程学报，5(5)：1-12.

温变英，2019. 塑料测试技术[M]. 北京：化学工业出版社.

生瑜，郑守扬，朱德钦，2015. 生物质对木塑复合材料燃烧性能影响的研究进展[J]. 纤维素科学与技术，23(2)：68-73.

吴玉章，华毓坤，1999. 木材结构特性对氧指数的影响[J]. 木材工业，13(6)：10-12.

杜建新，韩颂青，夏军涛，等，2000. 高温氧指数测定在聚合物阻燃性能研究中的应用[J]. 中国塑料, 14(9): 55-59.

胡云楚, 2006. 硼酸锌和聚磷酸铵在木材阻燃中的成炭作用和抑烟作用[D]. 长沙: 中南林业科技大学.

刘东发, 肖智仁, 尹碧军, 等, 2015. 地毯燃烧性能测试结果重现性研究[J]. 化纤与纺织技术, 44(4): 46-51.

潘明珠, 梅长彤, 李国臣, 等, 2014. 聚磷酸铵改善稻秸——高密度聚乙烯复合材料的理化性能[J]. 农业工程学报, 30(16): 328-333.

尹作栋, 欧育湘, 赵毅, 等, 2007. 塑料燃烧时生烟性的测定[J]. 工程塑料应用, 35(8): 45-48.

郭栋, 王建祺, 2001. 八钼酸蜜胺、Cu_2O 与 Fe_2O_3 对 PVC 协同抑烟作用的研究[J]. 高分子材料科学与工程, 17(3): 87-90, 94.

刘天奇, 蔡之馨, 王宁, 2021. 客机隔热隔声棉点火特性与产烟毒性研究[J]. 航空动力学报, 36(2): 377-383.

伍林, 欧阳兆辉, 曹淑超, 等, 2005. 拉曼光谱技术的应用及研究进展[J]. 光散射学报, 17(2): 180-186.

JIANG D, PAN M Z, CAI X, et al., 2018. Flame retardancy of rice straw-polyethylene composites affected by in situ polymerization of ammonium polyphosphate/silica[J]. Composites Part A-applied Science and Manufacturing, 109: 1-9.

ZHANG Z X, ZHANG J, LU B X, et al., 2012. Effect of flame retardants on mechanical properties, flammability and foamability of PP/wood-fiber composites[J]. Composites Part B: Engineering, 43(2): 150-158.

AYRILMIS N, JARUSOMBUTI S, FUEANGVIVAT V, et al., 2011. Coir fiber reinforced polypropylene composite panel for automotive interior applications[J]. Fibers and Polymers, 12(7): 919-926.

BAI G, GUO C G, LI L P, 2014. Synergistic effect of intumescent flame retardant and expandable graphite on mechanical and flame-retardant properties of wood flour-polypropylene composites[J]. Construction and Building Materials, 50: 148-153.

HUANG Y P, ZHANG S, CHEN H, et al., 2020. A branched polyelectrolyte complex enables efficient flame retardant and excellent robustness for wood/polymer composites[J]. Polymers, 12(11): 2438.

GUAN Y H, HUANG J Q, YANG J C, et al., 2015. An effective way to flame-retard biocomposite with ethanolamine modified ammonium polyphosphate and its flame retardant mechanisms [J]. Industrial & Engineering Chemistry Research, 54(13): 3524-3531.

FABIAN T Z, 2014. Fire performance properties of solid wood and lignocellulose-plastic composite deck boards [J]. Fire Technology, 50(1): 125-141.

HALIM Z A A, YAJID M A M, NURHADI F A, et al., 2020. Effect of silica aerogel-aluminium trihydroxide hybrid filler on the physio-mechanical and thermal decomposition behaviour of unsaturated polyester resin composite[J]. Polymer Degradation and Stability, 182: 109377.

BUTSTRAEN C, SALAUEN F, DEVAUX E, et al., 2016. Application of flame-retardant double-layered shell microcapsules to nonwoven polyester[J]. Polymers, 8(7): 267.

PAN M, MEI C, DU J, et al., 2014. Synergistic effect of nano silicon dioxide and ammonium polyphosphate on flame retardancy of wood fiber-polyethylene composite[J]. Composites Part A: Applied Science and Manufacturing, 66: 128-134.

KANDOLA B K, HORROCKS A R, PADMORE K, et al., 2006. Comparison of cone and OSU calorimetric techniques to assess the flammability behaviour of fabrics used for aircraft interiors[J]. Fire and Materials, 30(4): 241-255.

DING C X, PAN M Z, CHEN H, et al., 2020. An anionic polyelectrolyte hybrid for wood-polyethylene composites with high strength and fire safety via self-assembly [J]. Construction and Building Materials, 248: 118661.

第8章 力学性能

材料的力学性能，又称机械性能，是指材料在受到外界载荷的作用时发生形变从而抵抗外力作用的能力，抑或材料在不同工作条件下承受各种载荷后所表现出来的特性，主要有强度、弹性、塑性、韧性、刚性、硬度等。力学性能作为材料在抵抗外界载荷的本征性能，对材料的应用场合有着至关重要的影响。目前，对于生物质复合材料的力学性能研究，按测试观察对象的尺度可以分为宏观力学性能和微观力学性能，按解析物体受载荷作用时内部产生应力是否全部用于平衡外部载荷可以分为静态力学性能和动态力学性能。

8.1 宏观力学性能

生物质复合材料在抵抗外部载荷作用时，按变形阶段可分为弹性变形、塑性变形、断裂破坏。在发生弹性变形时可以采用弹性模量、弯曲模量、剪切模量等来评价材料本身的抗变形能力。材料在发生塑性变形时可以采用伸长率、断面收缩率、屈服强度、静力韧度等标准来评价材料抵抗塑性变形的能力。材料在发生断裂破坏时可以采用断裂韧度、断裂强度、界面结合强度等来评价材料抵抗断裂破坏的能力。按抵抗载荷的能力，可分为强度、韧性、刚性。强度表征着材料受载时抵抗破坏的能力，随载荷形式不同，可有拉伸、弯曲、压缩等强度。韧性表征着材料抵抗快速载荷引起破坏的能力，工程上用冲击强度表示。刚性表征着材料受载荷时抵抗变形的能力，用应力应变比表示，即弹性模量。

关于生物质复合材料的性能测试，在生物质材料增强热偶性聚合物复合材料中，热塑性聚合物构成连续相，虽然通过生物质增强材料的改性和添加耦联剂等各种方法可以增强生物质与聚合物的界面结合作用，但是整个复合材料所表现出来的力学性能更接近于基体聚合物而与木质材料区别较大。因此，在没有确定好力学试验方法及其条件的情况下，参照硬质塑料的方法，如 ASTM D618—13 等进行力学性能测试在理论上具有合理性。不过，生物质复合材料的很多应用场合类似于木材或木质复合材料，因而有时参考木质材料标准，如 ASTM D7031—04、ASTM D4761—19、ASTM D6662—17、GB/T 1928—2009、ISO 3129—2019 等，测试其力学性能。

8.1.1 拉伸性能

拉伸试验是材料力学性能试验中最广泛使用的基本方法之一。通过拉伸试验，在试件的两端缓慢施加拉伸载荷，使试样的工作部分沿轴向伸长，以测试的材料的抗拉能力。试验时，经历弹性变形、塑性变形和断裂3个阶段，从而求出材料强度和塑性的各项指标。拉伸曲线是材料在拉伸载荷下的应力与应变关系曲线，反映出材料内部结构的力学响应，如刚性、屈服和断裂行为等。

弹性变形是一种可逆性变形。材料受拉伸载荷而伸长，一撤去载荷便又恢复到原来的长

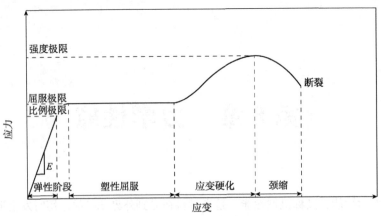

图 8-1 应力-应变曲线

度,这种变形称为弹性形变。在弹性形变阶段,其应力与应变一直保持着线性对应关系,如图 8-1 所示。

材料在外力卸除后保留下来的残余变形,称为塑性变形。塑性变形是一种不可逆变形。当应力超过弹性极限后,材料在继续发生弹性变形的同时,开始产生塑性变形。当达到断裂时,塑性变形量达到极限值,材料的塑性就以断裂时最大的相对塑性变形量表示,因此,材料的塑性表征了材料发生塑性变形的能力。以下着重论述了生物质复合材料拉伸力学性能的特点,分析影响生物质复合材料拉伸力学性能(包括拉伸强度、拉伸弹性模量、屈服强度和断裂伸长率等)的主要因素。

8.1.1.1 拉伸强度

在诸多拉伸性能指标中,拉伸强度作为最基本最重要的指标,也称抗拉强度,是指材料在单向均匀拉应力作用下的最大应力值。对于脆性材料,它代表的是在试件刚刚形成颈缩之前所达到的最大应力。丁春香等将杨木木粉(wood fiber,WF)作为增强体,高密度聚乙烯(high density polyethylene,HDPE)作为基体制备木塑复合材料,对比研究了 WF 添加量对其力学性能的影响。如图 8-2 所示,随着 WF 添加量的增加,WF-HDPE 复合材的拉伸强度出现不同程度的减小。这是由于 WF-HDPE 复合材料中 HDPE 添加量较少,导致拉伸过程中参与弹性和塑性形变的 HDPE 减少,而 WF 趋于团聚缠绕,WF-HDPE 复合材料界面愈发薄弱,加速了其内部裂纹的产生。

8.1.1.2 拉伸弹性模量

试件受拉伸载荷作用时,在比例极限范围内,拉伸应力与相应的应变之比,称为材料的拉伸弹性模量,又称杨氏模量,是表征材料抗拉刚性的主要参数。Du 等研究了不同纳米纤维素、纤维素纳米晶体(cellulose nanocrystals,CNCs)及纤维素纳米纤丝(cel-

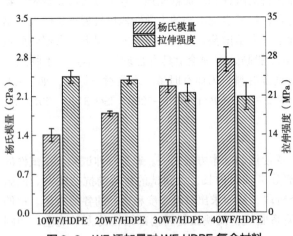

图 8-2 WF 添加量对 WF-HDPE 复合材料力学性能的影响

lulose nanofibers，CNFs）对聚(3-羟基丁酸酯-co-3-羟基戊酸酯）[Poly(3-hydroxybutyrate-co-3-hydroxyvalerate)，PHBV]生物质复合材料力学性能的影响。实验结果表明，向 PHBV 基质中添加 CNC 和 CNF，由于纳米纤维素的高杨氏模量，PHBV 复合材料的拉伸杨氏模量均呈现不同程度的增加。但是，CNC 和 CNF 的引入削弱了 PHBV 复合材料的拉伸强度，这可能是由于亲水性纳米纤维素与 PHBV 疏水性基质之间缺乏良好的黏合性。随着生物质增强材料纳米纤维素的添加量增加，其聚集呈颗粒的现象可能会加剧，进而应力集中及产生缺陷的概率加大，致使复合材料拉伸强度呈线性下降，应力应变传递的失效加速。

8.1.1.3 断裂伸长率

试样受拉伸断裂时，受载部分标距的增量与初始值之比，以百分率表示，称为材料的断裂伸长率。韧性材料由于具有屈服行为，断裂伸长率可以很大，但是脆性材料的断裂伸长率很小。因此，断裂伸长率是材料韧性大小的重要指标之一。潘明珠课题组指出对于纤维增强聚合物的生物质复合材料，因为纤维的刚度比热塑性聚合物基质更高，而且纤维与热塑性基体间相的可变形性降低，因此导致生物质复合材料的拉伸断裂伸长率显著降低。Albano 等指出木粉（20~40 目）和剑麻纤维（平均长度 10 mm）作为聚丙烯塑料填料或增强材料时，剑麻纤维增强的聚丙烯复合材料的断裂伸长率高于木粉填充的聚丙烯复合材料，拉伸强度和冲击强度也同步得到改善，表明剑麻纤维比木粉具有更好的增强作用。

8.1.2 抗冲击性能

抗冲击性能是材料在冲击载荷作用下或在高速应力作用下抵抗断裂的能力。材料的抗冲击性能是通过冲击试验来检测的。在传统的分析过程中，人们往往通过判断断面的粗糙程度来确定材料的断裂韧性和判断材料的断裂机理，并用脆性、韧性或二者的混合形式来定性表征。应用分形维数可定量地表征高分子复合材料冲击断面的形貌，在此基础上，可进一步考察断面表面分形维数与材料冲击强度的关系，以确定二者之间的定量关系。冲击试验可以分为六大类：摆锤冲击试验、高速拉伸试验、落锤冲击试验、仪表冲击试验、高速率冲击试验及其他冲击试验。

摆锤式冲击试验是较为普遍采用的试验方法，尤其是简支梁冲击试验方法与悬臂梁冲击试验方法。其中，简支梁冲击试验是对水平放置在支座2支点上的试件施以冲击力，使试件破裂，以试件单位横截面积所消耗的功率表征材料的冲击韧性。该方法采用无缺口和带缺口2种试件。悬臂梁冲击试验是对垂直悬臂夹持的试件施以冲击载荷，使试件破裂，以试件单位宽度所消耗的功表征材料的冲击韧性。

材料的抗冲击强度是一个对材料的结构很敏感的性能，受材料的成分、工艺、组织结构及其方向性影响，它对于材料内部的缺陷情况反映更为敏感，因此可以作为判定材料质量、评价材料脆断趋势的重要指标。Du 等在研究纳米纤维增强 PHBV 生物质复合材料时指出，CNCs 在 PHBV 结晶过程中充当成核剂，加快结晶速度，减小晶体尺寸并增强结晶成核密度，改善 PHBV 的结晶度，进而一定程度上，可以提高复合材料的冲击强度。但是，相较于 CNCs，高压研磨制备得到的 CNFs 易缠结，降低了 PHBV 分子链的迁移率，削弱了复合材料吸收耗散能量的能力，导致 PHBV 复合材料的冲击强度显著降低。

在通常的实验范围内，随着生物质增强材料添加量的升高，生物质聚合物复合材料的缺口冲击强度有所增加，而无缺口冲击强度明显下降。木粉-聚丙烯复合材料中，木粉粒径对缺口冲击强度和无缺口冲击强度的影响趋势是相反的：随木粉粒径减小，缺口冲击强度降低，而无缺口冲击强度升高。这种现象可以解释为较大的木粉粒径在冲击断裂时需要的断裂面积较大，抵抗断裂的延展能较高，即缺口冲击强度更高，而对于无缺口冲击强度来说较大的木粉粒径更容易在界面处引起应力集中，表现为无缺口冲击强度较低。

用木粉、木纤维作为热塑性聚合物的填料或增强材料具有很大的优势，因为这种木质增强材料相对于无机填料，具有密度低、可再生、对设备磨损低、能赋予复合材料木质感等优点。但是随着添加量的增加，复合材料冲击强度下降显著，制约了生物质聚合物复合材料向更大范围的推广应用。提高生物质-聚合物复合材料的抗冲击性能，通常有如下几种途径：①对聚合物基体进行增韧改性；②优化界面结合作用，形成新的界面层；③优化生物质增强材料的相关因子，如添加量、颗粒大小、分散性以及纤维材料的长径比等。通过添加冲击改性剂可以达到对聚合物基体增韧，并且能在界面处形成柔性界面层，这是一种重要的增韧改性方法。

8.1.3 弯曲性能

材料的弯曲性能是通过弯曲测试来检测的。弯曲试验中最常见的是平面弯曲，是指在垂直于试件轴线的外力作用下，试件的轴线在纵向对称面（通过试样的轴线和截面对称轴的平面）内弯曲成一条平面曲线的弯曲变形。弯曲试验采用圆形截面试样和矩形截面试样，加载方式有三点弯曲和四点弯曲两种。

弯曲性能的物理量中最常用于表征材料参数有弯曲强度（又称抗弯强度或抗折强度）和弯曲弹性模量（简称弯曲模量）。对于脆性材料，弯曲强度反映的是矩形截面梁在弯曲应力作用下试件受拉面断裂时的最大应力。根据每个试件的测定值可以按如下公式计算出三点弯曲或四点抗弯强度：

$$\sigma_{f_3} = \frac{3FL}{2bh^2} \tag{8-1}$$

$$\sigma_{f_4} = \frac{3F(F-l)}{2bh^2} \tag{8-2}$$

式中 σ_{f_3}——三点弯曲强度，MPa；

σ_{f_4}——四点弯曲强度，MPa；

L——试件支座间的距离，mm；

l——压头间的距离，mm；

b——试件弯曲，mm；

h——试件高度，mm。

简支梁四点弯曲与三点弯曲试验方法相比，四点弯曲试验方法工作段受纯弯曲载荷影响，最大弯矩发生在跨距中一个区域，而不是一个点，保证试件破坏在最大应力区域中发生。同时，由于加载点由三点弯曲的1个变为四点弯曲的2个，降低了局部挤压应力，可以有效避免挤压破坏，这对于弯曲强度较高的试件尤为重要。弯曲试验用强度表示脆性，同时用挠度（跨距中心的顶面或底面偏离原始位置的距离）表示塑性，所以很适用于评定脆性和低塑性的生物质复合材料。弯曲试验时，试样的横截面上的应力应变分布不均匀，表面的应力应变最大，可以较灵活地反映此材料的表面缺陷情况。

在比例极限内试件弯曲应力与相应的应变之比称为材料的弯曲弹性模量。三点弯曲弹性模量可以根据以下公式计算得出：

$$E_f = \frac{L^3}{4bh^3} \frac{F}{Y} \tag{8-3}$$

式中 E_f——弯曲弹性模量，MPa；

F——在载荷—挠度曲线的线性部分选定点上的载荷，N；

Y——在载荷对应的挠度，mm。

一般来说，聚合物复合材料弯曲性能除了取决于填充材料和基体树脂的自身性能，还与填充材料的形状、大小及其分布，填料在基体树脂中的分散状态，填料与树脂基体间界面的组成和结构等密切相关，而后者又取决于两者之间的相容性和制备方式。与木材和人造材料等木质材料相比，生物质复合材料的弯曲强度和弯曲弹性模量都低于天然木材，与木质人造板大致相当。其中，采用木粉和聚氯乙烯或聚丙烯为原料生产的复合材料 WF-PVC 和 WF-PP，其弯曲强度高于定向刨花板和中密度纤维板，而 WF-PVC 的弯曲弹性模量高于中密度纤维板，这表明以聚氯乙烯或聚丙烯为原料可以生产出强度和刚性均较高的生物质聚合物复合材料。

潘明珠等研究了稻秸木材复合工艺配比对稻秸木材复合中密度纤维板性能的影响，如图 8-3 所示，随着木材纤维的增加，板材的弯曲强度显著增强。此外，潘等进一步研究了不同预处理方法对稻秸纤维板抗弯强度的影响。采用水热、2%乙酸、2%Na_2SO_3 及 2%$NaHSO_3$ 预处理，板材的弯曲强度差异非常小，如图 8-4 所示。因为弯曲强度主要取决于纤维本身的强度，尽管秸秆原料经过酸碱物质预处理，但 2%的用量很少，对纤维本身的强度没有削弱。

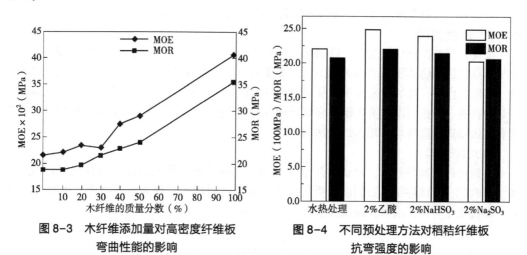

图 8-3 木纤维添加量对高密度纤维板弯曲性能的影响

图 8-4 不同预处理方法对稻秸纤维板抗弯强度的影响

一般而言，随着生物质增强材料添加量的升高，生物质复合材料的弯曲模量呈升高趋势，而弯曲强度先升高后下降，即添加适量的生物质增强材料有利于改善聚合物材料的弯曲性能。

8.1.4 压缩性能

压缩试验是一种常用的试验方法。按材料承受压缩载荷的方式，可分为单向压缩、双向压缩和三向压缩。其中，单向压缩是最常见的试验方法。压缩试验时，试件在外力作用下，产生沿外力方向的缩短，单向压缩适用于脆性材料的力学性能试验，而对于塑性材料，只能压扁，一般不会破坏。进行压缩试验时，试件断面存在很大的摩擦力，这将阻碍试件断面的横向变形，影响试验结果的准确性。试件高度与直径之比越小，端面摩擦对试验结果的影响越大。因此，为减小端面摩擦的影响，可适当增加试样高度与直径之比。

表征材料的压缩性能的物理量有规定非比例压缩应力、规定总压缩应力、压缩屈服点应力、压缩弹性模量、抗压强度等。其中，最常用的指标是抗压强度。抗压强度也称压缩强度，是指一定尺寸和形状的试件在规定的试验机上受轴向压力作用破坏时，单位面积所承受的载荷。对于脆性材料，抗压强度为试件破坏前所能承受的最大应力；对于塑性材料，则难

于规定其在压力载荷作用下的被破坏界限,通常以压缩到一定比例时的最大应力来表示抗压强度,其可按以下公式计算得出:

$$\sigma_c = \frac{P}{A} \tag{8-4}$$

式中　σ_c——抗压强度,MPa;
　　　P——试件压碎时的总压力,N;
　　　A——试件的横截面积,mm²。

其压缩弹性模量为:

$$E_c = \frac{L_0 \Delta P}{A \Delta l} \tag{8-5}$$

式中　E_c——压缩弹性模量,MPa;
　　　L_0——标距,mm;
　　　A——试件的截面面积,mm²;
　　　ΔP——载荷-形变曲线上初始直线段的载荷增量,N;
　　　Δl——与载荷增量 ΔP 对应的标距 L_0 内的变形增量,mm。

8.1.5　硬度测试

硬度是材料抵抗压入变形,特别是抵抗永久变形、抗压痕、耐划伤性能的衡量尺度,代表材料抵抗强的物体压陷表面的能力。根据受力方式,硬度试验方法一般分为压入法和刻画法。在压入法中,按加力速度不同又可分为静力试验法和动力试验法,其中以静力试验法加力最为普遍。布氏硬度、洛氏硬度和维氏硬度等均由静力试验法测定,而邵氏硬度、里氏硬度和锤击布氏硬度等均由动力试验法测定。

(1) 布氏硬度

在规定的试验条件下,对试件按规定成型,用钢球施以静载荷压入试件并保持规定时间。卸载后,以试件压痕面积所承受的压力作为材料硬度值,称为布氏硬度,用符号 H_B 表示。布氏硬度可用压痕深度或压痕直径来计算得出:

$$H_B = \frac{F}{\pi D h} \tag{8-6}$$

或

$$H_B = \frac{F}{\pi D \left(D - \sqrt{D^2 - \sqrt{h^2}} \right)} \tag{8-7}$$

式中　F——载荷,N;
　　　D——钢球直径,mm;
　　　h——压痕深度,mm。

(2) 邵氏硬度

邵氏硬度又称肖氏硬度,是指用邵氏硬度计将规定形状的压针在标准的弹簧压力作用下,在规定时间内,把压针压入试件的深度转换为硬度值,用以表示材料硬度等级的一种方法。邵氏硬度可分为 A 型、C 型和 D 型,A 型适用于软质材料,邵氏 C 型和邵氏 D 型适用于较硬或硬质材料。

(3) 洛氏硬度

以规定直径的钢球压头,先用初载荷压入试件,继而增至主载荷,然后恢复至初载荷,以此造成的压痕深度增量作为材料硬度的量度,称为洛氏硬度。为了使同一硬度计可以测量不同软硬程度的物体,可采用不同的压头和总载荷,组成几种不同的洛氏硬度标度。

硬度试验方法很多，这些方法不仅在原理上有区别，而且同一方法中实验参数也不尽相同。因此，应根据被测试件的特性选择合适的硬度试验方法，从而保证试验结果具有代表性、准确性及相互间的可比性。

8.1.6 蠕变性能

蠕变是在一定的温度和恒定的外力作用下，材料的形变现象，这是黏弹性材料的特点。生物质-聚合物复合材料作为一种黏弹性材料，在长期使用过程中尤其是当环境温度较高时易产生蠕变，对于应用在建筑或其他需要承重的场合，蠕变性能就显得至关重要。生物质-聚合物复合材料的变化规律取决于聚合物基体的变形性能、生物质增强材料的弹性和断裂特性、生物质增强材料在聚合物基体内的分布规律，以及生物质增强材料与基体的界面作用等多种因素。

实验表明生物质复合材料蠕变与载荷大小、负荷时间和环境温度都有密切关系。即使在比室温稍高的温度也会显著增加木纤维-PVC 复合材料的蠕变。木纤维聚丙烯复合材料抵抗瞬时蠕变性能高于木纤维聚乙烯复合材料；木纤维经马来酸酐或马来酰亚胺改性后，木纤维聚丙烯复合材料的过渡蠕变得到改善，但对瞬时蠕变没有实质性影响。

木纤维-PVC 复合材料的研究结果表明，在30%挠曲破坏载荷状态下瞬时变形比过渡变形更重要，直到载荷增加到65%，过渡变形的重要性才超过瞬时变形。这种现象说明，木纤维-PVC 复合材不适合用于偶尔的高负载破坏条件，但可以承受30%这样适中的挠曲破坏载荷，并在相当长的时间内无大变形。随着时间的延长，不同载荷之间相对变形大小的差别大，载荷对相对变形有决定性影响。换言之，载荷大小对过渡变形的影响更显著。这就说明在高负载情况下分子滑移是变形的主要原因，而在30%载荷以下这种影响是非常小的。

PP 蠕变对温度敏感，不适合承载，尤其在室温以上的温度。添加30%的热磨浆木纤维可以显著减小变形，且对瞬时蠕变的作用大于对过渡蠕变的作用。有研究进一步证明，界面化学特性的改变对蠕变影响不大，或者说界面特性对瞬时变形几乎没有任何影响。短时间或长时间的循环加载主要对瞬时蠕变有影响。

PE 塑料容易发生蠕变破坏，温度低时，在额定载荷下瞬时蠕变比过渡蠕变更加敏感，随温度升高过渡变形逐渐成为主要变形，在20 h 的测试时间里，40 ℃时相对蠕变比23 ℃时增加了约200%。因此，纯PE 塑料不适合承载。

与纯PE 塑料相比，木纤维PE 复合材料即使在较高温度下其蠕变性能也能得到明显改善，瞬时蠕变约为PE 塑料的1/6，并且第二阶段变形的变化幅度非常小，一般增强作用主要发生在蠕变的过渡部分，也就是蠕变的主要区域，因此，木纤维-PE 复合材料没有像纯PE 塑料那样发生过渡期间的强度削弱、纤维改性处理对总的蠕变性能和瞬时蠕变性能并没有产生显著影响，第二阶段主要变形区抗蠕变性能的改善，可以认为是由于界面间结合的增强减少了黏性分子的滑移。木纤维作为具有较高抗蠕变性的分离粒子镶嵌在塑料基质内，阻止了聚合物分子链在应力状态下的黏性流动。对比几种基体的生物质复合材料发现，木纤维-PVC 复合材料最具有抗蠕变能力，木纤维-PE 复合材料最差，木纤维-PP 的抗蠕变性能可在一定范围内通过提高木/塑界面结合作用得到改善。

8.1.7 应力松弛

按承受载荷的形式不同，生物质聚合物复合材料的静态黏弹性除了上述的蠕变之外，还有应力松弛。应力松弛(stress relaxation)是指构件总变形(弹性变形和塑性变形)保持不变，徐变现象使塑性变形不断增加，弹性变形相应减小，而应力随时间缓慢降低的现象，如图8-5所示。$\sigma(t)=E(t)\varepsilon$，其中 $E(t)$ 为应力松弛模量，表示单位应变作用下的应力响应。

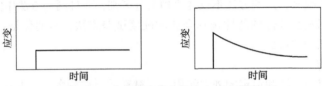

图 8-5 应力松弛现象的应力应变关系

产生应力松弛的原因是，变形时，材料内的应力因分子链结构的各向异性而有一个由不均匀到均匀分布的演变过程，这个过程是通过分子链的变形、移动、重排而实现的，需要一定的时间。由于材料黏度大，这个过程可能较长。对于未交联高分子，分子链通过移动、重排，可将其中应力一直衰减至零。对于交联高分子，因分子链形成网络，不能任意移动，最后应力只能衰减到与网络变形相应的平衡值。

一般而言，若材料的性能表现为理想弹性和理想黏性的组合，即材料的应力与应变、应力与应变速率之间均存在线性关系，则称为线性黏弹性。所有的黏弹性材料均存在线性黏弹性区域，在该区域内，材料的结构变化是可逆的，黏弹性试验数据的重现性好，且容易对其进行数学描述，对试验现象的解释也可以简化。当外力作用使材料的形变超过其自身的线性黏弹区域时，外力的作用会造成材料结构发生不可逆改变。因此，应力、应变相应的表现形式将变得复杂。

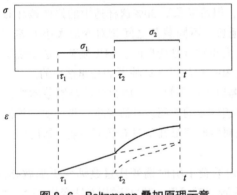

图 8-6 Boltzmann 叠加原理示意

黏弹性体的线性力学行为符合 Boltzmann 叠加原理。所谓 Boltzmann 叠加原理，即高聚物力学行为的历史效应，包括两个方面的内容，其一是先前载荷历史对高聚物变形性能的影响；其二是多个载荷共同作用于高聚物时，其最终变形性能与个别载荷作用的关系。Boltzmann 叠加原理正是回答了这两个方面内容。

Boltzmann 叠加原理指出高聚物的黏弹性行为是整个历史上诸多黏弹性行为过程的线性加和的结果，如图 8-6 所示。

对于应力松弛实验，Boltzmann 叠加方程式为：

$$\sigma(t) = E(0)\varepsilon(t) + \int_0^\infty \varepsilon(t-a)\frac{\partial E(a)}{\partial a}da \tag{8-8}$$

蠕变与应力松弛在本质上是相同的，可以把应力看作应力不断降低的"多级"蠕变。蠕变抗力高的材料，其抵抗应力松弛的能力也高。但是，目前使用蠕变数据来估算应力松弛数据还是很困难的。某些材料即使在室温下也会发生非常缓慢的应力松弛现象，在高温下这种现象更加明显。

8.1.7.1 典型的应力松弛力学模型

符合胡克定律的弹簧能很好地描述理想弹性体的力学行为，符合牛顿流动定律的黏壶能很好地描述理想流体的力学行为。高聚物的黏弹性可以通过上述的弹簧和黏壶的各种组合得到定性的宏观描述。借助于一些简单的模型可以对黏弹性做唯像的描述。力学模型的最大特点是直观，通过对力学模型的分析可以得到对黏弹性总的定性的概括，因此常常被采用。麦克斯韦模型常用于模拟应力松弛行为。

将弹性模量为 G 的弹簧与黏度为 η 的黏壶串联，即为麦克斯韦模型。由于串联，当

施加应力 σ 时，形变等于弹簧与黏壶的形变之和，即：$\varepsilon = \dfrac{\sigma}{G} + \dfrac{\sigma}{\eta}\tau$。如果麦克斯韦模型所受的变形为恒定，则其应力松弛公式为 $\sigma = \sigma_0$。式中，$\tau = \dfrac{\eta}{G}$ 为松弛时间，即应力松弛至起始应力的 $1/e$ 时所经历的时间，τ 越长，该模型越接近于理想弹性体。

8.1.7.2 应力松弛试验方法

应力松弛试验对于研究生物质聚合物复合材料的实际应用、预估高分子材料在一定形变下的使用寿命具有重要的价值。应力松弛试验一般采用圆柱形试样，在一定的温度下进行拉伸加载，随着时间的推移，由自动减载机构卸掉部分载荷以保持总变形不变，测定应力随时间的降低值，即可绘制出松弛曲线。也可以采用具有等强度半圆环的环形试样进行松弛测试，测定环形试样缺口处宽度的变化来计算应力降低的数值并画出松弛曲线。

对木塑复合材料的应力松弛行为进行研究，发现其应力松弛模量不仅与时间有很大的相关性，即随时间的延长而减小，更是受到温度的显著影响，即应力松弛模量随着温度的升高而降低，温度越高，降低得越多。此外，木塑复合材料的应力松弛模量的减小速率在试验的初始最大，随后，随着时间的延长而逐渐降低，在较高的温度下，此种现象尤为显著。木塑复合材料的应力模量随温度的升高而显著降低，主要是因为温度升高使得材料内部分子间的自由度加大，进而使单位应变下材料的应力响应减小。此外，木塑复合材料中植物纤维与热塑性基体的配比也会对应力松弛行为产生很大的影响。在相同的温度下，木塑复合材料的初始应力松弛模量随着木塑比的增加而增加，在较低的温度(25 ℃、35 ℃和45 ℃)下，30 min 后的终了应力松弛模量也随着木塑比的增加而增加，而在较高的温度(55 ℃和65 ℃)时，木塑比对终了应力松弛模量的影响不再显著。

8.2 微观力学性能

8.2.1 界面力学性能

界面力学性能表征是研究增强材料与基体之间界面黏结强度的重要手段，界面力学性能表征方法可归纳为两个大类。一类是常规材料力学试验方法，如短梁弯曲、层间剪切等；另一类是单丝模型法，即用单纤维埋在基体中制样，考察外力作用下界面的破坏过程。单丝模型的优点是排除了其他主要因素的干扰，直接研究纤维与基体的界面，但单纤维复合材料与实际复合材料毕竟存在很大的差异。

8.2.1.1 单丝拔脱测试

单丝拔脱测试能提供较多有用的数据如单丝脱黏后的断裂能以及摩擦系数等。这种方法主要用来研究纤维强度较高，界面结合较弱情况下，表面状况对界面剪切强度的影响。该方法是将增强纤维单丝垂直埋入基体之中，然后将单丝从基体中拔出，测定纤维拔脱的应力，从而求出纤维与基体界面剪切强度，如图 8-7 所示。

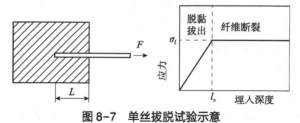

图 8-7 单丝拔脱试验示意

设纤维的埋入深度为 L，拔出纤维的力 $F=\sigma\pi r^2$，界面剪切力阻碍纤维被拔出，阻碍纤维拔出的力 $F_{阻}=2\pi rL\tau$。平衡时有 $F=F_{阻}$，即：

$$F=\sigma\pi r^2=2\pi rL\tau \tag{8-9}$$

可得

$$\tau=\frac{F}{2\pi rL}=\frac{\sigma r}{2L} \tag{8-10}$$

式中　τ——界面的平均剪切强度，Pa；
　　　σ——对单丝施加的应力，Pa；
　　　r——单丝的半径，mm。

显然，拔出力 F 随埋入深度 L 而增大。当 L 达到临界长度 L_c 时，拔出纤维所需的应力大于纤维的拉伸强度，纤维断裂，而不是被拔出。因此，通过单丝拔出试验测出单丝从基体中拔出的临界长度 L_c，则由纤维的拉伸强度 σ_{max} 可求出界面剪切强度 τ：

$$\tau=\frac{\sigma_{max}}{2L_c} \tag{8-11}$$

对应于界面黏结强度，在纤维拔出过程中，还存在阻碍纤维运动的摩擦力，界面黏结力和摩擦力各占多少比例迄今尚难确定。单丝拔脱试验的离散度大，要做大量的试验。基体对纤维浸润时会沿纤维上移，影响精度。作为改进措施，又发展出来顶出法，如图 8-8 所示。

8.2.1.2　断片测试

将单丝纤维埋入基体制成哑铃状试样，沿纤维轴向施加拉伸载荷，当纤维承受的应力超过局部断裂应力时，纤维在薄弱部位断裂，载荷继续增加，纤维的断片数也随之增加，直到在界面传递的剪应力下不再使纤维继续断裂为止。纤维在基体中成为一段段的残片，如图 8-9 所示。

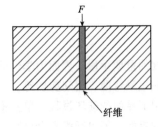
图 8-8　顶出法试验示意

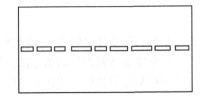
图 8-9　纤维残片示意

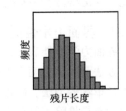
图 8-10　残片的长度分布

测量残片长度，可得到残片的长度分布图（图 8-10），统计出残片的平均长度 $\bar{L}$，临界纤维长度 L_c 与平均纤维长度 $\bar{L}$ 的关系为：

$$L_c=\frac{4}{3}\bar{L} \tag{8-12}$$

从而可求得临界剪切强度 τ 为：

$$\tau=\frac{\sigma_f r}{2L_c}=\frac{3}{8}\frac{\sigma_f r}{\bar{L}} \tag{8-13}$$

式中　σ_f——纤维的抗拉强度，Pa；
　　　r——纤维的半径，mm。

8.2.1.3　微脱黏测试

微脱黏试验同单丝拔脱试验的区别在于单丝不是拔出，而是推出。由于泊松效应，单丝拔脱试验时纤维直径减小，而微脱黏试验中，纤维直径将增大，所以后者试验的界面剪切强度将比前者高。如图 8-11 所示在试样中埋入纤维单丝，试样尺寸 30 mm×10 mm×10 mm，试样中间开一直径 1.5 mm 的小孔，使小孔恰穿过纤维。对试样施加压应力。由于纤维与基体压缩模量不同，界面产生剪应力。载荷足够大时，纤维在小孔端点脱黏，此时脱黏能 G 为：

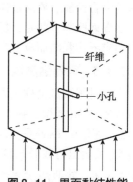

图 8-11 界面黏结性能测试试样

$$G = \frac{\sigma^2}{E_r^2} \cdot \frac{E_f d_f}{8} \quad (8-14)$$

式中　σ——脱黏时试样所受的正应力，N；
　　　E_r——纤维和基体的模量；
　　　d_f——纤维的直径，mm。

8.2.1.4 层间剪切强度测试

(1) 压剪法

压剪法，可参见 GB 1450.1—1983，试样如图 8-12 所示。对试样施加均匀、连续的剪应力，直至破坏。层间剪切强度可按下式计算：

$$\tau_s = \frac{F_b}{bh} \quad (8-15)$$

式中　τ_s——层间剪切强度，MPa；
　　　F_b——试样破坏时最大载荷，N；
　　　b, h——试样宽度和厚度，cm。

(2) 短梁弯曲法

短梁弯曲法连续加载至试样破坏，记录最大载荷值及试样破坏形式。短梁弯曲试验装置如图 8-13 所示。

$$\tau_s = \frac{3F_b}{4bh} \quad (8-16)$$

式中　τ_s——层间剪切强度，MPa；
　　　F_b——试样破坏时最大载荷，N；
　　　b, h——试样宽度和厚度，cm。

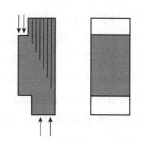

图 8-12 层间剪切强度试样

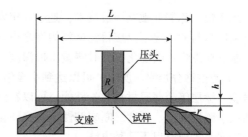

图 8-13 短梁弯曲试验装置示意
L. 试样长度；l. 跨距

界面力学性能常借用整体材料的力学性能来表征界面性能，如层间剪切强度配合断面形貌分析。通过力学分析指出，界面性能较差的材料大多呈剪切破坏，且在材料的断面可观察到脱黏、纤维拔出、纤维应力松弛等现象。但界面间黏结过强的材料呈脆性，也会降低了材料的复合性能。界面最佳态的衡量是当受力发生开裂时,这一裂纹能转为区域化而不产生进一步界面脱黏,此时,复合材料具有最大断裂能和一定的韧性。在研究和设计界面时,不应只追求界面黏结而应考虑到最优化和最佳综合性能。

8.2.1.5 微键强测试

微键强测试又称微滴单丝拔脱,其实质仍是单丝拔脱原理。考虑到微脱黏试验对于刚度较小的纤维(如聚合物类纤维)很难奏效,采用微滴单丝拔脱法也许是恰当的,它把基体的微滴沉积到纤维表面,将纤维埋入基体中,埋入的长度很短一般长径比约为10,待固化(或冷却)后再进行拔脱试验。

8.2.1.6 其他测试方法

测定界面性能(强度)还有一些非直接的方法,这些方法的最大优点是试件易获得。如短梁剪切法、双悬臂梁法、横向拉伸和弯曲模法等。短梁剪切法的实质是小跨度的三点弯曲测试,剪切的破坏强度代表试件中面的破坏应力,并非真正的界面强度,而且当纤维拉伸破坏先于或同时与剪切破坏发生时,短梁剪切法失效。一些测试技术和手段的应用对于最终确定复合材料的性能包括界面强度是至关重要的。如光测法可见透光基体纤维附近的应力场分布;激光拉曼光谱可用来分析界面结构成分及应力大小;声发射技术可接收并反映纤维断裂时发出的信号;X线荧光、扫描电镜与透射电镜等,可清晰地看到界面结构的形貌,等等。

8.2.2 纳米力学性能

随着纳米技术的发展,越来越多的生物纳米材料被设计和开发出来,而对生物纳米材料界面力学的表征是目前攻克的方向之一。此外,随着现代微电子材料科学的发展,试样规格越来越小型化,宏观测量方法逐渐暴露出它的局限性,纳米力学试验应运而生。由于试样尺寸在纳米量级,要求测试装置微型化与精密化,极大地增加了纳米力学测试的难度,主要体现在纳米试样的制备、纳米级精度的操纵和定位、具有纳米级分辨率的试样变形的检测及纳牛顿级载荷的加载与检测。随着扫描探针及电子显微镜等技术的发展及微机电系统所用的各种微纳米加工技术相继出现,纳米材料的力学测试技术得到了一定的发展。对于低维纳米材料,其弹性模量和断裂强度等力学性能的测试方法分为4类:纳米压痕法、基于原子力显微镜的纳米力学测试法、基于电子显微镜的原位纳米力学测试法以及基于微机电系统的片上纳米力学测试法。

8.2.2.1 纳米压痕法

纳米压痕又称深度敏感压痕技术,是近几年发展起来的一种新技术,它可以在不用分离薄膜与基底材料的情况下直接得到材料的许多力学性质,如弹性模量、硬度等。通过计算机程序控制载荷发生连续变化,实时测量压痕深度,由于施加的是超低载荷,监测传感器具有优于1 nm的位移分辨率,所以,可以达到小至纳米级(0.1~100 nm)的压深,它特别适用于测量薄膜、涂层等超薄层材料力学性能,可以在纳米尺度上测量材料的力学性质,如载荷-位移曲线、弹性模量、硬度、断裂韧性、应变硬化效应、黏弹性或蠕变行为等。纳米压痕技术的理论研究主要有以下几种方法。

(1)纳米压痕技术的理论方法

①经典力学方法(Oliver和Pharr方法) 经典力学方法是突破了传统Hertz的压痕测定法受所加负载大小与压痕边沿质量之间矛盾的限制,提高压痕法对薄膜材料的测定精确度。1992年,Oliver和Pharr提出用纳米量级压痕的负荷 6-6 位移关系测试和分析材料的机械力学性质,特别是薄膜材料的显微硬度的新方法。采用Oliver和Pharr的新方法,微小压痕的

深度只要达到几个纳米,就能从压痕的各项数据中推算出材料的显微硬度。这样就避免了压痕边沿碎裂、衬底影响等传统检测硬度技术的种种缺点,使得测量膜厚很小的薄膜材料的显微镜硬度成为可能。在 Oliver-Pharr 方法中,金刚石压头压入材料表面的压入深度的位移(压入位移),随所加负荷的增加而单调递增,同时,在待测样品的弹性限度内压头与材料表面的接触面积也随之增加。因此,在一个完整的加载-卸载测量周期中(图 8-14),可获得所需的压痕数据,从而导出显微硬度和弹性

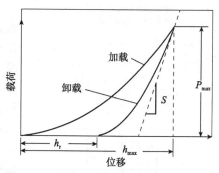

图 8-14　纳米压痕实验的载荷-位移曲线

模量。实验表明,由 AFM 测量的纳米级硬度值要大于由传统硬度测试仪所测量值,同时,随着 AFM 压入载荷的减小,纳米级硬度值呈现出增加的趋势。除此之外,使用这种新方法,还能根据压痕过程的加载和卸载曲线,研究材料的弹性模量。

如图 8-15 和图 8-16 所示,按照经典的弹塑性变形理论中关于硬度和弹性模量的定义,被测试材料的硬度 H 和弹性模量 E 分别由下式求出:

$$H = \frac{F_{max}}{A} \tag{8-17}$$

$$E_r = \frac{1-v^2}{E} + \frac{1-v_i^2}{E_i} \tag{8-18}$$

$$S = \frac{dP}{dh} = \frac{2}{\sqrt{\pi}} E_r \sqrt{A} \tag{8-19}$$

式中　F_{max}——最大压入载荷,N;
　　　A——压痕的投影面积,mm^2;
　　　S——卸载曲线上端部的斜率;
　　　E_r——当量弹性模量,MPa;
　　　E——被测材料的弹性模量,MPa;
　　　v——被测材料的泊松比;
　　　E_i——压头材料的弹性模量,MPa;
　　　v_i——压头材料的泊松比。

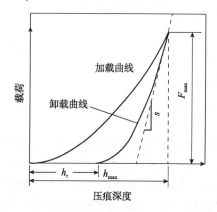 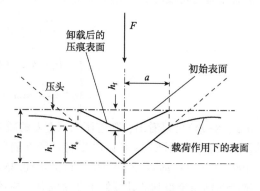

图 8-15　纳米压痕试验中载荷与压深的关系　　图 8-16　材料表面受压前后的压痕示意

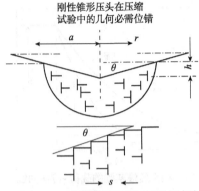

图 8-17 刚性锥形压头在压痕试验中的几何必需位错

②应变梯度塑性理论　应变梯度塑性理论首先由 Toupin 在 1962 年提出。Fleck 等在 1976 年发现,当尺寸很小的构件在受到弯矩和扭矩作用时,随着构件尺寸的减小其尺寸效应明显增加。后来 Gao、Nix、Huang 和 Huchinson 等又对该理论做了进一步的发展,提出了一种新的模型,并试图将宏观应变梯度塑性理论和材料的微观结构(如提出了材料本征长度 l)联系起来。位错理论表明材料的塑性硬化来源于统计储存位错和几何必需位错,它们分别与材料的塑性应变和塑性应变梯度相关。

图 8-17 所示为刚性锥形压头在压痕试验中的几何必需位错示意图。假设位错环沿压痕面均匀分布,则:

$$\begin{cases} \tan\theta = \dfrac{h}{a} = \dfrac{b}{s} \\ s = \dfrac{ba}{h} \end{cases} \tag{8-20}$$

式中　s——压痕面上圆位错环的间距,mm;
　　　h——伯格斯(Burgers)矢量。

根据泰勒公式,可以得到抗剪强度:

$$\tau_b = \alpha Gb\sqrt{\rho_t} = \alpha Gb\sqrt{\rho_g + \rho_s} \tag{8-21}$$

式中　α——常数,其值在 0.3~0.5;
　　　G——切变模量,Pa;
　　　ρ_t——压痕区内材料的总位错密度,cm^{-2};
　　　ρ_g——几何必需位错密度,cm^{-2};
　　　ρ_s——统计储存位错密度,cm^{-2}。

假定材料遵循 Mises 流动律,并采用 Tabor 因子等于 3,则可以由流动应力得到硬度值 H:

$$\begin{cases} H = 3\sigma \\ \sigma = \sqrt{3}\tau \end{cases} \tag{8-22}$$

经过整理可得硬度 H 与压痕深度 h 之间的关系:

$$\frac{H}{H_0} = \sqrt{1 + \frac{h^*}{h}} \tag{8-23}$$

$$\begin{cases} H_0 = 3\sqrt{3}\alpha Gb\sqrt{\rho_s} \\ h^* = \dfrac{81}{2}b\alpha\tan\theta^2\left(\dfrac{G}{H_0}\right)^2 \end{cases} \tag{8-24}$$

由式(8-24)可以看出,随着压入深度 h 的减小,硬度 H 呈增大的趋势。对于(111)单晶铜的压痕试验,由图 8-18 可以看出材料硬度随压入深度的变化关系。该结果为 McElhaney 等于 1997 年用 Berkovieh 金刚石压头($\tan\theta = 0.358$)在单晶铜上取得的试验结果。该结果与应变梯度塑性理论得到的计算结果非常吻合。应该注意,应变梯度塑性理论仅适用于塑性晶体材料。

③Hainsworth 方法　英国学者 Hainsworth 在大量材料的压痕试验基础上发现，对于一些超硬材料（如 DLC 膜和 CNx 膜等）在试验中无法获得理想的卸载曲线，因此也就不能用 Oliver 和 Pharr 方法计算出合理的硬度和弹性模量值。经过对加载曲线的分析，她发现加载载荷 F 不仅可以表示为压入深度 h 的幂指数形式式，而且可以由此求出材料的弹性模量和硬度。

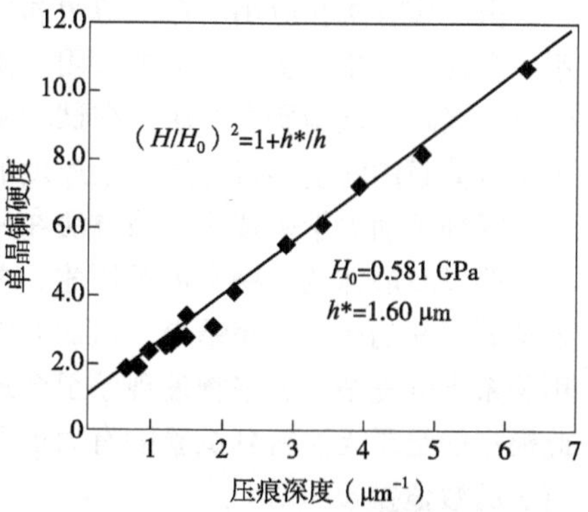

材料的压痕变形 δ 由弹性变形 δ_e 和塑性变形 δ_p 2 部分组成，即：

$$\delta = \delta_e + \delta_p \tag{8-25}$$

图 8-18　(111) 单晶铜压痕试验中硬度与压痕深度的关系

假设锥形压头产生的压痕半径为 a，则 δ_e 和 δ_p 可以分别表示为：

$$\begin{cases} \delta_e = \psi \dfrac{F}{Ea} \\ \delta_p = \phi a \end{cases} \tag{8-26}$$

式中　ψ, ϕ——与材料性能有关的常量；
　　　a——压痕半径，可以表示为：

$$a = \sqrt{\dfrac{F}{H}} \tag{8-27}$$

将上式经过整理，可以得出载荷 F 的表达式为：

$$F = E\left(\phi\sqrt{\dfrac{E}{H}} + \psi\sqrt{\dfrac{H}{E}}\right)^{-2} \delta^2 \tag{8-28}$$

令 $K_m = E\left(\phi\sqrt{\dfrac{E}{H}} + \psi\sqrt{\dfrac{H}{E}}\right)^{-2}$，则有：

$$F = K_m \delta^2 \tag{8-29}$$

也就是说，压入载荷可以表示为压入深度的二次曲线，系数 K_m 是由材料的特性决定的。当材料的弹性模量或硬度二者知其一时，就可以由式求出另一个量。该方法的缺点是关于弹性变形和塑性变形的假设过于简单，是大量试验基础上的经验公式，虽然计算结果与试验值有较好的吻合度，但缺乏坚实的理论基础。

④体积比重法　对于薄膜/基体组合体系的硬度试验，目前还缺乏很好的理论计算方法。Sargent 于 1986 年提出了体积比重法来计算薄膜/基体组合体系的硬度值 H，该方法可用下式来表示：

$$H = H_f \dfrac{V_f}{V} + H_s \dfrac{V_s}{V} \tag{8-30}$$

式中　H_f——薄膜的硬度，N/mm^2；
　　　H_s——体材料的硬度，N/mm^2；
　　　V_f——薄膜的塑性变形体积，mm^3；
　　　V_s——体材料的塑性变形体积，mm^3；
　　　V——塑性变形总体积，mm^3。

由于该方法在应用上存在薄膜和体材料塑性变形的体积难以准确确定的问题,因此在应用中存在着困难,实际上很少采用。薄膜/基体组合体系的力学性能研究是目前的研究热点,但还多局限于试验研究方法。在试验中,为避免体材料对薄膜力学性能的影响,一般控制压头压入薄膜的深度不得超过薄膜厚度的10%~20%。

⑤分子动力学模拟法　该方法在原子尺度上考虑每个原子上所受到的作用力、原子间的键合能以及晶体的晶格常数等因素,并运用牛顿运动方程(也有采用薛定谔方程的方法)来模拟原子间的相互作用结果,从而对纳米尺度上的压痕机理进行解释。由于原子间的相互作用关系十分复杂,有些物理现象至今还无法得到合理的解释,而且现有的试验手段有限,因此模拟的结果无法得到试验的有力证明。此外,有限元法也常用于薄膜/基体组合体系的压痕试验数值模拟。

(2) 微硬度的定义

从上述纳米压痕技术理论研究不难看出,现有的纳米硬度计算方法基本上沿用传统的硬度定义,即最大加载载荷与残余变形投影面积的比值。这是一个平均量,无法真正反映材料在局部微观上的受力和变形情况。有的研究方法试图建立材料微观结构参数与其宏观力学性能之间的联系,如应变梯度塑性变形理论,但由于计算复杂而无法适用,而且其中材料特征尺寸参数的物理意义并不明显。因此,需要有新的方法来建立材料的微观结构参数与其宏观力学性能之间更直接的联系。现在让我们试图建立纳米压痕技术中所涉及的微硬度概念,而不仅仅是根据压深的尺度来简单地给出定义。如上所述,我们知道压痕试验中加载的载荷(F)可以表达为压入深度的二次函数,而对于目前常用的几种压头(如维氏压头或伯氏压头),压痕的投影面积都可以表示为压入深度(h)的函数。因此,按照传统的定义,硬度可以表示为:

$$H = \frac{F(h)}{A(h)} \tag{8-31}$$

由此可以看出,硬度 H 是压入深度 h 的函数。当一个很小的压入微载荷 $\mathrm{d}F$ 在材料表面产生微小的局部塑性变形时(其在压入方向的投影面积为 $\mathrm{d}A$),我们可以定义微硬度如式(8-32)所示:

$$H = \frac{\mathrm{d}F}{\mathrm{d}A} = \frac{\mathrm{d}F(h)/\mathrm{d}h}{\mathrm{d}A(h)/\mathrm{d}h} \tag{8-32}$$

我们已知,载荷 F 可以表示为压入深度一个二次关系式,写成一般形式为:

$$F = ah^2 + bh + c \tag{8-33}$$

式中　a, b, c——常量,可以理解为与材料的微观组织有关的参数。

而伯氏压头压痕的投影面积 A 与压入接触深度 h_c 的关系是 $A = 2.45 h_c^2$。根据 Oliver 和 Pharr 的方法(1992)并参见图 8-16,接触深度(h_c)可以表示为:

$$h_c = h - h_s \tag{8-34}$$

式中　h_s——试样初始表面在受载后的沉陷深度。

对于纳米压痕技术,如忽略 h_s 不计,则可以认为压头在压痕试验过程中与材料的接触深度就是实际的压入深度。所以,根据式(8-32)的微硬度定义,对载荷 F 和接触面积 A 分别微分后并根据长度的单位进行量纲分析,可以得到微硬度,如式(8-25)所示:

$$H = H_0 + \frac{H_1}{h} \tag{8-35}$$

式中　H_0——常量,可以理解为通常意义下的材料宏观硬度值,它与压入深度没有关系;

H_1——纳米压痕试验中被压材料硬度的附加值,它与压入深度成反比,且随着压入深度的增大而减小。

当压入深度趋于无穷大时,则 H_1 为零,此时的硬度 H 就是一般意义下的材料宏观硬度值。当压入深度非常小的时候,如为纳米量级时,则 H_1 不仅不能忽略不计,甚至还会大于 H_0,这也可以理解为所谓的尺寸效应。今后的研究重点是通过试验方法和理论分析方法的结合,确定载荷-压入深度曲线中的常量 a、b 和 c,建立材料的微观特征参量与其宏观力学性能之间的联系。

纳米压痕技术的理论研究目前还难以对一些试验现象做出合理的解释,因此开展这方面的研究是非常必要的。①纳米压痕技术基本理论的研究宜从材料开始,可选择典型的材料作为研究对象,如具有规则晶体结构的面心立方材料和体心立方材料。因为这类材料可以看作"理想材料",有利于纳米压痕机理的研究。②加强对薄膜/基体组合体系的研究,以适应微机电系统和信息技术发展的需求,尤其是目前广泛使用的多层膜界面间的结合问题等。③建立材料微观结构参数和宏观力学性能之间的联系。如果载荷表达式(8-33)中3个常量 a、b、c 可以用材料的微观结构参数来表示,则可以建立材料微观结构与宏观力学性能之间的联系,这将为材料研究纳米压痕机理研究和材料微/纳米加工机理的研究建立理论基础。

Fan 课题组探究了马来酸酐接枝聚乙烯(maleic anhydride grafted polyethylene,MAPE)以及双-[3-(三乙氧基硅)丙基]-四硫[bis (triethoxysilylpropyl) tetrasulfide,Si69]对橡胶木塑复合材料界面特性的影响,采用纳米压痕技术研究了 MAPE 和 Si69 协效改性前后复合材料中木粉细胞壁的纳米力学性能。如图 8-19 所示,处理过的复合材料中孔壁的硬度接近未处理过的复合材料中参照孔壁的硬度。相反,与未处理的细胞壁相比,处理后的细胞壁的弹性模量显著增加。该结果可能与聚合物树脂在处理后大量渗透到更易变形和更易接近的细胞腔和导管中有关。尽管人们普遍认为受损细胞壁的压痕模量低于完整细胞壁的压痕模量,但填充在细胞腔中的树脂是一种机械连锁结构,可提供额外的强度以弥补由于机械加工而造成的弹性损失。此外,由于 MAPE 和 Si69 耦联剂具有更大的可及性,它可能能够扩散到木质细胞壁中并与细胞壁的结构成分(尤其是半纤维素)形成氢键和共价键,从而提高了纳米机械性能。

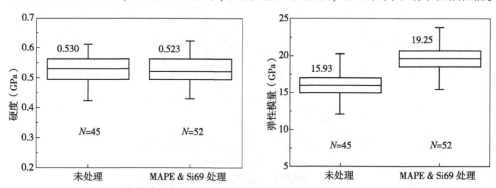

图 8-19 未经处理和 MAPE & Si69 处理的 RubWPC 的纳米力学性能

Mariko 等采用纳米压痕以评估负载有 CNC 的木质素/PVA(75∶25)薄膜的表面和横截面的弹性模量和硬度。CNCs 的引入削弱了薄膜横截面上的弹性模量及硬度,但随着其添加量的增加,弹性模量及硬度均出现增长,表明含较低添加量 CNCs 的薄膜其相间区域较薄弱。此外,纳米压痕硬度中的压痕尺寸效应,如图 8-20 所示,揭示了压痕探针下存在多个竞争过程控制着探针下方的屈服过程,其中主要屈服过程取决于纳米压痕的大小。这些结果表明木质素/PVA 基质与 CNC 之间存在分子相互作用以及有效的应力转移。

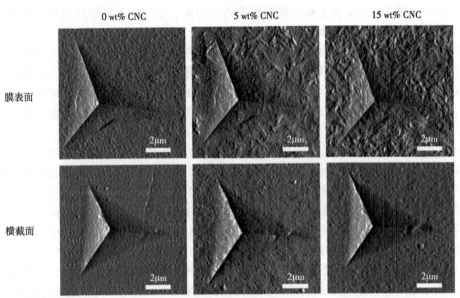

图 8-20　木质素/PVA 旋涂膜的 9.5 mN 压痕的原子力显微镜图像

Hormaiztegui 等为研究水性聚氨酯膜（WBPUs）表面 CNC 涂层的特性，采用纳米压痕技术探究涂层表面的微观力学性能，如图 8-21 所示。CNC 的引入提高了 WBPU 膜的硬度、耐磨性及弹性回复率，减小了塑性变形和摩擦系数。当 CNC 添加量为 5 wt%时，WBPU 表面的涂层具备良好的附着力、硬度和耐磨性。

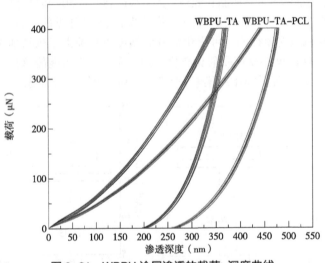

图 8-21　WBPU 涂层渗透的载荷-深度曲线

8.2.2.2　基于原子力显微镜的纳米力学测试法

基于原子力显微镜的纳米力学测试法利用原子力显微镜探针的纳米操作能力对一维纳米材料施加弯曲或拉伸载荷。施加弯曲载荷时，原子力显微镜探针作用在一维纳米悬臂梁结构的自由端或双固支结构的中心位置，弯曲挠度和载荷通过原子力显微镜探针悬臂梁的位移和悬臂梁的刚度获取，依据连续力学理论，由试样的载荷-挠度曲线获得其弹性模量、强度和韧性等力学性能参数。这种方法加载机制简单，相对拉伸法容易操作，缺点是原子力显微镜探针的尺寸与被测纳米试样相比较大，挠度较大时探针的滑动及试样中心位置的对准精度会严重影响测试精度。

纳米压痕法与基于原子力显微镜的纳米力学测试法的共同缺点是不能实现观测纳米材料变形。

8.2.2.3 基于电子显微镜的原位纳米力学测试法

基于电子显微镜的原位纳米力学测试法利用扫描电子显微镜或透射电子显微镜的高分辨率成像，在电子显微镜真空腔内进行原位纳米力学测试，根据纳米试样在电子显微镜真空腔中加载方式不同分为谐振法和拉伸法。基于电子显微镜的原位纳米力学测试法的技术难点是如何精确测量谐振频率。拉伸测试常采用原子力显微镜探针或者纳米操纵探针进行加载，其加载方式如前所述（基于原子力显微镜的纳米拉伸测试），试样所受拉力仍由原子力显微镜测量，其伸长量经扫描电子显微镜图像获取，由于扫描电子显微镜聚焦深度很大，而整个纳米线必须处在扫描电子显微镜的投影面内，因此其操纵难度较大。原位测试法的优点是能够在扫描电子显微镜中实现实时观测试样的失效引发过程，甚至能够用透射电子显微镜对缺陷成核和扩展情况进行原子级分辨率的实时观测；缺点是需在电子显微镜真空腔内对纳米试样施加载荷，限制了其加载环境，并且加载力的检测还需其他装置才能完成。

8.2.2.4 基于微机电系统的片上纳米力学测试法

基于微机电系统的片上纳米力学测试法采用微机电系统微加工工艺将微驱动单元、微传感单元或试样集成在同一芯片上，通过微驱动单元对试样施加载荷、微位移与微力检测单元检测试样变形与加载力，进而获取试样的力学性能。力学测试芯片大小仅为几平方毫米，亦可放置在电子显微镜真空腔中进行原位实时检测。此方法的优点是测试芯片可批量制作，测试成本低；缺点是测试芯片的通用性差，芯片一旦确定，被测试样的尺寸与形状不能改变，并且实现完成集成微驱动、微位移与微力检测的片上力学测试仍具有挑战性。

8.3 动态力学性能

8.3.1 动态力学测试

动态力学行为是指材料在振动条件下，即在交变应力（交变应变）作用下做出的力学响应，即力学性能（模量、内耗）与温度、频率的关系。测定材料在一定温度范围内动态力学性能的变化就是动态力学热分析或动态力学分析。动态力学分析（dynamic mechanical analysis，DMA）技术是研究高分子材料结构及其化学与物理力学性能常用的表征方法之一，其在高分子材料测试和表征的各个方面都获得了广泛的应用，目前已成为研究高分子材料性能的重要方法之一。

8.3.1.1 动态力学性能测量原理

动态机械热分析仪的工作原理是当样品处于程序控制的温度下，并对样品施加单频或多频的振荡力，研究样品的机械行为，测定其储能模量、损耗模量和损耗因子随温度、时间或力的频率的函数关系。

(1) 聚合物的黏弹性行为

① 弹性变形体系　应力与应变成正比，满足胡克定律；外力去除后，变形可以完全恢复。外力所做的功完全转化为体系的势能：

$$\sigma = E\varepsilon \tag{8-36}$$

式中　σ——应力；
　　　ε——应变；

E——弹性模量。

②黏性体系 外力作用下所产生的变形完全不能恢复，外力对体系所做的功完全转化为热能消耗掉。

③黏弹性体系 在外力作用下，聚合物分子链由卷曲状态转变为伸展，该过程所发生的变形属于弹性变形。

(2) 振动负荷下的应力与应变

①完全弹性体系 如图8-22(a)所示当材料受到正弦交变应力作用时，应变对应力的响应是瞬间的，每一周期能量无损耗，此时有：

$$\begin{cases} \sigma = \sigma_0 \sin(\omega t) \\ \varepsilon = \varepsilon_0 \sin(\omega t) \end{cases} \qquad (8-37)$$

②完全黏性体系 如图8-22(b)所示，应变响应滞后于应力90°相位角：

$$\begin{cases} \sigma = \sigma_0 \sin\left(\omega t + \dfrac{\pi}{2}\right) \\ \varepsilon = \varepsilon_0 \sin(\omega t) \end{cases} \qquad (8-38)$$

③对于黏弹性材料 应变将始终滞后于应力0~90°的相位角，如图8-22(c)所示，并且应力应变可以用下式来表达：

$$\begin{cases} \sigma = \sigma_0 \sin(\omega t + \sigma) \\ \varepsilon = \varepsilon_0 \sin(\omega t) \end{cases} \qquad (8-39)$$

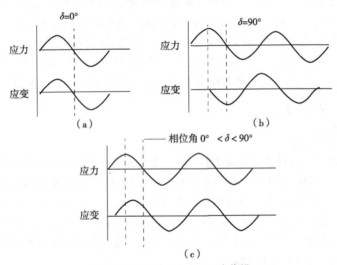

图8-22 应力(应变)正弦曲线

对于聚合物黏性体系，应力与应变存在相位差，如式(8-39)所示，将上式展开，可以得到：

$$\begin{cases} \sigma = \sigma_0 \sin(\omega t)\cos\delta + \sigma_0 \cos(\omega t)\sin\delta \\ \varepsilon = \varepsilon_0 \sin(\omega t) \end{cases} \qquad (8-40)$$

结合上式，可以得到：

$$\sigma = \varepsilon_0 E' \sin(\omega t) + \varepsilon_0 E'' \cos(\omega t) \qquad (8-41)$$

式中 E'——储能模量，表示在应力作用下能量在样品中的储存能力，也是材料刚性的反映；

E''——损耗模量，与应变相位差90°，表示能量的损耗程度，是材料耗散能量的能力反映。

$$E' = \frac{\sigma_0}{\varepsilon_0}\cos\delta \tag{8-42}$$

$$E'' = \frac{\sigma_0}{\varepsilon_0}\sin\delta \tag{8-43}$$

式中 ω——角频率；
δ——相位角；
σ_0——应力峰值；
ε_0——应变峰值。

损耗角正切（$\tan\delta$）为应力应变相位角的正切值，是材料储能与耗能能力的相对强度，即：

$$\tan\delta = \frac{E''}{E'} \tag{8-44}$$

8.3.1.2　动态力学分析技术

聚合物动态力学试验方法很多，按照形变模式分为拉伸、压缩、弯曲、扭转、剪切等。测得的模量取决于形变模式，因而弹性模量有拉伸模量、压缩模量、剪切模量等之分；按照振动模式分为自由衰减振动法、强迫共振法、强迫非共振法等。储能模量（storage modulus）是复数弹性模量的实数部分，是和应变同向的稳态应力与应变值之比。储能模量表示材料在变形过程中由于弹性形变而储存的能量，是材料变形后回复的指标，表示材料存储变形能量的能力。储能模量反映的是材料的弹性部分的贡献，不涉及能量的转换。

损耗模量（loss modulus）是复数弹性模量的虚数部分。损耗模量又称为黏性模量，是指材料在发生形变时，由于黏性形变（不可逆）而损耗的能量大小，反映材料的黏性大小。损耗模量反映的是材料黏性部分的贡献，也就是材料机械能转换为热能的衡量参数。

损耗因子（loss factor）是在每个周期内损耗模量与储能模量之比，又称为阻尼因子（damping factor）、损耗角正切（loss tangent）或内耗因子（internal dissipation factor）。当振动形变相对于应力的相位滞后角为δ时，损耗因子可表示为$\tan\delta$。

损耗因子可以用来反映材料黏性弹性的比例：
①当储能模量远大于损耗模量时，材料主要发生弹性形变，因此材料呈固态；
②当损耗模量远大于储能模量时，材料主要发生黏性形变，因此材料呈液态；
③当储能模量和损耗模量相当时，材料呈半固态，如凝胶状态。

DMA 测试的每种测试模式有其专门的应用范围和限制，简要概述如下：
①剪切模式　唯一可测定剪切模量（G）的模式。对 0.1 kPa～5 GPa 模量范围的样品最理想。
②三点弯曲模式　需要在试样上施加预应力，使之在测试过程中保持与三点支架接触。变软的试样可能由于所施加的预应力而发生相当显著的形变。该模式适合高模量的样品，如纤维增强聚合物、金属和陶瓷材料。模量范围为 100 kPa～1000 GPa。
③双悬臂模式　试样稳固地夹持在三点夹具中，加热时不太能自由膨胀。冷却时试样可能弯曲，遭受额外的应力。此外，由于夹具作用，不容易测定试样的有效自由长度。考虑到机械应力作用下的试样有效长度比自由夹持下的长度更长，应作长度修正。这些效应可能导致模量值不准确。模量范围为 10 kPa～100 GPa。

④单悬臂模式 可避免双悬臂模式限制热膨胀或热收缩的问题,然而同样不易测定试样的自由长度。模量范围为 10 kPa~100 GPa。

⑤拉伸模式 需要在试样上施加预应力以防止弯曲。拉伸模式适合薄膜、纤维和薄条形状的试件。模量范围为 1 kPa~200 GPa。

⑥压缩模式 需要在试样上施加预应力以确保试样始终与夹持板接触。模量范围为 0.1 kPa~1 GPa。

DMA 广泛应用于复合材料性能检测。利用 DMA,可以考察复合材料的黏弹性能、蠕变与应力松弛现象、软化温度、二级相变、固化过程等,从而研究复合材料的界面特性,是一种测定材料在一定温度范围内动态力学性能变化的测试手段。样品受到变化着的外力作用时,产生相应的应变,在这种外力作用下,对样品的应力-应变关系随温度等条件的变化进行分析,即为动态力学分析。

8.3.1.3 动态力学分析谱图

①温度扫描模式 在固定频率下,测量动态模量及力学损耗随温度的变化。所得曲线称动态力学温度谱,为动态力学分析中最常使用的模式,如图 8-23 所示。

②频率扫描模式 在固定温度下,测量动态模量及力学损耗随频率的变化。所得曲线称动态力学频率谱,如图 8-24 所示。

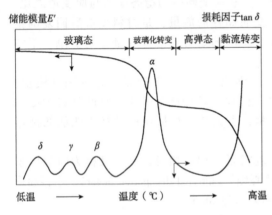

图 8-23 聚合物的 DMA 曲线(温度谱)　　图 8-24 聚合物的 DMA 曲线(频率谱)

8.3.2 动态力学分析在生物质复合材料中的应用

潘明珠等采用动态力学分析技术探究了麦秸纤维-PP 复合材料与纯 PP 材料的动态热力学特性差异。图 8-25 为 25~150 ℃ 麦秸纤维不同添加量下复合材料储能弯曲模量(E')的变化,其变化趋势与静态下的复合材料的弯曲模量的变化趋势相似。当以麦秸纤维为增强相添加到 PP 基体中时,由于纤维具有较大的刚性,当材料承受负载时,在 PP 与纤维的界面上,纤维可以转移大部分应力。此外,麦秸纤维加入 PP 基体后,与基体相互缠绕、交互作用,形成网络结构,限制了 PP 分子链的滑移和转动,增加了材料的刚性,复合材料整体的 E' 明显提高。在麦秸纤维-PP 基体的复合体系中,纤维在承受载荷时可以吸收大部分应力,仅微小比例的纤维因应力的作用在界面附近发生应变。因此,能量的损耗主要发生在聚合物基体和界面上。界面黏结强度越高,纤维吸收的能量就越多,能量损耗就越小,$\tan\delta$ 的值越小。

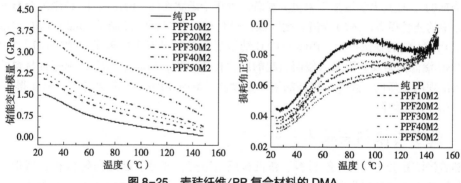

图 8-25 麦秸纤维/PP 复合材料的 DMA

丁春香等采用 DMA 在拉伸模式下研究了纤维素纳米晶体(CNC)对聚甲基丙烯酸丁酯(PBMA)生物质复合材料干、湿条件刺激下力学性能的影响规律。如图 8-26 所示,经过

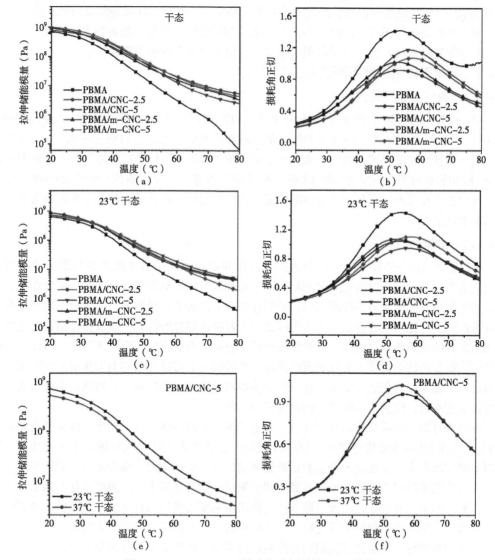

图 8-26 PBMA/CNC 纳米复合材料的 DMA 结果

PEG 修饰的 CNC 其力学增强效果更为显著，处于干燥状态的 PBMA/CNC 纳米复合材料的松弛过程中的能量损失（$\tan \delta$）峰值强度降低，表明 CNC 渗滤网络抑制了 PBMA/CNC 纳米复合材料中 PBMA 链的弛豫行为。PBMA/CNC 纳米复合材料浸泡于去离子水中一周后，由于分散的 CNC 渗滤网络及其因水入侵而引起的应力传递不均，PBMA/CNC 纳米复合材料的储能模量均出现明显降低。此外，较高的溶胀温度除了导致 PBMA 的塑化外，更易使得 CNC 之间内部相互作用解除。

8.4 数字图像相关技术

随着经济社会的发展，新材料、新机械层出不穷，产品不断地向轻型和微型化方向发展。传统的应变测量和分析方法已不能满足日益增多的微小化机械的性能分析要求。这就需要研究者采用全新的方法对新材料和新机构的力学性质进行研究。使材料和机构的性质明了，能够应用于更加广泛的领域。数字图像相关测量（digital image correlation，DIC）方法自从 20 世纪 80 年代被提出以来，经过几十年的不断发展，以其对环境条件要求低、测量方便和应用广泛等优点逐渐被人们接受和认可。随着 DIC 算法、设备、散斑技术的成熟，DIC 技术在生物质复合材料力学的应用范围越来越广，精度和准确性也得到保障。

8.4.1 数字图像相关技术测试方法

8.4.1.1 数字图像相关设备

DIC 设备的改善除了测试维度上的变化，由二维到 2 个电荷耦合元件（charge-coupled device，CCD）镜头构成的三维光学测试设备，还有设备处理能力也得到了提高。Grassi 等进行的关于股骨断裂的测试，2013 年使用的数码相机（德国）有 4 万像素的分辨率，最大帧频 7 Hz，施加的负荷剂量频率为每秒 15 帧，而 2016 年图像采集设备能达到每秒 3000 帧。设备像素等参数的提高不仅有利于获得清晰的变形前后的照片，而且可以测量结果的数量级由毫米到微米甚至纳米。

8.4.1.2 散斑的制作

DIC 散斑场根据形成方法可以分为激光散斑和白光散斑。激光散斑是根据光的反射原理，是指当相干性极好的激光照射到粗糙不平的表面时所形成的随机分布的亮暗斑点。白光散斑通常是指自然或人为条件形成的，分别称为人工散斑和自然散斑。人工散斑主要是指在试件表面形成对比强烈的斑点，通常先将试件上制斑区域打磨抛光，形成精细结构，再在试件表面先后喷涂黑色和白色漆。自然散斑指试件表面本身具有的较强纹理分布，可以直接作为散斑，如在高倍显微镜下金属表面的晶粒。测量时一般需要散斑表面制作成一个平面；并且测量时主要为面内变形且要求其他位移分量如离面位移对其影响小；摄像机面应与被测平面物体表面平行，使成像系统产生的畸变可以忽略。

好的散斑图一般需要包括以下特点，非重复性、各向异性、高对比度。图像的空间频率（散斑的大小）和强度变化的幅度（灰度对比程度）是评价人工散斑质量的 2 个主要指标。散斑图像的空间频率可以通过改变实验条件如喷嘴尺寸、空气压力、喷涂距离、喷枪条件等设置。而改变喷洒时间和喷嘴大小可形成不同的散斑体积和散斑大小。强度变化的幅度是计算机软件处理散斑图时的核心要素，即试样表面图案灰度强度的对比区域。斑点的选择要满足以下条件：①颗粒具有较好的反光性，并且颗粒的大小能够被肉眼明显地观察到；②为保证反射光强的稳定性，颗粒要求能随物体表面的固定点平动或转动；③照射光为均匀光。一般来说，几何尺寸小、高对比度的散斑图更有利于相关计算精度的提高。如图 8-27 所示，为

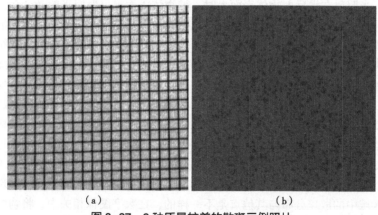

图 8-27　2 种质量较差的散斑示例照片

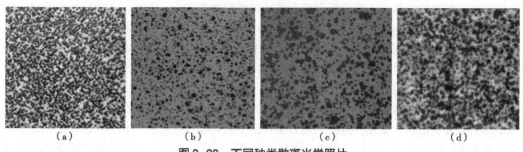

图 8-28　不同种类散斑光学照片

2 种质量较差的散斑示例,而图 8-28 列出的不同种类散斑照片显示出良好的对比度和尺寸分布。

8.4.2　数字图像相关技术测量原理

DIC 测量方法原理为,对变形前后采集的物体表面的 2 幅散斑图像进行相关计算处理,直接利用变形前后数字灰度场的变化测量位移、应变等力学参量,以实现物体位移和变形的测量。数字图像相关方法因其对光源、被测物体以及环境要求较低近年来得到广泛应用。该方法中的散斑可以是人工散斑或者某些自然纹理,也可以是激光形成的,并且光路简单,易于实现。另外,数字图像相关方法是对 2 幅记录的图像进行直接的相关处理,因此,可以借助于高速视频记录或高速摄影系统采集不同瞬间的多幅散斑图像,而后进行图像间的相关计算处理和结果的迭代等来实现动态测量。

DIC 测量方法可分为相关搜索和相关迭代 2 种方法。相关搜索方法测量的结果只包含位移参量,而应变的获得是通过位移求导而得到;相关迭代方法的测量结果包含位移和应变 2 组信息,是一种全场应变测量方法。数字图像相关方法提出至今近 30 年以来,经过国内外学者的不断努力,位移测量的灵敏度已达 0.01~0.05 像素。随着扫描电子显微镜、原子力显微镜以及扫描隧道电子显微镜的广泛应用,计算机技术和图像采集技术的不断提高,数字图像相关测量方法在应用研究方面,正在朝着从常规材料到新材料的测量,从弹性问题测量到弹塑性问题测量,从常规环境测量向恶劣环境(如高温、高压等)测量,从静态准静态测量向动态测量,从宏观测量向细、微观甚至纳观尺度测量的趋势不断向前发展。本节将介绍数字图像相关测量方法的原理,以及数字图像相关测量的搜索方法和迭代方法,并且阐述了不同插值法重建连续图像以获得在亚像素上的位移和应变值。

当用一束光照射在漫反射物体表面上时，被物体表面漫反射回来的光会在其前方空间相互干涉形成一种随机的粒子结构，把这种随机分布的散斑结构拍摄下来就称为散斑场。这种粒子结构与物体表面的微观结构是对应的，物体表面的不同区域有不同的微观结构，从而形成不同的随机散斑。当物体变形时，散斑也会随着表面的变形而发生移动。因此，物体变形后可以通过匹配散斑图像来得到物体的变形信息。数字图像相关算法就是分析变形前后的散斑图像来完成物体的运动测试，对于物体表面具有某些自然纹理或者随机斑点的物体，随着该物体的运动或变形，这些表面特征亦会承载物体的运动和变形信息，故亦在数字图像相关方法的应用范围之内。DIC 测试的基本过程为由 CCD 相机记录被测物体变形前后的 2 幅散斑图，经 A/D 转换得到相应的 2 个数字散斑灰度场，对 2 个数字散斑灰度场做相关运算，找到相关系数极值点得到相应的位移和应变信息。由于散斑分布的随机性，散斑场上的每一点周围的小区域中的散斑分布与其他点是不一样的，在数字图像相关中，将物体变形前后摄取的散斑图像分割成许多网格，每一个网格称为子集。散斑场上以某一点为中心的子集可作为该点位移信息的载体，通过分析和搜索该子集的移动和变化，便可以获得该点的位移。对变形前所有子集进行类似计算，就可以得到整个位移场。在数字图像相关实验中，需要采集物体变形前后的 2 幅灰度图像，分别将这 2 幅图像表示为 $F(x,y)$ 和 $G(x,y)$。数字图像相关计算的基本思想就是在变形前的图像 $F(x,y)$ 中以待计算点为中心选择一个子区（称为样本子区），利用样本子区中的灰度信息，在变形后的图像 $G(x,y)$ 中通过一定的搜索方法，按预先定义的互相关函数来进行相关计算，寻找与样本子区对应的目标子区，经过计算得到该子区的位置和形状的变化，这些变化直接反映了物体在这一点上的位移和应变的信息和数值。近年来，DIC 算法不断被改进以获得更高的测量精度。此外，图像处理的相关软件也有很大改善，2013 年测试时使用的图像处理软件是 VIC-D2007，处理时达到每秒 4 帧，而 2016 年时采用 VIC-3D V7 软件，处理速度能达到每秒 25 帧，使用的是 100 Hz 的低通道滤波器。

8.4.2.1 二维数字图像相关基本原理

如图 8-29 所示，加载变形前后，试样散斑位移与 DIC 模拟位移间存在一定的函数关系。选取试样散斑上以点 $P(x,y)$ 为中心的子区作为观察对象，当其受载荷变形至另一以 $P'(x',y')$ 为中心的子区时，DIC 模拟子区上对应以 $P_0(x_0,y_0)$ 为中心的子区变形移动到以点 $P_0'(x_0',y_0')$ 为中心的子区。本文主要研究拉伸纵向的单轴应变，根据 Zhang 等的研究，若将 2 个正交方向上的标距记为 2Δ 像素，则纵向 Y 单轴上的变形 e_{yy} 为：

$$e_{yy} = \frac{\partial_v}{\partial_y} = \frac{(y_{0+\Delta}' - y_{0-\Delta}') - (y_{0+\Delta} - y_{0-\Delta})}{2\Delta} \tag{8-45}$$

忽略镜头像差，则试样形变与 DIC 模拟形变图像间的关系为：

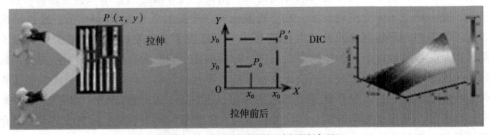

图 8-29 数字图像相关法测试流程

$$y'-y=R_y(y_0'-y_0) \quad (8-46)$$

考虑像差误差的存在,则:

$$y=R_y[y_0-\delta_y(x_0,y_0)] \quad (8-47)$$

式中　R_y——放大倍数;

　　　δ_y——像差误差。

根据式(8-45)~式(8-47)可得纵向单轴上的拉伸应变 e_{yy} 可表示为:

$$e_{yy}=\frac{(y'_{0+\Delta}-y'_{0-\Delta})-(y_{0+\Delta}-y_{0-\Delta})-\delta_y(x'_0,y'_{0+\Delta})}{(y_{0+\Delta}-y_{0-\Delta})-[\delta_y(x_0,y_{0+\Delta})-\delta_y(x_0,y_{0-\Delta})]}-\frac{[\delta'_y(x_0,y'_{0-\Delta})]-[\delta_y(x_0,y_{0+\Delta})-\delta_y(x_0,y_{0-\Delta})]}{(y_{0+\Delta}-y_{0-\Delta})-[\delta_y(x_0,y_{0+\Delta})-\delta_y(x_0,y_{0-\Delta})]}$$

$$(8-48)$$

实际计算中,通常将参考图像中间的待计算区域划分成虚拟网格形式,通过计算每个网格节点的位移来近似得到物体表面的全场位移信息。一般网格节点距离为2~10个像素。

8.4.2.2 物体面内变形的表征

为了精确地估计参考子区和变形子区之间的相似度,就必须定义一个相关标准。匹配的过程就是利用这个标准来寻找相关系数分布的峰值位置。一旦相关系数的峰值位置搜索到,则变形后子区的位置也就确定了。在变形后的图像中原先的参考子区的形状发生了一定的变化,因此需要假设刚体变形的连续性,如图8-29所示,变形前参考图像子区中心点 P 附近的点 Q 在变形后仍在 P' 点附近。因此,参考图像子区中的各点与变形后的目标图像子区可按一定的函数关系进行一一对应。这个函数就称为形函数。

$$\begin{cases} x_i=x_i+\alpha(x_i,y_j) \\ y_j=y_j+\beta(x_i,y_j) \end{cases} (i,j=-N:N) \quad (8-49)$$

式中　$\alpha(x_i,y_j)$,$\beta(x_i,y_j)$——x 和 y 方向的形函数。

如果在参考子区和变形子区只存在刚体平移,即子集中各点的位移一样,则可以用零阶形函数来描述:

$$\begin{cases} x'=x+u \\ y'=y+v \end{cases} \quad (8-50)$$

式中　u,v——x 和 y 方向的平移偏移量。

零阶形函数只能描述平移,所以实际中很少采用。但是,得益于其形式的简单,零阶形函数广泛应用于数字图像处理技术的误差分析领域。

8.4.3 数字图像相关技术在生物质复合材料中的应用

数字图像相关法(DIC)作为一种非接触式、全场应变测试技术,可有效表征材料全场的位移和应变演化,实现形变测量,具有再现性好、精度高、灵活性高等优点。目前,DIC 在木塑复合材料、刨花板、胶合板等材料的形变性能研究中均取得了一定的进展。

8.4.3.1 在木塑复合材料中的应用

Ding 等采用动态可逆共价键的热刺激—拓扑网络重组特性,设计制备了集灵活加工性、良好力学性能以及优异防火安全性于一体的阻燃木塑复合材料。通过 DIC 分析了拉伸载荷下,含亚胺键阻燃剂(pAPP)对于木塑复合材料的应变传递的影响。pAPP 引入后 WPC 出现集中的高应变区域,如图 8-30(d_1)所示。此外,加载两端的应变[图 8-30(d_2)]较低,表明加载过程中 WPC/pAPP 应变更高效地由受载两端向中间传递。此外,WPC/pAPP 的三维应变分布曲面[图 8-30(d_3)]变得平滑,与 WPC/APP[图 8-30(c)]相比,断裂应变增加了48%。综上所述,推测 WPC/pAPP 中更多的软链段(如 HDPE 和聚亚胺链)参与应变传递,

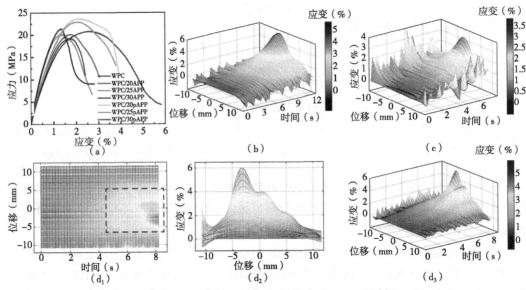

图 8-30 WPC 在拉伸载荷作用下的应力-应变传递

(a)应力-应变曲线；(b)WPO；(c)WPC/25APP 和(d₁-d₃)WPC/25pAPP 全场形变的 DIC 分析

[随受载时间变化的应变分布云图(d₁)；轴向应变分布(d₂)；断裂前应变分布的三维曲面图(d₃)]

以耗散受载过程中的能量。同时，WPC/pAPP 内的可逆亚胺交联网络可能为刚性相和软链之间提供了更多的载荷传递通道路径，因此，应变传递的失效被大大延迟。

8.4.3.2 在胶合板中的应用

胶合板是一种重要的工程木制品，通过将胶合板正交各向异性地黏合在一起而制造得到。胶合强度在胶合板的性能中起着至关重要的作用。Li 等采用数字图像相关(DIC)方法联合剪切试验揭示了胶合板中胶合强度和剪切应变分布之间的相互作用机制。结果表明，应变从与剪切缺口相邻的区域开始，并沿胶合界线平滑地传递到观察区域的其余区域。单板的性能在胶合强度中起着重要作用，因为剪切载荷作用下，单板更易发生形变。Li 等指出，通过 DIC 与剪切力学测试相结合，可以有助于改进胶合板的设计策略，以期在降低施胶量的同时提高胶合板的力学性能。Zhang 等采用 DIC 技术探究了等离子体处理碳纤维对于胶合板力学性能的影响。如图 8-31 所示，采用空气等离子体改善后的碳纤维与单板间的剪切强度显著改善。且由于等离子体处理后，表面自由能的提高，胶合板的界面黏合性能增强，复合材料受载过程中应变分布均匀。

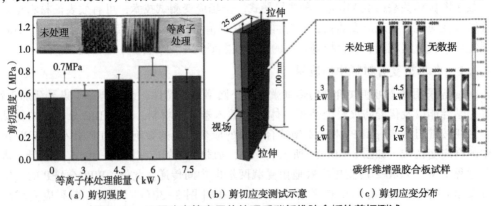

图 8-31 不同功率等离子体处理后碳纤维胶合板的剪切测试

8.4.3.3 在刨花板中的应用

刨花板作为一种常用的承重材料,在吸附/解吸水后极易产生疲劳变形,Li 等采用弯曲试验与 DIC 联用,记录不同水吸附/解吸循环后刨花板的挠度和应变分布变化。结果表明,挠度和残余挠度在第一个水吸附/解吸循环后可恢复。在水的吸附/解吸过程中,沿厚度方向产生的大应变可以从样品的顶部传递到底部(图 8-32)。应变集中是降低 OSB 承载能力的重要因素且剪切应变引起的结构变化可能会阻碍应变沿厚度方向的传递,因而增强防水性和减少结构缺陷对于确保在受载条件下刨花板的正确应变传递至关重要。

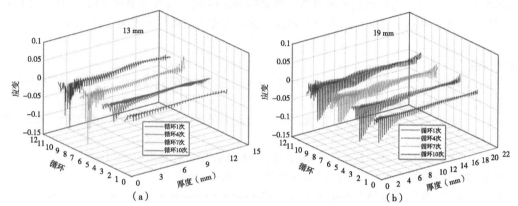

图 8-32　两个样品在 4 个不同加载周期下沿厚度方向的应变分布图

Li 等进一步采用 DIC 与压缩测试相结合,通过 4D CT 监测刨花板在受载压缩过程中的尺度应变转变,揭示刨花板的微结构变化。结果表明,压缩强度与加载楔形位移之间的分段线性关系。分别对沿样品厚度在 5 个区域的应变,即顶部、转移、中心、转移和底部进行了分析。如图 8-33 所示,在压缩过程中,应变主要在中心区域增加,而过渡区域的应变则表

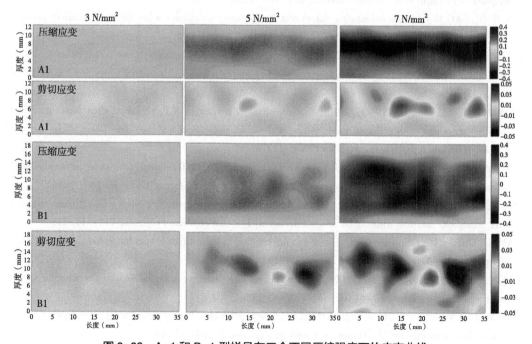

图 8-33　A-1 和 B-1 型样品在三个不同压缩强度下的应变曲线

现出较大的可变性。

定量表征生物质复合材料力学性能的参数、方法，包括弹性模量、屈服强度、断裂强度、断裂伸长率、冲击强度等，以及界面形成机理、界面的载荷传递。然而，目前关于力学性能的定量计算还依赖于一些经验式或总结式的半定量法。除了强度以外，疲劳、断裂以及材料阻尼等动态特性与界面的关系将是今后生物质复合材料力学性能研究的重心，并有望推动一些特定的纤维/基体复合材料研究获得成功，实现有条件的性能匹配与最佳界面结合。考虑到生物质复合材料中，影响其力学性能的因素十分复杂，如树脂特性、填料性质及其在基体中的分布、树脂与填料间的相容性和界面的形态结构，以及界面的黏接强度等。因而，本章论述中的一些表达式仅作近似定量描述，或只能在特定条件下使用，有待进一步完善。

参考文献

丁春香, 潘明珠, 杨舒心, 等, 2020. 基于数字图像相关技术的木纤维/高密度聚乙烯复合材料界面力学行为[J]. 复合材料学报, 37(9)：2173-2182.

潘明珠, 连海兰, 周定国, 2006. 不同预处理方法对稻秸纤维表面化学特性及稻秸纤维板性能的影响[J]. 林产工业, 33(4)：24-26.

潘明珠, 2008. 麦秸纤维/聚丙烯复合材料制造工艺与性能研究[D]. 南京：南京林业大学.

陈俊达, 2007. 数字散斑相关方法理论与应用研究[D]. 北京：清华大学.

PAN M Z, ZHOU D G, BOUSMINA M, et al., 2009. Effects of wheat straw fiber content and characteristics, and coupling agent concentration on the mechanical properties of wheat straw fiber-polypropylene composites [J]. Journal of Applied Polymer Science, 1000-1007.

DU J, ZHAO G M, PAN M Z, et al., 2017. Crystallization and mechanical properties of reinforced PHBV composites using melt compounding: Effect of CNCs and CNFs [J]. Carbohydrate Polymers, 168：255-262.

OKSMAN K, LINDBERGH, 1998. Influence of thermoplastic elastomers on adhesion in polyethylene-wood flour composites [J]. Journal of Applied Polymer, 68：1845-1855.

NIX W D, GAO H J, 1998. Indentation size effects in crystalline materials: a law for strain gradient plasticity [J]. Journal of the Mechanics and Physics of Solids, 46(3)：411-425.

ZHOU Y G, WANG Y X, FAN M Z, 2019. Incorporation of tyre rubber into wood plastic composites to develop novel multifunctional composites: Interface and bonding mechanisms [J]. Industrial Crops and Products, 141(1)：11788.

AGO M, JAKES J E, ROJAS O J, 2013. Thermomechanical properties of lignin-based electrospun nanofibers and films reinforced with cellulose nanocrystals: a dynamic mechanical and nanoindentation study [J]. ACS Applied Materials & Interfaces, 5(22)：11768-11776.

HORMAIZTEGUI M E V, DAGA B, ARANGURENM I, et al., 2020. Bio-based waterborne polyurethanes reinforced with cellulose nanocrystals as coating films [J]. Progress in Organic Coatings, 144：105649.

DING C X, CAI C Y, YIN L X, et al., 2019. Mechanically adaptive nanocomposites with cellulose nanocrystals: Strainfield mapping with digital image correlation [J]. Carbohydrate Polymers, 211：11-21.

YAMAGUCHI I, 1981. Speckle displacement and deformation in the diffraction and image fields for small object deformation [J]. Acta Optica Sinica, 28(10)：1359-1376.

PAN B, XIE H, WANG Z, et al., 2008. Study on subset size selection in digital image correlation for speckle patterns [J]. Optics Express, 16(10)：7037-7048.

GAO Y, CHENG T, SU Y, et al., 2015. High-efficiency and high-accuracy digital image correlation for three-dimentional measurement [J]. Optical & Lasers in Engineering, 65：73-80.

YUAN Y, ZHAN Q, HUANG J Y, et al., 2016. Digital image correlation with gray gradient constraints: application to spatially variant speckle images[J]. Optics & Lasers in Engineering, 77: 85-91.

CATALANOTTI G, CAMANHO P P, XAVIER J, et al., 2010. Measurement of resistance curves in the longitudinal failure of composites using digital image correlation[J]. Composites Science and Technology, 10(13): 1986-1993.

SCHWARZKOPF M, MUSZY ŃSKI L, HAMMERQUIST C C, et al., 2017. Micromechanics of the internal bond in wood plastic composites: integrating measurement and modeling[J]. Wood Science and Technology, 51(5): 997-1014.

DING C X, ZHANG S, PAN M Z, et al., 2021. Improved processability and high fire safety of wood plastic composites via assembling reversible imine crosslinking network [J]. Chemical Engineering Journal, 423: 130295.

LI W Z, CHEN C Y, SHI J T, et al., 2020. Understanding the mechanical performance of OSB in compression tests[J]. Construction and Building Materials, 260: 119837.

第9章 可降解、可循环性能

进入21世纪后，随着人类对自身赖以生存的环境愈加重视，绿色环保、可持续发展型生物质复合材料和制品的设计制作越来越多地受到人们的关注。"生物质"泛指一类以二氧化碳通过光合作用产生的可再生资源为原料，生产并使用后，能够在自然界中被微生物或光降解为水和二氧化碳或通过堆肥作为肥料再利用的天然聚合物。生物质复合材料的环保、可循环性能研究是建立在"生物质"来源天然、可生物降解、可循环使用等特性上的研究内容。

材料和环境作为两个不同的体系，它们之间存在一种双向作用的关系。首先研究材料与环境间的反向作用，即环境对各种材料的作用，主要包括各种材料的腐蚀、分解、风化或降解效应，是材料科学与工程研究的一个重要领域。生物质复合材料常常被用于户外环境，研究环境对其性能的影响，进一步评估其在室外环境的适用性，是非常有必要的。

此外，材料与环境间也存在正向作用，即材料对环境的质量影响，包括正面影响和负面影响。所谓正面影响是指用各种材料来不同程度地修复环境所受到的损伤，治理或减轻环境污染等。但是，从长远和系统来看，这种正面影响是暂时的、局部的和相对的。材料对环境的负面影响主要指在材料的生产、制备、加工、使用、再生等相关过程中对环境造成的直接或间接的损伤和破坏，这些也是需要研究的重点内容。众所周知，材料的生产、制备、加工、使用、再生等相关过程中，一方面，要消耗大量不同类型的资源和能源，以保证过程的顺利进行；另一方面，过程在进行之中由于物理变化或化学变化，必然导致排放出大量的废气、废水、废渣等各种物理形态的污染。

9.1 生物质复合材料耐久性评价方法

由于生物质复合材料常用于户外，其性能要求中更注重耐久性尤其是耐老化性。生物质复合材料的老化即其在使用、加工及储存过程中，由于受到外界因素包括物理的(热、光、电、辐射能、机械应力等)、化学的(氧、臭氧、雨水、潮气、酸、盐雾等)以及生物的(霉菌、细菌等)各方面作用，而引起化学结构的破坏，使原有的优良性能丧失的一种现象。这是一种不可避免、不可逆的客观规律。但是，人们可以通过对其老化过程的研究，在材料的设计和使用中采取一定的防老化措施，提高材料的耐老化性能，延缓老化的速率，以达到保持材料性能、延长使用寿命的目的。

9.1.1 耐老化性能测试

评定生物质复合材料耐老化性能的方法主要有2种：自然老化试验法和加速老化试验法。自然老化试验法更接近实际使用条件，但是试验周期长，结果适用于特定的暴露试验场，难以适应材料的检测需要。加速老化的方法是模拟材料真实的老化过程，以期在较短时间内获得自然条件下长期暴露的老化效果，具有试验周期短、数据重复性好等优点。

9.1.1.1 自然暴露试验法

自然大气老化试验是研究材料受自然气候条件作用老化的测试方法,它将试样暴露于户外气候环境中受各种气候因素综合作用,通过测试暴露前后性能的变化来评定材料的耐老化性能;自然储存老化是在储存室或仓库内,经自然气候、介质或模拟实际条件作用下进行的老化试验方法,通过测试暴露前后性能的变化来评定材料的耐老化性能。Yadav等制备了甘蔗叶废弃物增强的环氧树脂基复合材料,将其在开阔的露天场地以与水平呈45°的角度放置13周,环境温度为25~47 ℃(平均35 ℃),湿度为79%~89%,露点温度为25~26 ℃。随后根据标准ASTM D 1435—99测试复合材料的拉伸性能。结果表明,经长时间自然暴露后材料的力学性能并未产生显著变化。

9.1.1.2 加速老化法

加速老化试验主要是将热、湿、应力3种条件组合,以连续方式或变换方式对生物质复合材料进行处理。主要分为以下2类:单项老化试验方法和循环老化试验方法。考虑到地域气候的差异和材料的制造工艺不同,各国制定的加速老化试验的处理方法也不同,但是都以多循环老化处理方法为主。利用浸泡、蒸煮、冷冻、干燥等手段进行处理,再对其力学性能等进行测试,判断其是否符合室外使用要求。目前各国制定的加速老化试验方法及标准见表9-1。

表9-1 各国加速老化试验方法

国家	标准	处理方法	耗时(h)
美国	ASTM D1037	循环6个周期,每个周期条件为:49 ℃温水浸渍1 h→93 ℃蒸汽处理3 h→12 ℃冷冻20 h→99 ℃热风干燥3 h→93 ℃蒸汽处理3 h→99 ℃热风干燥18 h	288
美国	WCAMA	循环6个周期,每个周期条件为:66~71 cmHg压力下在18~27 ℃水中浸渍30 min→煮沸3 h→105 ℃干燥20 h	141
美国	APA D-1	66 ℃温水浸渍8 h→82 ℃干燥到原来的质量→室温冷却1.5 h	—
美国	APA D-4	66 ℃温水浸渍、38.1 cmHg减压保持30 min→常压浸渍30 min→82 ℃干燥16 h	17
英国	BS 5669	循环3个周期,每个周期条件为:20 ℃水浸渍72 h→-12 ℃冷冻24 h→70 ℃热风干燥72 h	504
法国	NFB 51-263(V313)	与英国标准BS 5669相同	504
德国	DIN 68783(V100)	20 ℃水浸渍、1~2 h升温到100 ℃→煮沸2 h→用20 ℃水冷却1 h	5
加拿大	CAN3-0188.0	煮沸2 h→用20 ℃水冷却1 h	3
日本	JIS A 5908	煮沸2 h→用20 ℃水冷却1 h	3
中国	GB/T 17657—2013	循环6个周期,每个周期条件为:49 ℃温水浸渍1 h→93 ℃蒸汽处理3 h→12 ℃冷冻20 h→99 ℃热风干燥3 h→93 ℃蒸汽处理3 h→99 ℃热风干燥18 h	288
中国	GB/T 11718—2021	20 ℃水浸渍、1~2 h升温到100 ℃→煮沸2 h→用20 ℃水冷却1 h	5

美国材料与实验协会(American Society for Testing and Materials，ASTM) ASTM D1037 六周期循环加速老化方法是研究最早、使用最多的一种方法，主要用来研究酚醛胶类木质人造板产品的耐老化性能。此方法最能模拟严酷的自然环境，但试验周期长，因此在产品质量控制检查中没有得到广泛应用。Dobbin 等建议取消冷冻步骤，用温水浸泡代替蒸汽处理，可以缩短一半时间，而所得到的静曲强度和弹性模量保留率、厚度膨胀率与根据标准 ASTM D1037 所得结果无明显差别。

我国标准 GB/T 17657—2013 中，对人造板耐老化性能的测试引用了 ASTM D1037 中的方法。测试过程采用如图 9-1 所示的浸泡和蒸汽处理装置进行。

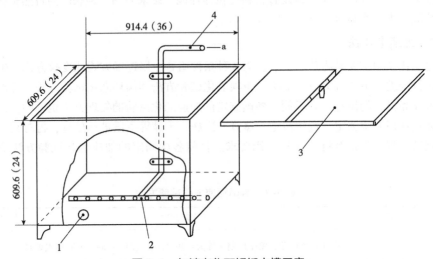

图 9-1 加速老化不锈钢水槽示意
1. 排水口；2. 穿孔 T 型管，孔径 1.59 mm；3. 活动盖；4. 管，直径 19 mm；a. 蒸汽或进水口

曾祥玲参考 GB/T 17657—2013 中，对胶合板进行"水煮-冷冻-干燥"3 种处理，具体操作为：63 ℃±2 ℃水中浸泡 3 h，-20 ℃±2 ℃下冷冻 24 h，63 ℃±2 ℃中干燥 3 h，最后在室温下放置 30 min 后测试胶合强度，且不进行循环测试。经该步骤加速老化后，胶合板的胶合强度测试木破率较高，试验结果误差较大。根据室内人造板的使用条件，其进一步设计了干湿循环和气候箱加速老化试验方法，具体的步骤为：将试件于 25 ℃±3 ℃/63 ℃±2 ℃/95 ℃±2 ℃水中浸渍 12 h；120 ℃干燥至绝干；测试胶合强度。重复以上实验步骤，直至胶合强度明显下降为止。

气候箱加速老化试验法设置气候箱为：温度 32 ℃±2 ℃，湿度 90%±3%，模拟南方夏天湿热的气候环境，进行加速老化试验并测试胶合强度。经对比，室温水干湿循环老化实验方法的实验效果最为理想，且与自然老化实验结果有一定的吻合度。

9.1.2 吸水性测试

塑料几乎不吸收水分，但受木材纤维等亲水极性纤维的影响，复合材料的吸水性增大。与水分接触时，吸湿性的纤维膨胀，聚合物基质间产生裂隙，又使更多的水分渗入复合材料。与实木相比，复合材料的吸水量要小得多，且吸水过程缓慢，通常总体水分含量不超过 2%，在潮湿条件下具有较好的耐真菌性和尺寸稳定性，但在分布上较为特殊。绝大部分水分集中分布在表层 5 mm 的范围内，某些使用条件下超过了木材的纤维饱和点，使材料有被真菌腐蚀的可能。

材料的吸水性在室外自然使用条件下和实验室设定测试条件下存在一定差异。根据

ASTM D1037规定方法测得铺板样品24 h浸渍吸湿仅为1%。但如果将板材暴露在室外"风化"21个月的板材,则吸水量至少为15%。

木塑复合材料(wood-plastic composite,WPC)的加工方法(注塑成型、压缩、挤出)和工艺变量对材料的吸湿性能有很大影响。对木粉填充量为50%的WPC进行研究,结果表明挤出成型的吸水量最多,注塑成型的吸水量最少。注射成型或压缩成型的复合材料因质地致密、表层的聚合物含量高、孔隙少,因此,吸水量较少。

WPC的吸湿量还受到木粉含量和颗粒大小的影响。随着纤维比例的增大,复合材料的吸水量增加,但不同的木质纤维填料表现出不同的吸水能力,这可能是由于纤维与聚合物基质之间的黏合力不同。Lipatova等测试了淀粉—壳聚糖复合膜的吸水性,参考ASTM D5229/D5229M-12标准,采用聚对苯二甲酸乙二醇酯水泡制成直径为15 mm的圆形试件,在50 ℃烘箱中干燥24 h直到试件质量恒定,然后在干燥器中冷却,并立即称重获得初始质量(m_0),随后将试件放置在一个相对湿度为100%的密闭容器中24 h后移出,擦干并称重获得最终质量(m)。试件增重百分比(W)采用如下公式进行计算:

$$W = \frac{m-m_0}{m_0} \times 100\% \tag{9-1}$$

结果表明,随着壳聚糖颗粒的增加,材料的保水能力逐渐降低。

9.1.3 腐朽性测试

生物质材料易被真菌或其他微生物侵蚀而导致外观或性能发生变化,用于室外的生物质复合材料一般会进行压缩、浸渍处理或其他特殊处理。在使用过程中,存在防腐剂流失问题,不仅造成效力降低,还会对周围环境造成污染。WPC被认为是理想替代产品。人们认为,如果塑料和木材组分按一定比例混合,复合材料内连续的塑料相应该可以被很好地封闭木材颗粒,免于潮湿或真菌的侵蚀。即使不使用防腐剂,塑料基质的疏水性和本身固有的高度耐腐朽性也可以提供足够的抗生物降解力。但1998年,美国科学家Morris和Cooper在Evergaldes国家公园里的步道板上发现了真菌生长。此后,关于WPC耐真菌腐朽的相关研究逐渐展开。

9.1.3.1 生物质复合材料耐腐朽性的测试方法

不同的标准化测试方法已经用于评价各种生物质复合材料的耐真菌腐朽性,大量研究结果显示,不同测试方法所获得的结果之间存在较大差异。

Imken为了验证测试方法对材料耐真菌腐朽性测试结果有影响,采用2种欧洲常用的评价方法(BS3900—Part G6室内法和ISO 16869:2008麦芽琼脂平板法)对WPC的耐真菌腐朽性进行了测试。首先制备了孢子悬浮液。随后,用无菌接种环收集孢子并在烧杯中混合。每个真菌的培养物数量为1~5个。具体测试方法为:

(1)BS3900—Part G6培养箱法

使用培养箱(40 cm×25 cm×25 cm)进行防霉测试,经处理的样品通过雾化器接种1 mL混合孢子悬浮液。接种后,将样品放置在带有加热线圈的水箱上方的培养室中,如图9-2(a)所示。保持温度为23 ℃±2 ℃,每隔10 h对水箱加热2 h。过程中使用显微镜拍摄图像观察。

(2)ISO 16869:2008麦芽琼脂平板法

将样品放置在装有20 mL营养盐琼脂的罐子中心,在121 ℃下高压灭菌20 min。所有样品均通过雾化器接种1 mL混合接种物。将样品先置于营养盐琼脂上,随后再次用15 mL营养盐琼脂覆盖,如图9-2(b)所示。在22 ℃±1 ℃,70%RH下培养28 d。每2~4天使用显微镜拍摄图像观察。

结果发现：由于在琼脂平板试验中样品比在室内试验中有更高的水分含量和额外的营养物质，2种方法获得的霉菌生长率没有很好的相关性，证明实验装置对防霉试验结果有重要影响。

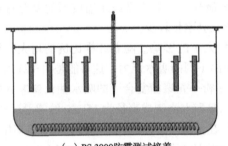

(a) BS 3900防霉测试培养　　　　(b) ISO 16869 防霉测试

图 9-2　防霉测试示意

此外，Feng 等基于 ASTM D2017 标准进行改良，采用人工加速耐真菌腐朽性测试方法对 WPC 或竹塑复合材料的耐真菌腐朽性做了详细研究。首先将白腐菌和褐腐菌在 PDA 培养基中培养至真菌菌丝和菌丝体充分覆盖盘底。随后添加干河沙、木屑或竹屑、玉米粉、红糖到锥形烧瓶中。完全混合后，加入麦芽糖溶液，盖上盖子，于 121 ℃下杀菌 30 min。待锥形瓶冷却后，2 个未经处理的黄桦用作饲木，放置在每个试样的基质最上方。取白腐菌或褐腐菌 PDA 培养物活跃生长的边缘切下菌丝头，接到饲木上，直到饲木被测试菌菌丝覆盖。测试前，试件在 105 ℃干燥至恒定质量，随后用铝箔包裹，在 121 ℃高压灭菌锅中杀菌 30 min。冷却后，将 2 个样品置于饲木表面，将含有真菌和 WPC 或竹塑的瓶子放置 12 周。最后，从瓶子中回收样品，使用软海绵轻轻从样品中除去表面菌丝，在 105 ℃下干燥到恒定质量，质量差不超过 0.001 g。

9.1.3.2　生物质复合材料耐腐朽性的影响因素

Schrip 和 Wolcott 的研究证明，白腐菌 *Trametes versicolor* 对木粉含量高的复合材料造成的质量损失显著大于对木粉含量低的复合材料。一般来说，褐腐菌更喜食针叶材，因此在他们的研究中没有发现 *Gloeophyllum trabeum* 对复合材料的破坏情况。Verhey 和 Laks 试验证明，木材组分的含量和颗粒大小对腐朽有很大影响，这是由于塑料对小颗粒的包覆效果更好，增加了保护性，表面裸露木材的腐朽产生较小的质量损失。使用大颗粒木粉的复合材料具有较大的厚度膨胀，造成木材组分与塑料相之间结合的破坏，给真菌侵蚀提供了通道，对腐朽有加速作用。尤其是不使用耦联剂将进一步增加腐朽危险性。Verhey 等用 20 目的松木粉和 PP 热压制造 WPC，木粉含量为 30%~70%。土壤掩埋法腐朽实验结果显示，塑料含量有一个临界值，低于该值，木材将发生明显腐朽现象。褐腐菌和白腐菌造成的质量损失都与木材含量有直接关系。褐腐菌在试验中的几种木材含量情况下，无论试件表面塑料薄层是否去除都产生显著腐朽；而白腐菌是在木材含量达到 60% 以上时才发生显著腐朽。

WPC 的加工方式也对其耐腐朽性有影响，压缩成型使制品表面有一薄层塑料基质，如果在后续加工或安装时除去这一薄层会增加室外使用条件下的腐朽危险性。挤出加工的铺板产品有时被机械加工装饰出表面木纹，这种表面摩擦，以及端部切割和安装时的砂光也使复合材料有被腐朽的高度危险性。

9.1.4　降解性能测试

生物质-聚合物复合材料制造过程中采用较多的是木质原料和一些合成高聚物原料，其暴露于环境条件下,在光、热、水、氧、污染物质、微生物、昆虫和动物,以及机械力等单一或联合作用下会导致降解。

9.1.4.1 光降解测试

生物质复合材料的生物质组分和塑料组分以不同的方式分解,其光降解机理较为复杂。木质素以多种方式经历光降解,遭受破坏后生成水溶性产物并最终形成发色官能团,如羧酸、酮、过氧羟基等,成为木材褪色(主要是发黄)的主要原因。最主要的光降解反应是苯氧—醌—氧化还原循环反应,在光辐射作用下,以对苯二酚的氧化开始反应历程,生成的对位醌(发色结构)又分解成对苯二酚,使反应循环进行。

聚合物材料在空气存在下经热处理(熔融、注塑、挤出等)而使聚合物因生成氢过氧化物及不饱和基团等发色基团而易受日光的作用。在加工过程中混入聚合物的金属杂质也起到生色团的作用。当含有上述发色基团的聚合物吸收光能时,处于激发态。在光物理过程中,激发能通过辐射出较长波长的光(荧光和磷光)而得到耗散。能量也可消耗为热以及电子原子、分子的拉曼振动。如果在光物理过程中激发能未被用尽,那么剩余的能量可产生光化学过程,使聚合物键解离。

能引起塑料降解的光主要是波长范围为290~400 nm的紫外线。光照射到聚合物表面后,被吸收的部分导致塑料光降解。通常,具有饱和结构的塑料不能吸收波长大于250 nm的光,因而不会被光激发引起降解。而当含有不饱和结构、合成过程中夹杂了残留的微量杂质及存在结构缺陷时,会吸收大于290 nm的光而引发光降解反应。常见塑料对于紫外光照射的敏感波长见表9-2,各种波长光线的能量和塑料典型化学键的键能见表9-3。由表9-3可知,紫外光波段内光子的能量明显高于高分子中典型化学键的键能,即到达地面的紫外光能量足以切断大多数塑料中键合力弱的化学键,导致塑料发生断键、断链等光化学降解。

一般情况下,生物质复合材料的降解性能通过其降解前后的物理机械性能或微观结构的变化来表征。光降解试验方法根据试验地点可分为:

表9-2 常见塑料光降解最敏感的波长

塑料	吸收最多的波长(nm)	光降解最敏感的波长(nm)	塑料	吸收最多的波长(nm)	光降解最敏感的波长(nm)
PE	<150	300	PS	<260	318
PP	<200	310	PC	260	295
PVC	<210	310	PET	约290	290~320
PMMA	<240	290~315			

表9-3 各种波长光线的能量和塑料材料典型化学键的键能

波长(nm)	光线的能量(kg/E*)	化学键	化学键的键能(kJ/mol)
290	419	C—H	380~420
300	398	C—C	340~350
320	375	C—O	320~380
350	339	C—Cl	300~340
400	297	C—N	320~330

注:*1 E=1爱因斯坦=1 mol 光量子。

(1) 自然气候暴露试验

将试样置于自然气候环境下暴晒，使其经受日光、温度、氧等气候条件因素的综合作用，通过测定其性能变化来评价材料耐候性。该方法周期很长，很难适应材料开发和生产等尽快获得结果的要求。

(2) 实验室暴露试验

用于模拟自然条件下的降解性能，属于人工气候加速老化试验，虽然不能直接反映生物质复合材料在实际环境中的降解性能，但结果可用于相对降解性能的对比。生物质-聚合物复合材料经过紫外老化最终将导致力学性能下降。实验证明，表面的木质成分越多，复合材料在老化初期产生的性能损失占总损失的比例越大，而表面聚合物增多则可减少性能损失比例。不过力学性能开始产生下降的时间目前还有争论。有结果表明，填充50%木粉的WPC（木粉/HDPE）复合材料在加速老化开始的1000 h的内弹性模量和强度出现下降，而另一些研究又表明初始1000 h内弹性模量和强度变化微小，是在第二个1000 h内才下降的。尽管不同研究对材料性能下降发生的时间有所差异，但可以肯定的是复合材料经受2000 h的老化处理后，力学强度和颜色都发生了显著改变。注射成型的复合材料在每1000 h老化过程中弹性模量都呈明显下降趋势，而抗弯强度在2000 h以后才发生显著变化。挤出成型的复合材料在2000 h以内弹性模量和抗弯强度下降显著，以后基本没有变化。不过，经历3000 h处理老化后，2种加工方式制备的复合材料最终的性能下降幅度接近。

Staffa等根据ASTM G154—12a标准，采用波长为310 nm的光源对椰壳纤维/聚丙烯复合材料的耐紫外老化性能进行测试，以8 h光照和4 h冷却为一周期，测试时间为500 h和1000 h。此外，其氙弧灯老化试验也根据标准ASTM G155—13进行了测试。采用波长为340 nm的光源，每个测试周期为40 min光照、20 min喷蒸并光照、60 min光照和60 min黑暗并喷蒸，测试总时长设置为500 h和1000 h。随后结合力学性能测试、表面形貌分析以及色度分析，证实了添加受阻胺光稳定剂后，可有效保持复合材料的性能。

9.1.4.2 生物降解测试

生物降解是指在微生物的作用下，使复杂的化合物结构破坏并分解为简单物质的过程。生物质复合材料的生物降解性是指其在自然界，如在土壤、砂土、堆肥条件、厌氧条件等单一或综合环境中，在自然界存在的微生物作用下能发生降解或分解。其特点是在失去利用价值变成垃圾后，不会破坏生态环境。微生物对高分子的降解通常经历2个过程——初级生物降解阶段和最终生物降解阶段，如图9-3所示。

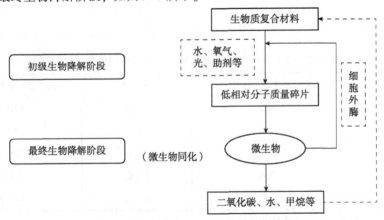

图9-3 生物质复合材料的生物降解过程

生物降解都是在材料表面的微生物作用下进行的，即在微生物产生的分解酶作用下，把高分子分解成微生物可以摄入的水溶性低分子化合物，然后再摄入菌体内通过新陈代谢最终转化为 CO_2 (需氧条件下)或甲烷(厌氧条件下)、水和微生物成分等。高分子的生物降解通常会涉及连续的化学反应如水解、氧化、还原等，并伴随着环境中活性微生物的作用。生物降解机理大致有以下 3 种途径：

①生物物理作用　由于生物细胞增长而使聚合物组分水解，电离质子化而发生机械性的毁坏，分裂成低聚物碎片。

②生物化学作用　微生物对聚合物作用而产生新物质(CO_2、H_2O、CH_4 等)。

③酶直接作用　被微生物侵蚀部分导致材料分裂或氧化崩裂。酶的本质是蛋白质，由氨基酸组成。氨基酸分子里除含有氨基和羧基外，有的还含有羟基或巯基等，这些基团既可以作为电子供体，也可以作为氢受体。这些带电支点构成了酶的催化活性中心，使高分子进一步分解反应活化能降低，从而加速材料的生物降解反应。

生物作用主要是酶作用的反应，典型的例子就是在水解酶作用下发生的水解反应和在氧化还原酶作用下发生的氧化反应。前者的反应速率要比后者快很多。水解酶主要作用于具有酯键、碳酸酯键、酰胺、内醚糖等的高分子链，水解生成低相对分子质量的碎片；氧化还原酶主要作用在烯键、羰基、酰胺、氨基甲酸酯等，发生氧化或还原反应。聚酯、聚酸酐、聚碳酸酯和聚酰胺通过水解作用在初级降解阶段降解为低相对分子质量的碎片，随后在微生物降解过程中被微生物消化吸收。由于大多数合成聚合物不溶于水，对水有亲和性的酶很难扩散进入塑料本体。因此，通常在表面先发生由水解酶(如解聚酶、酯酶、脂肪酶和甘油水解酶等)催化的酶降解，并伴随着非酶(如环境中的碱金属和固体酸等)催化的非酶降解。一些高分子的水解反应情况见表 9-4。

表 9-4　部分高分子的水解反应情况

塑料类型	水解情况
活性 C—C 结合高分子	$\{CH_2-C(CN)_2\}_n + H_2O \longrightarrow CH_2O + CH(CN)_2$ $\{CH_2-C(CN)_2COOR\}_n + H_2O \longrightarrow CH_2O + CN-CH_2COOR$
聚酰胺、聚甲基丙烯酸酯类	$\{CH_2-NH-CO\}_n + H_2O \longrightarrow NH_2CH_2COOH$
聚酯、聚碳酸酯	$\{CH_2-O-CO\}_n + H_2O \longrightarrow HOCH_2COOH$
聚缩醛、缩酮、缩原酸酯	$\{CH(OR)-O-CH_2\}_n + H_2O \longrightarrow ROH + HOCH_2CH_2OH$

烃类化合物如聚乙烯、天然橡胶或聚异戊二烯橡胶、木质素等，其生物降解的主要机理是氧化降解过程，即材料首先在氧化还原酶的作用下发生氧化反应。对于很多高分子的生物降解过程，水解和氧化降解往往同时发生。此外，合适的湿度、矿物质和碳源是微生物生长繁殖的必要条件，也是影响高分子生物降解的重要因素。

材料在经过初级生物降解阶段后，在环境和酶的作用下生成脂肪酸，脂肪酸被微生物摄入，在有氧条件下，最终变成菌体成分和二氧化碳。微生物体内葡萄糖氧化作用可以用以下热化学方程式表示：

$$C_6H_{12}O_6 + 6O_2 \longrightarrow 6CO_2 + 6H_2O$$

在厌氧条件下，高分子分解成的脂肪酸放出二氧化碳和氢气，再转化成乙酸，最终生成甲烷。

世界各国对材料生物降解性能的评价方法标准中，多采用将试样暴露在特定的微生物环境中，或将其埋入土壤、活性污泥中在限定的真菌和细菌混合环境下进行测试，考察其所包含的有机碳在各种降解的条件下能否转化成小分子物质。

水性培养液中材料最终生物降解能力主要可以通过2种方法测定：测量在密封呼吸测定器中氧气的消耗量或测定释放的二氧化碳量。

(1) 测量在密封呼吸测定器中氧气的消耗量

通过测量在密封呼吸测定器中氧气的消耗量，以测定材料在水性培养液中的最终需氧生物降解能力的方法对应的国际标准化组织(International Organization for Standardization, ISO)的标准为ISO 14851：1999，美国试验材料协会的标准为ASTM D5209，我国相应的国家标准为GB/T 19276.1—2003。生物降解过程中消耗的氧气多少反映了材料需氧分解的能力。生物降解的水平通过单位试验材料的生化需氧量(biochemical oxygen demand, BOD)和理论需氧量(ThOD)的比来求得，用百分数表示：

$$D = \frac{BOD_s}{ThOD} \tag{9-2}$$

相对分子质量为 M_r 的化合物 $C_cH_hCl_{cl}N_nS_sP_pNa_{na}O_o$，如果已知它的化学组成或者可以经过元素分析测得时，可用下式计算ThOD：

$$ThOD = \frac{16[2c+0.5(h-cl-3n)+3s+2.5p+0.5na-o]}{M_r} \tag{9-3}$$

此计算假设碳转化成二氧化碳，氢转化成水，磷转化成五氧化二磷，硫转化成正六价氧化状态，卤素以卤化氢形式脱除。此计算假设氮成为硝酸盐、亚硝酸盐，因此在测定BOD的过程中必须考虑可能发生的硝化作用的影响。

此方法由于采用液相，对试样均一接触，所以得到的结果重复性较高。但是也存在一些问题，如氧的消耗量、不能观察试样本身的形状变化；水介质及试样吸附作用导致误差；试样中存在较多低分子部分或除聚合物外有添加成分时会发生早期分解现象；试样形状不同试验结果不同。

(2) 测定释放的二氧化碳量

通过测量降解中 CO_2 的释放量，以测定材料在水性培养液中的最终需氧生物降解能力的方法对应的ISO的标准为ISO 14852：2012，美国试验材料协会的标准为ATM D5209，我国相应的国家标准为GB/T 19276.2—2003。

材料需氧生物降解的最终主要产物为二氧化碳，因此测定二氧化碳的生产量可以直接反映材料生物降解的能力。按下式计算二氧化碳的理论释放量($ThCO_2$)：

$$ThCO_2 = m \times X_c \times \frac{44}{12} \tag{9-4}$$

式中 m——引入试验系统中试验材料的质量；

X_c——试验材料中的含碳量，由化学式决定或由元素分析计算而得；

44，12——分别为二氧化碳的相对分子质量和碳的原子量。

材料的生物降解程度用释放的二氧化碳量和二氧化碳理论释放量($ThCO_2$)的比来求得，以百分数表示。由生物降解曲线的平稳阶段求得试验材料的最大生物降解率。

需氧土壤条件下的生物降解性能测试可以分为两大类：①实验室土壤填埋试验；②采用测定密闭呼吸计中需氧量或测定释放的二氧化碳的方法测定土壤中材料最终需氧生物降解能力。本方法采用《材料在特定微生物作用下潜在生物分解和崩解能力的评价》(GB/T 19275—2003)和《土壤中塑料材料最终需氧生物分解能力的测定 采用测定密闭呼吸计中需氧量或测定释放的二氧化碳的方法》(GB/T 22047—2008)测试,对应的 ISO 的标准分别为 ISO 846:1997 和 ISO 17556:2003。

需氧堆肥条件下材料的生物降解测试方法对应的 ISO 的标准为 ISO 14855—1:2012,美国试验材料协会的标准为 ASTM D5338,我国相应的国家标准为 GB/T 19277.1—2011 和 GB/T 19277.2—2013。

材料在受控堆肥化条件下最终需氧生物降解和崩解能力的测定方法,是将材料作为有机化合物,在受控的堆肥化条件下,通过测定其排放的二氧化碳的量来确定其最终需氧生物降解能力,同时测定在试验结束时材料的崩解程度。该方法模拟混入城市固体废料中有机部分的典型需氧堆肥处理条件。试验材料暴露在堆肥产生的接种物中,在温度、氧浓度和湿度都受到严格检测和控制的环境条件下进行堆肥化。使用的接种物由稳定的、腐熟的堆肥组成,如有可能,该接种物从城市固体废料中有机部分的堆肥化过程获取。

在试验材料的需氧生物降解过程中,二氧化碳、水、无机盐及新的微生物细胞组分都是最终生物降解的产物。在试验及空白容器中连续监测、定期测量产生的二氧化碳,从而确定累计产生的二氧化碳。试验材料实际产生的二氧化碳与该材料可以产生的二氧化碳的最大理论量之比就是生物降解百分数。

按照下式计算每个堆肥容器中试验材料产生的二氧化碳理论量 $ThCO_2$,以克表示:

$$ThCO_2 = M_{TOT} \times C_{TOT} \times \frac{44}{12} \qquad (9\text{-}5)$$

式中 M_{TOT}——试验开始时加入堆肥容器的试验材料中的总干固体;
C_{TOT}——试验材料中总有机碳与总干固体的比;
44,12——分别为二氧化碳的相对分子质量和碳的原子量。

测量期间根据累计放出的二氧化碳的量,计算试验材料生物降解百分数 D_t:

$$D_t = \frac{(CO_2)_T - (CO_2)_B}{ThCO_2} \times 100\% \qquad (9\text{-}6)$$

式中 $(CO_2)_T$——每只含有试验混合物的堆肥容器累计放出的二氧化碳量;
$(CO_2)_B$——空白容器累计放出的二氧化碳量平均值;
$ThCO_2$——试验材料产生的二氧化碳理论量。

通常高分子的降解都会经过 3 个时期:迟滞期、生物降解期和平稳期。

厌氧水性培养液条件下的生物降解测试对应的 ISO 的标准为 ISO 14853:2005。理想厌氧条件下,材料完全降解的最后阶段,各中间产物都转化为 CH_4 或 CO_2,因此测量微生物产生的生物气体中的碳含量可以反映材料在厌氧条件下的生物降解性能。生物降解百分数可由转化成生物气体的碳总量和试验材料的原始碳的质量之比求得。

此外,中试规模堆肥条件下材料的崩解测试也是常用的方法。该方法将试验材料与新鲜的生物质废弃物以精确的比例混合后,置入已定义的堆肥化环境中。自然界中普遍存在的微生物种群自然地引发堆肥化过程,温度随之升高。定期监测温度、pH 值、水分含量、气体组分,它们应满足标准要求,以确保充分、合适的微生物活性。堆肥化过程一直持续到堆肥完全稳定,一般情况下,约在 12 周以后。

试验过程中,观察试样外观变化。试验结束后,获得试验后收集得到的试验材料总干固体量,并按照下式计算试验材料的崩解程度,用百分比表示:

$$D_i = \frac{m_1 - m_2}{m_2} \times 100\% \qquad (9\text{-}7)$$

式中 D_i——试验材料的崩解程度;
m_1——试验开始时投入的试验材料总干固体量;
m_2——试验后收集得到的试验材料总干固体量。

材料的生物降解性能测试方法除了上述几种已有明确标准化规定的测试方法之外,常见的还有下述几种:

(1) 野外环境试验

将试样直接埋在森林或耕田土壤、污泥、堆肥中,或浸没在自然水系环境中。经过一段时间,检测试样的各项性能变化,评价其生物降解性能。该方法的优势是无须特殊设备,可以真实反映试样在自然界中的分解状况。缺点是试验时间长、重复性差、分解产物难以确定,不适宜对分解机理的研究。

(2) 特定酶试验

原理是微生物将各种酶分泌于菌体外,由这种酶将聚合物中的高分子部分从末端基或分子链切断,最终矿物化为易吸收于微生物体内的碳酸和酯。因此,所谓的微生物降解即由微生物引起的酶分解。该方法使用预先知道特性的酶,使用少量试样即可获得定量性、重复性很好的数据,且评价时间短,适用于降解产物的测定和降解机理的研究。但是本法不能适用于所有的聚合物,其适用范围只限于目前能获得的酶的种类。另外,酶试验不能反映自然界的情况。

(3) 特定微生物试验方法

与特定酶试验类似,要使用预先知道特性的特定微生物。一些合成高分子和低聚物相应的微生物分解菌或酶见表9-5。这种方法的优点是降解速率快,定量性和重复性高,适用于

表 9-5 一些合成塑料和低聚物的微生物分解菌或酶

化合物	相对分子质量	微生物(或酶)
聚乙烯醇	20000~90000	各种细菌
聚苯乙烯低聚物	400	产碱杆菌
聚丁二烯低聚物	650	不动杆菌
聚丙烯腈三聚物	160	镰刀菌,各种细菌
聚乙烯	5000	细菌
聚乙烯己二醇	400~20000	各种细菌
聚丙烯己二醇	约4000	各种细菌
聚氨酯	1000~8000	各种细菌
聚 β-甲基-β-丙内酯	3000	产碱杆菌,霉菌
聚 β-丙内酯	1300,2900	产碱杆菌
聚乙烯己二酸酯	850,3000	霉菌,脂酶
聚丁烯己二酸酯	1350	霉菌,脂酶
聚乙烯壬二酸酯	4510	脂酶
聚己内酯	25000	霉菌
尼龙6低聚物	$n=1~6$	枯黄棒状杆菌,消色杆菌
聚 ε-氨基酸-α-氨基丙酸	21800	胰蛋白酶
聚 L-谷氨酸	4000~100000	短柄帚霉,蛋白酶
聚 L-赖氨酸	75000~200000	短柄帚霉,蛋白酶

降解机理的研究，可检测出一些用环境微生物源试验无法检测出的材料的降解性。缺点是不能反映自然环境条件下的生物降解性，只适用于有限的材料。此外，试验中的低分子化合物也有作用，所以可能产生误差。

(4) 放射性^{14}C 跟踪测定法

放射性^{14}C 跟踪测定法是将^{14}C 标记的试样研成细粉，与新鲜园林土混合并装入筒内，全招使脱除 CO_2 经水饱和的空气通过此筒后再通入盛有浓度为 2 mol/L 的 KOH 溶液的容器，吸收由微生物作用所产生的$^{12}CO_2$ 和$^{14}CO_2$。经 30 d 后，用 1 mol/L 的 HCl 溶液滴定至 pH = 8.35，由此计算所产生的 CO_2 总量。将部分 KOH 滴定液加入闪烁计数器内，检测每分钟产生的^{14}C 量。通过与标记试样的原始放射性相比较，可以确定试样被分解成 CO_2 的碳质量分数。此法不受试样或土壤中可生物降解杂质或添加剂类的干扰，故即使系统内存在其他（未标记）碳源，同样可证明微生物对试样的降解作用。但是这方法由于聚合物分子链中添加 C 元素有难度，因此应用起来有一定的难度。

9.2 生物质复合材料环境影响评价

9.2.1 生命周期评价

在材料的环境影响评价中，生命周期评价(life cycle assessment, LCA)是一个应用非常广泛的环境评价模型或方法。目前，在材料工程领域，有将生命周期评价作为一种度量材料的环境影响大小或强弱的基本方法的倾向。其核心是对材料在其生产、制造、加工、使用、再生的全过程中的环境影响或环境负荷进行评估。所谓生物质复合材料的生命周期是指其从"摇篮到坟墓"的整个生命周期各阶段的总和，包括从自然界中获得最初资源、能源，经过开采、加工、再加工等生产过程形成最终生物质复合材料产品，又经过储存、批发、使用等过程，直至其报废或处置，从而构成了一个物质转化的生命周期。资源消耗和环境污染物的排放在每个阶段都可能发生，因此污染预防和资源控制也应该贯穿于产品生命周期的各个阶段。一般来说，一个产品的生命周期主要由以下几个阶段组成，如图 9-4 所示。

9.2.1.1 生命周期评价的定义及理论框架

LCA 最先出现于 20 世纪 60 年代后期。在发展初期，LCA 仅仅作为一种产品的能耗评价方法。到 20 世纪 90 年代初期时，其详细方法才由国际环境毒物学和化学学会(Society of Environmental Toxicology and Chemistry, SETAC)和 ISO 提出。

SETAC 认为 LCA 是一种客观的方法。SETAC 对 LCA 的定义为：LCA 是一种对产品、生

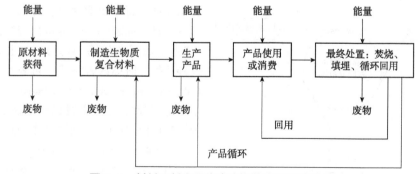

图 9-4 材料及其产品生命周期的主要组成阶段

产工艺及活动的环境负荷进行评价的客观过程。它是通过对物质、能量的利用及废物排放对环境的影响,同时寻求环境改善的机会及如何利用这种机会。所谓生命周期包括某产品,某工艺或某活动的整个生命周期,即包括产品的原材料开采和加工、生产、运输、分配、使用与再生、维护、再循环及最终处置。

ISO 认为 LCA 可以汇总、评估产品生产工艺的能源消耗,以及环境废物排放情况,或对环境存在的潜在影响。ISO 对 LCA 的定义是:对某产品或某服务系统的整个生命周期中与该产品或服务系统功能直接相关的环境影响,物质和能源的投入产出进行汇集和测定的一套系统的方法。

国家标准《环境管理生命周期评价原则与框架》(GB/T 24040—2016)对生命周期的定义是:产品系统中前后衔接的一系列阶段,从自然界或从自然资源中获取原材料,直至最终处理。

其他一些国内外的研究机构也给出了类似的 LCA 定义。由此可见,LCA 的定义具有下列特征:

①对某一具体的评价对象而言,其评价的过程是整个生命周期。
②它以整个生命周期内消耗的资源量和能源量,排放出的各类污染物量综合作为其环境负荷。
③力图度量被研究对象在其生命周期内对环境的影响程度。
④如何降低或消除这些影响。
⑤强调评价是一种客观过程。
⑥具体的被评价对象可以是一种有形的物质产品,一个生产过程,或者一个活动(无形产品)。

基于 LCA 的定义,其主要有以下特点:
①LCA 面向的是产品系统。
②LCA 是对产品或服务"从摇篮到坟墓"的全过程评价。
③LCA 是一种系统性的、定量化的评价方法。
④LCA 是一种充分重视环境影响的评价方法。
⑤LCA 是一种开放性的评价系统。

1993 年,SETAC 在《LCA 纲要——实用指南》中将 LCA 的基本结构归纳为 4 个有机联系的部分,如图 9-5 所示,该三角形也称为 SETAC 三角形。第一部分——定义研究和评价目标并确定生命周期的范围;第二部分——生命周期的清单分析,简称清单分析,可表示为 LCI-1(life cycle inventory analysis),这是第一个"I";生命周期的第三部分——生命周期的影响评价,简称影响评价,可表示为 LCI-2(life cycle impact assessment),这是第二个"I";生命周期的第四部分——生命周期的改善评价,简称改善评价,可表示为 LCI-3(life cycle improvement assessment),这是第 3 个"I"。因此,有些资料也将 LCA 称为 3I 评价。3 个 I 构成了三角形的 3 个顶点。

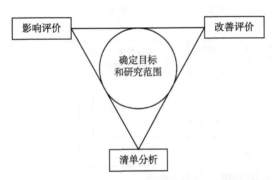

图 9-5　LCA 的理论框架(SETAC 三角形)示意

(1)确定目标和研究范围

由于 LCA 的对象是一个系统或过程,评价的目的是表征该系统或过程对环境的影响及其程度，所以，LCA 工作的第一步就是确定或定义评价对象的范围，即确定所要评价的过程。确定评价范围就是确定所研究过程或系统的边界，这是进行清单分析的先决条件。该步骤在一个具体的 LCA 中有时也是一个反复讨论、反复进行的过程。特别是由于经济、认识、技术和时间的原因，研究的深度和广度经常根据需要和研究目标来不断调整。

(2) 清单分析

清单分析阶段，将对所研究过程的边界（或子过程）的所有输入输出参数或边界参数进行定量描述，如图 9-6 所示。它包括该系统的物质、能量、各种形态污染物的定量描述。这是 LCA 定量化的开始，也是 LCA 最关键的一部分。其目的是最终得到一个具体的、明确的指标参数来表征该系统或过程对环境影响的程度或强弱。进行清单分析首要选择清单项目，其具体内容取决于具体的过程和评价目的。通常包括过程中的资源消耗，能源消耗和向系统外（环境）排放的各种形态的污染物，如废水、废气、废固体等。其后是进行实际数据的采集和汇总计算。参数的选择和数据的质量决定评价过程所要达到的目的和要求。

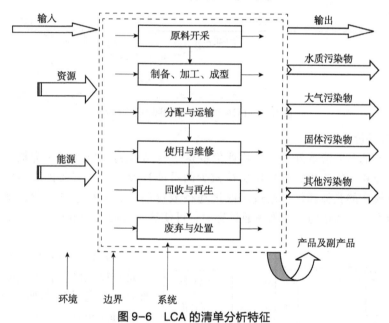

图 9-6　LCA 的清单分析特征

(3) 影响评价

影响评价是在清单分析的基础上，把评价系统或过程的各种输入和输出参数转化成定量的或半定量的指标来表征该系统或过程对环境造成的影响程度。影响评价可以给出被评价对象与环境之间相互影响的整体轮廓。影响评价主要针对生态平衡、环境安全、人体健康、资源消耗或能源消耗等对象进行评价分析。具体针对的对象取决于事先确定的 LCA 的研究目的或目标，从中选择出相关的环境损伤项目进行评价。影响评价被进一步细化成 3 个具体步骤：分类 (classification)、表征 (characterization)、评估 (valuation)。影响评价的示意如图 9-7 所示。在分类过程中，应将 LCA-1 中的输入和输出数据组合成相对一致的环境影响类型。影响类型通常包括资源消耗、能源消耗、人体健康、生态影响等几大类项目。在每一个大类项目中又可以进一步细分。在表征阶段，主要是要开发一种模型，这种模型可以将

LCA-1 提供的数据和其他辅助数据,转变成描述环境影响的专用指标。目前,国际上使用的表征模型包括:负荷模型——根据物理量的大小来评价清单分析所提供的数据;当量模型——使用当量系数来汇总清单分析提供的数据;固有化学特性模型——以释放的化学物特性为基础来汇总清单分析的数据。

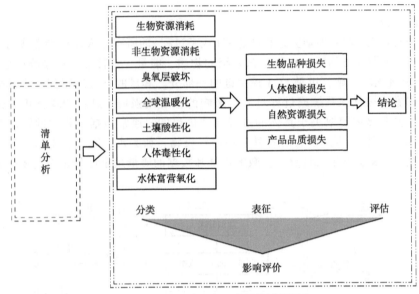

图 9-7　LCA 过程中影响评价过程示意

(4)改善评价

改善评价是根据清单分析、影响评价或这二者结合起来识别和评价整个生命周期内与资源、能源和污染物相关的环境负荷减少的可能性或途径,进而提出明确的如何减少或减轻环境损伤的具体建议。通过对改进途径或可能性和可行性的评价,确定可能性和可行性都最大的具体措施,以确保通过努力,可使这些可能性变成现实,以真正减少该系统的环境负荷。

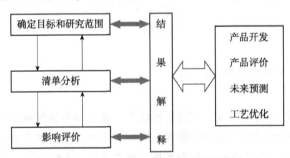

图 9-8　ISO 的 LCA 实施步骤示意

ISO 在 ISO 14040:2006《生命周期评价》的理论框架把生命周期也分为 4 个部分:确定目标和研究范围(goal an scope definition)、清单分析(inventory analysis)、影响评价(impact assessment)、结果解释(interpretation)。ISO 的 LCA 的实施步骤过程示意如图 9-8 所示。ISO 定义的 LCA 过程的前 3 部分与 SETAC 的 LCA 过程的前 3 部分基本相同,唯有第四部分存在较大差异。仔细分析 ISO 的定义可以发现:ISO-LCA 第四部分即"结果解释"是由敏感性分析和一般评价分析 2 个部分组成。其中敏感性分析是对 LCA 研究数据的不确定性和选择不同方法带来 LCA 的结果的可靠性进行分析,而一般评价分析则是把 LCA 评价的结果与研究的目的和目标进行比较,也包括未达到研究的目的和目标,重新收集相关数据,重新进行 LCA 评价等内容。

9.2.1.2 生命周期评价在生物质复合材料中的应用

LCA 诞生仅仅几十年，在我国更是只应用了十几年，但其理论和应用研究便已取得了显著的进展。LCA 为产品系统实施全面的环境质量管理提供了依据。目前，国内外围绕材料、产业及其制品的 LCA 指标体系和方法的构建展开了大量研究，同时颁布了相关的标准。

在生物质复合材料相关领域，LCA 的应用侧重于传统的木材加工行业。不同于其他工业化程度高的先进行业，2000 年前我国人造板工业发展长期受困于生产设备简陋、工艺流程不规范、工业自动化程度低等因素的影响，因此对人造板生命周期的研究较少；而在 2000 年后，我国人造板行业进入快速发展阶段，人造板现代化装备水平与生产线规模逐年提高，我国人造板产品质量稳步提升，国内对于人造板的 LCA 研究显著增加。

燕鹏飞等人通过实际调研收集了规格材、胶合木和定向刨花板 3 种木结构产品的环境影响清单数据，依据建立的建筑材料生命周期影响评价模型进行定量分析，考虑的环境影响指标包括资源消耗和潜在环境影响，从而避免了单一评价的局限性。由于全面考察木材物化环境影响的难度太大，因此只考虑木构件产品生产加工过程的直接环境影响和能源生产造成的间接环境影响，评价范围限定如图 9-9 所示，其中厂内运输、热能生产和设备维修伴随着木产品加工的全过程。随后调研了绥芬河 3 个规格材生产厂、大连 2 个胶合木生产厂和 1 个刨花板生产厂，进行 3 种产品的物化环境影响分析，按照工厂的产量加权评估汇总原料消耗，见表 9-6。3 种木结构产品物化阶段的环境排放清单见表 9-7。进一步建立建筑材料生命周期环境影响评价模型，量化评估了 3 种木结构产品物化阶段的潜在环境影响（全球变暖潜在影响、酸化潜在影响和富营养化潜在影响）和资源耗竭系数。最后以受弯构件为例，比较规格材梁、胶合木梁和木工字格栅产生单位抵抗弯矩的环境影响。最后得出单位体积定向刨花板的物化环境影响复合最大、规格材最小的结论，对发展深加工的工程木、节约资源、减少排放的意义重大。

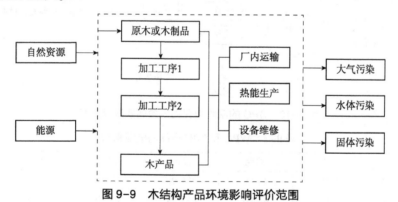

图 9-9　木结构产品环境影响评价范围

表 9-6　生产 1 m³ 木结构产品的原料消耗清单

产品	V(原木)(m³)	w(原料)(kg)					
		水	石蜡	煤炭	原油	铁矿石	石灰石
规格材	1.72	326.6	1.35	252.15	2.88	11.48	5.88
胶合木	1.89	549.6	13.38	343.73	1.47	11.48	5.88
定向刨花板	1.70	40.0	130.00	443.50	0.94	11.48	5.88

表 9-7　生产 1 m³ 木结构产品环境排放清单　　　　　　　　　　　　　　kg

木产品	CO_2	SO_2	CO	CH_4	NO_x	COD	粉尘	固废
规格材	468.3	4.33	1.02	2.01	2.69	0.019	9.79	11.93
胶合木	621.55	5.86	1.19	2.87	3.56	0.047	13.09	16.83
定向刨花板	797.16	7.52	1.13	2.87	4.76	0.045	15.64	16.98

Zhou 等制备了一种基于循环经济理念的污泥纤维素/塑料复合材料(sludge cellulose plastic Composite, SPC)，从环境性能和产品价值与成本两方面比较了其与 WPC 的生态效率(eco-efficiency)性能。生态效率是根据 ISO 14045：2012 标准，用以下公式进行计算：

$$生态效率 = \frac{增值}{环境影响} \tag{9-8}$$

其中，经济效益采用货币成本表示，环境影响采用基于 LCA(ISO 14044)的碳足迹指标进行评估，分析遵循从摇篮到工厂的方法。系统边界如图 9-10 所示，包括所有生产阶段的输入和输出。用于分析的单元为"1t 已包装完成、准备发货的成品"。从建筑材料公司分别获取了材料各阶段的能源需求(表 9-8)及其原料和添加剂的价格(表 9-9)，计算得出材料的生态效益评估结果(表 9-10)。假设产品的功能相同，SPC 的生态效率比 WPC 高 5.26%，表明污泥纤维素在作为木粉替代品方面具有巨大的应用潜力。

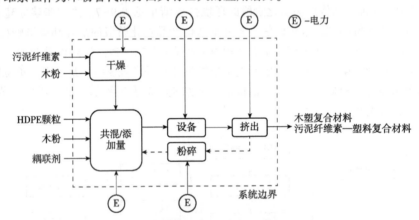

图 9-10　SPC 的系统边界和生命周期流程示意

表 9-8　WPC 和 SPC 产品的能源需求

产品	干燥	共混	设备	挤出	粉碎	合计
WPC(kW·h)	5.70	42.00	254.00	10.20	1.70	313.60
SPC(kW·h)	6.50	42.00	245.00	10.20	1.70	305.40
差值(%)	14.0	0.0	-3.5	0.0	0.0	-2.6

表 9-9　WPC 和 SPC 产品的原料的单元价格　　　　　　　　　　£*/t

原料	HDPE	纤维材料		润滑剂/增溶剂	引发剂	耦联剂
		木粉	污泥纤维素			
价格	840	360	100	2200	4400	3000

* £ 为英磅。

表 9-10　WPC 和 SPC 产品的生态效率评估

复合材料	环境性能	经济性能			生态效率
	碳足迹（kg CO_{2eq}/FU）	产品价格（£/FU）	成本（£/FU）	增值（£/FU）	（£/kg CO_{2eq}）
WPC	1338.9	3800	851	2649	2.23
SPC	1333.9	3800	722	2778	2.26
差值(%)	-0.37	—	-15.17	4.87	5.26

9.2.2　环境影响评价的权重系数

9.2.2.1　权重系数的概念

材料的环境负荷是由若干子项构成，即材料的环境负荷由 3 个环境因子构成，而环境因子由若干项等效环境指数构成。其间的关系是一个递进的关系。通过引入等效环境指数，可以使材料的资源环境因子、能源环境因子、废弃物环境因子等参数无量纲化。从而可将上述 3 个环境因子归一在一个统一的表达式汇总。因为具体研究的对象不同，材料的环境负荷又有 2 种不同表达式。这就涉及如何将不同的子项叠加起来进行综合分析和数据处理的具体问题。例如，对于材料的环境负荷而言，其中的资源环境因子可以写成下式：

$$EF_1 = Y_i(a_i) = (A_1 A_2 A_3 \cdots A_n) \begin{bmatrix} B_1 \\ B_2 \\ B_3 \\ \vdots \\ B_n \end{bmatrix} \quad (9\text{-}9)$$

式中　Y_i——一个资源消耗 1 阶 n 列矩阵，它由具体的各种资源消耗量（A_1　A_2　A_3　$\cdots$　A_n）所构成；

a_i——n 阶 1 列矩阵，它就是权重系数矩阵，该权重系数矩阵（B_1　B_2　B_3　$\cdots$　B_n）中的各项系数表示了所对应的具体资源子项对环境影响程度的大小或作用的重要性。权重系数的数值越大，表明该对应的因子对环境的影响或损伤越大。与资源环境因子相类似，能源环境因子、废弃物环境因子均可用上面类似的方式加以表达。

另外，在考虑材料环境影响评价的各种模型时，EF_1，EF_2，EF_3 之和或叠加也同样存在权重系数的问题。

在材料的环境影响评价中，如何确定各项间的权重系数是一项非常重要的基础工作。确定材料环境影响评价的权重系数原则是：科学性、合理性、可操作性和简单化。

9.2.2.2　权重系数

(1) 统计权重系数

为了研究材料环境负荷的权重系数及其影响特征，需要对材料生产过程中的大量数据进行研究和分析。利用这种方法，可以半定量地分析各种材料生产、制备、加工工艺的资源环境因子项、能源因子项、废弃物环境因子项对环境负荷的影响程度。显然，就上述 3 个环境因子而言，对不同的工艺，其影响程度不同。了解这种影响规律有助于人们正确理解和掌握材料的环境影响评价的过程、结果和应采取的相应措施。

(2) 专家权重系数

对于权重系数，其取值方法还可以采用专家评估来确定。其具体方法是将各环境因子，各等效环境指数的权重系数列成各种调查表。

假定考察材料的环境负荷 $ELV = K_1 \times EF_1 + K_2 \times EF_2 + K_3 \times EF_3$ 中的权重系数 K_1, K_2, K_3。这里采用专家评估法确定各环境因子的权重系数。其具体方法如下：首先制定专门的调查表。在该表中将某项对环境的影响程度分成 5 级，然后让不同领域的专家（主要包括环境工程、材料工程、宏观管理等方面，且大约各占 1/3）对每个评价项目提出自己的观点和看法。先后发出 100 封调查表，收回 90 封，其中有效答案者 78 封。其统计结果见表 9-11。表中的数字表示支持该意见的专家人数。

表 9-11　材料环境影响评价的专家调查表

评价项目	影响极严重(5分)	严重影响(4分)	一般影响(3分)	影响不大(2分)	影响很小(1分)
资源环境因子	12	18	36	6	6
能源环境因子	12	30	15	15	6
污染物环境因子	36	33	3	6	0

由此，可以确定评价因子集 $X_{环} =$（资源因子，能源因子，污染物因子）$= (x_1, x_2, x_3)$。对于 x_1, x_2, x_3 可以建立模拟函数。横坐标分别表示为 1，2，3，4，5（得分），纵坐标表示评分的专家人数。求在区间 [1, 5] 的范围内模拟曲线的极值点所对应的坐标值 x 的取值。假设专家人数在模拟中可以用小数表示其统计结果。

(3) 当量权重系数

在材料的环境影响评价中，也可以利用各种行业标准、国家标准、国际标准作为被评价对象的权重系数的取值依据，也就是折合成各种标准当量。由此可以制定当量权重系数。这种权重系数的取值方法在评价项目能源环境因子和废气、废水的环境因子时应用较为普遍。

用于材料生产和加工的能源形式是多种多样的，在材料的环境影响评价中，利用标准煤的概念，可以很方便地得到各种具体能源形式的权重系数。所谓标准煤是指一种理想的能源，人们定义每千克标准煤可以发出 29.308 MJ 的热量。显然，只要测出任何一种具体能源的单位发热量，可以利用标准煤的概念进行换算。这个换算系数就是权重系数。通过换算可以非常简单地将不同形式的能源进行叠加。常用能源的权重系数见表 9-12。

按照不同资源子项、能源子项、污染物或废弃物子项对生态环境影响的性质的不同，可以将材料生产、制备、加工、制造等过程中对环境的影响分成不同类型。常见的环境影响分类主要有温室效应、臭氧层破坏、酸化、水体富营养化等，见表 9-13。其中，温室效应、臭氧层破坏酸化、光化学氧化等属于来自废气的污染所致，而水体富营养化既有来自废气的污染，也有来自废水的污染。

评价对全球变暖或温室效应影响程度大小的指标主要是全球变暖潜力 (global warming potential, GWP)。引起温室效应的物质主要是气体类，如 CO_2, CO, NO_x, CH_4, O_2, 碳氢化合物，烷烃类物质等。引起温室效应的不同物质转化为 CO_2 气体的等效作用时的权重系数见表 9-14。

表 9-12　常用能源的权重系数

品名	单位	标准发热量（MJ）	权重系数（kg/kg）	品名	单位	标准发热量（MJ）	权重系数（kg/kg）
标准煤	kg	29.308	1	煤油	kg	43.125	1.471
原油	kg	41.869	1.429	重油	kg	41.869	1.429
汽油	kg	43.125	1.471	天然气	m³	38.980	1.330
柴油	kg	46.055	1.571	焦炉气	m³	18.003	0.614
城市煤气	m³	16.747	0.571	甲醇	kg	22.693	0.770
原煤	kg	20.934	0.714	乙醇	kg	30.355	1.030
焦炭	kg	28.471	0.971	丙酮	kg	30.355	1.030
蒸汽	kg	3.768	0.129	乙醚	kg	36.844	1.250
氢气	kg	142.353	4.850	苯	kg	42.245	1.440
一氧化碳	kg	10.090	0.340	电力	kW·h	11.933	0.404
乙炔	kg	50.242	1.710				

表 9-13　材料系统过程引起的主要的环境影响分类

影响效应	温室效应	臭氧层破坏	酸化	水体富营养化Ⅰ	水体富营养化Ⅱ	光化学氧化
符号	GWP	ODP	AP	NP（Ⅰ）	NP（Ⅱ）	POCP
等效物	CO_2	CFC-11	SO_2	NO_2	P	C_2H_2

表 9-14　引起温室效应物质折合成 CO_2 作用时的权重系数　　kg/kg

温室气体	CO_2	CO	NO_x	CH_4	CCl_2F_2(CFCs)	HC化合物	$CHCl_3$
等效 CO_2 当量（权重系数）	1	2	270	11	7100	3	25

臭氧层存在于地球上空 25~40 km 的大气平流层中，是我们地球的天然保护层。破坏臭氧层的主要化学物质有 4 大类。它们分别是：

①碳物质　CO，CO_2，CH_4 等。

②氮物质　N_2O，NO_x 等。

③氯物质　CFC-11，CFC-12，CFC-113，CF-114 等。

④溴物质　CF_2BrCl，CF_2Br 等。

对臭氧层破坏程度的度量是以臭氧层消耗潜力（ozone depletion potential，ODP）为指标，将其他物质的作用转化为 CFC-11 的等效作用。产生臭氧层破坏的不同物质转化为 CFC-11 的等效作用时的权重系数见表 9-15。

目前，酸化或酸雨或酸沉降导致的全球性环境酸化，成为 21 世纪最大的环境问题之一。度量酸化程度大小的指标主要是酸化潜力（acidification potential，AP）。引起环境酸化效应的物质主要是气体类，如 SO_2，NO_2，HF，HCl，NH_3 等。引起酸化效应的不同物质转化为 SO_2 的等效作用时的权重系数见表 9-16。

表 9-15　引起臭氧层破坏物质折合成 CFC-11 作用时的权重系数　　　　kg/kg

类别	物质	等效 CFC-11 当量(权重系数)
第一类	$CFCl_2$(CFC-11)	1.0
	CF_2Cl_2(CFC-12)	1.0
	$C_2F_3Cl_3$(CFC-113)	1.07
	$C_2F_4Cl_2$(CFC-114)	0.8
	$C_2F_5Cl_2$(CFC-115)	0.5
第二类	CF_2BrCl(哈龙-211)	4.0
	CF_3BrCl(哈龙-1202)	1.25
	$C_2F_4Br_2$(哈龙-2402)	7.0
	$C_2F_4Br_2$(哈龙-1201)	1.4
	$C_2F_4Br_2$(哈龙-2401)	0.25
第三类	CO	0.0002
	CO_2	0.0001
	CH_4	0.0035
	N_2O	0.0200
	NO_x	0.0200

表 9-16　引起环境酸化效应物质折合成 SO_2 作用时的权重系数　　　　kg/kg

酸化气体	SO_2	NO_x	HF	HCl	H^+	NH_3
等效 SO_2 当量(权重系数)	1	0.69	1.60	0.88	0.03	1.9

上面的讨论主要针对大气环境质量的污染和破坏，下面讨论水体环境质量问题。

水体富营养化是指水体中接纳或接受了大量生物所需的氮、磷等营养性物质，引起藻类及其他浮游生物迅速繁殖，使水体中的溶解氧含量下降，导致鱼类及其他生物大量死亡的水体污染现象。在材料生产加工中，大量的 NO_3^{2-}、NO_2^-、PO_4^{3-} 和 COD 进入水体后将引起水体富营养化。一般多采用富营养化潜力(nutrification potential，NP)作为度量水体污染程度的指标之一。引起水体富营养化效应的物质主要是 NO_3^{2-}，NO_2^-，PO_4^{3-} 和 COD 等。引起水体富营养化效应的不同物质转化为 PO_4^{3-} 等效作用时的权重系数见表 9-17。

表 9-17　引起水体富营养化效应物质折合成 PO_4^{3-} 作用时的权重系数　　　　kg/kg

水体富营养化物质	PO_4^{3-}	NO_3^{2-}	NO_2^-	COD	N	NH_4^+	NO_x	NH_3
等效 PO_4^{3-} 当量(权重系数)	1	0.1	0.13	0.022	0.42	0.33	0.13	0.35

在材料的环境影响评价中，对于废水，通常还采用 Cr^{6+} 作为衡量废水污染程度的指标之一。也就是说，将其他污染物的作用转化成 Cr^{6+} 当量的作用。以国家环境质量标准《污水综合排放标准》(GB 8978—1996)中的一级标准为参考点的常见水体污染物的权重系数见表 9-18。该权重系数在数值上等于 Cr^{6+} 的环境标准与某种水污染物的环境标准的比值。

表 9-18　常见的水污染物的权重系数

水污染物	容许值(mg/L)	Cr^{6+} 的标准值(mg/L)	等效 Cr^{6+} 当量(权重系数)
挥发酚	0.5	0.5	1.000
氰化物	0.5	0.5	1.000
石油类	5.0	0.5	0.100
COD	100	0.5	0.005
悬浮物	70	0.5	0.007
硫化物	1.0	0.5	0.500
铅	0.1	0.5	5.000
铜	0.03	0.5	16.67
锌	1.0	0.5	0.500
镍	0.5	0.5	1.000
镉	0.01	0.5	50.00
总汞	0.001	0.5	500.0

对于金属矿产资源，也可以引入相应的权重系数来衡量某一矿产资源的稀缺市场程度，权重系数越大，表明该资源越稀少，相应地，同是开采 1 t 资源时，其对环境的破坏作用越严重。在这里以铁矿产资源作为衡量相对基准，根据联合国环境规划署公布的数据，在现有技术水平的前提下，金属铁矿产资系数源的可开采年限大约为 175 年。由此，可以定义金属矿产资源的权重系数为铁金属矿产资源的可供开采年限与某金属矿产资源可供开采年限之比。应当指出的是，金属资源的可供开采年限是一个动态发展的指标，它与当前的科学技术水平有关。

(4) 经济权重系数

由于资源和能源都是有价物品，所以可以从经济学的角度出发，利用有价物品的价格或价值作为一种度量资源或能源的相对重要性的指标。首先确定待评价的具体资源子项。根据这些资源在一段时间内的稳定市场价格，可以求出其相对权重系数。相对权重系数等于某一资源的市场价格与某过程的总价格之比。

9.2.3　经济损益分析模型

材料的经济损益分析是其环境影响评价的一项重要内容。其主要任务是评价材料在其生产、制备、加工等过程中需要投入的资金与所能达到的环境保护效果的关系。因此，材料的经济损益分析除需要评价控制污染与减轻污染所需投资和费用的效果之外，还要同时核算可能收到的环境与经济效果。

在材料的经济损益分析中，经济效益比较直观。它比较容易以货币的形式直接计算出来。环境污染所带来的负面影响损失一般都是间接的。它很难用货币的形式直观地计算。即使能用货币的形式表达出来，也很难准确无误。因此，在材料的环境影响评价中，开展其经济损益分析的工作尚有待进一步发展。

9.2.3.1 指标计算法

指标计算法是将材料的经济损益分析分解成费用指标、损失指标和效益指标，然后再按完整的指标体系逐渐核算，最后进行综合分析。

在材料的经济损益分析中，整个评价的指标体系包括三大部分，分别是费用指标、损失指标、效益指标。

(1) 费用指标

费用指标是指在材料的生产中为了治理或减轻环境污染而需要的投资额。它由治理费用和辅助费用构成，治理费用又称为基本费用，它是指一次性投资和运行费用。而辅助费用则包含为充分发挥该治理技术的效益所涉及的管理、科研、监测等费用。

① 治理费用(C_1)　计算公式如下：

$$C_1 = \frac{\{C_{1-1} \cdot \beta\}}{n} + C_{1-2} \qquad (9-10)$$

式中　C_{1-1}——用于治理或减轻环境污染系统的一次性投资额(固定资金)；
　　　C_{1-2}——用于治理或减轻环境污染系统的运行费用(流动资金)；
　　　n——系统的设备折旧年限；
　　　β——固定资产形成率。

② 辅助费用(C_2)　计算公式如下：

$$C_2 = u + V + W \qquad (9-11)$$

式中　u——管理费用(包括各种资料、监测、办公、增设环境机构投入的基建和人员工资等费用)；
　　　V——科研、咨询、学术交流费等；
　　　W——准备和执行环境保护措施所发生的费用。

上述治理费用和辅助费用的指标计算基本可以采用物质生产部门有关消耗费用的计算方法进行统计。

(2) 损失指标

材料生产中的污染与破坏对环境造成损失，最终可以用经济的形式反映出来，并用货币的形式加以度量。为了计算损失指标的具体数值，需要一些假定前提条件，介绍如下。

材料工业生产或加工所造成的污染排放量超过某一限度后，将会给生态环境等方面造成损伤。为了弥补这种损失，使得材料企业必须增加额外开支。所以，可以将额外支出列为损失指标的具体数值。当材料生产所产生的环境污染不超过一定限度时，可以认为污染物对环境造成的损失处于生态环境的可承受状态，尚未超过生态环境的环境容量。此刻，生态环境可以自净化这部分污染物。在这种状态下，材料生产所引起的污染损失可以近似认为是零。

生产过程中的污染物排放限度均以环境质量或环境容量的基本要求为基准。由此，也可把损失指标分解成下列具体内容。对于各种损失指标的计算是比较复杂的。下面分别加以简介：

① 资源和能源流失造成的损失(L_1)

$$L_1 = \sum Q_i P_i \qquad (9-12)$$

式中　Q_i——"三废"物质的排放总量；
　　　P_i——排放物按产品计算的不变价格；

i——排放物的种类。

②各类污染物对生产造成的损失(L_2)

$$L_2 = \sum A_i \tag{9-13}$$

式中 A_i——生产中的各种损失；

i——各种损失的种类。

③各类污染物对生活造成的损失(L_3)

$$L_3 = \sum B_i \tag{9-14}$$

式中 B_i——生活和娱乐的各种损失；

i——各种损失的种类。

④各类污染物对生活造成的损失(L_4)

$$L_4 = \sum D_i + \sum E_i + \sum F_i \tag{9-15}$$

式中 D_i——由于环境污染引起的疾病，劳动者在生病期所造成的净增产值损失；

E_i——由于环境污染引起的疾病和死亡，从社会福利基金中支付的费用；

F_i——医疗部门用于治疗因污染而患病的人员开支；

i——各种疾病和死亡原因的种类。

⑤各种补偿性损失(L_5)

$$L_5 = \sum G_i + \sum H_j + \sum K_k \tag{9-16}$$

式中 G_i——排污费；

H_j——赔偿费，即因环境污染而支付的赔偿费用；

K_k——罚款，环境污染直接发生的惩罚性费用；

i, j, k——排污费、赔偿费、罚款种类。

环境经济损失的计算在损益分析中是一项带有特殊性的项目，为了便于用指标法计算经济损失，应对计算汇总的一些问题做规定：资源和能源的损失仅指在当前的技术和经济条件下，应当可以回收利用而没有回收利用的那一部分资源和能源的使用价值；污染物对生产和生态环境造成的损失程度取决于污染物排放量和排放浓度，然而，当缺少污染物排放量转化为实物性损失的数据资料时，可以参照国内外有关经济评价资料，采用一种简便的方法估算这部分损失，经验值一般取资源和能源损失费用的10%；定量计算环境污染对人体健康造成的经济损失是比较困难的，这是因为由污染而导致的各种疾病的发病原因较为复杂，目前尚无统一的解释，但根据目前的大量研究表明，呼吸系统的发病率与大气污染有明显的相关性。另有研究表明：肺部系统的死亡率与降尘量成正相关，所以，该项损失的费用应当给予考虑；排污费、赔偿费和罚款可以用评价时间范围内的3项费用之和表示。

(3)效益指标

包括由于采用了环境保护技术直接产生的产品价值(直接经济效益)和环境保护技术实施后形成的社会效益(间接经济损失效益)。

①直接经济效益(R_1) 由于采用了环境保护技术后直接产生的产品价值。

$$R_1 = \sum N_i + \sum M_i + \sum O_i + \sum S_i + \sum T_i \tag{9-17}$$

式中 N_i——能源利用方面的经济效益；

M_i——资源利用方面的经济效益；

O_i——废气利用的经济效益；

S_i——固体废弃物利用的经济效益；

T_i——废水中物质利用的经济效益；

i——利用项目的个数。

②间接效益（R_2） 计算公式如下：

$$R_2 = \sum J_i + \sum Q_i + \sum Z_i \tag{9-18}$$

式中 J_i——控制或减轻环境污染后对环境损失的减少量；

Q_i——控制或减轻环境污染后对人体损伤的减少；

Z_i——控制或减轻环境污染后所减少的排污费、赔偿费、罚款等。

③其他间接经济效益（R_3） R_3 是由可计算的间接经济效益转化而成的。其数值为 R_2 的 0～1 倍。根据环境科学与工程的研究成果，一般取 $R_3 = 0.1 R_2$。

间接经济效益是由污染治理后所能减少的损失和补偿性费用构成的。

在将材料的经济损益分析指标具体分解成费用指标、损失指标和效益指标，并逐项进行计算和核实后，还应进行综合分析。目前，经济损益分析可以分成静态分析和动态分析两大类。下面讨论静态分析。

环境经济评价的静态分析是一种简便易行而被普遍采用的经济分析方法。在环境影响的经济损益分析中，静态分析不考虑资金的时间价值。其主要特点如下：

①年净效益 年净效益是指环保投资的直接经济效益和扣除污染控制费用。

②效益与费用比 在对治理或减轻环境污染的方案进行技术经济分析时，若效益与费用之比大于或等于 1，则该项环境治理和控制方案在经济上是可行的，否则认为该方案在经济上是不合理的。

③污染治理费用的经济效益 污染治理费用的经济效益 A 等于效益 B 与污染治理费用 C 之比，即 $A = B/C$。据有关资料介绍，用于污染治理的经济效益一般应为 $1:6$。当污染治理费用的经济效益保持在此大约比值时，基本上可以认为该技术是可行的。

④环境保护投资与基本建设投资比例 材料企业的环保投资状况在一定程度上反映着治理污染的范围和深度。该项指标可以通过与国内外同类企业进行对比，以确认其合理性。

综合上述各种因素对环保投资费用、所占基建投资比例、环保投资的经济效益及对外排放污染物减少量的分析，则能够综合评价具体研究对象的环境经济的损失和效益。

材料的环境影响的经济评价中常需考虑资金的时间因素。在合适的时间间隔内，还需选择合理的折现率，并将净现金流量折现到计算的基准年。在选择合理的时间间隔和折现率之后，再用净现值（net present value，NPV）法、现值法、年费用法、内部收益率法和效益费用比进行分析讨论。

净现值是把返回到起始年的效益和费用流量通过折现确定受益的现值，其表达式为：

$$NPV = \sum \{B_i - C_i\} / \{1 + r\} \tag{9-19}$$

式中 B_i——第 t 年的效益，即第 t 年收入项；

C_i——第 t 年的费用，即第 t 年的运行费用；

r——折现率。

净现值法是一个动态的环境经济效益指标。它考虑了资金的时间价值，能够比较全面地反映出该项环境保护技术或设施在整个工作年限内的全部环境经济效益。动态分析计算要比静态分析计算复杂得多，工作量相对也较大。因此，在对材料进行环境经济效益的动态分析时，常以标准折现率作为判断治理方案是否可行的评价依据。一般来说，银行的平均利息率决定着折现率的水平，在实际中起着标准折现率的作用。

净现值流量包括效益和费用两部分。如果贴现后的效益流量大于费用流量，即净现值 $NPV>0$，则表示该项环保投资不仅能收回标准折现率的收益，而且可以得到超出标准折现率的收益。这反映该方案有较高的环境效益。因此，从环境经济的角度来说是可行的。如果费用流量等于效益流量，即净现值 $NPV=0$，则表示环保项目投资正好能得到标准折现率的收益，反映该方案有一定的环境经济效益，因此，也是可行的。如果贴现后的收益流量小于费用流量，则表示环保投资得不到标准折现率的收益，反映该方案环境经济效益较差，因此从环境经济评价来说是不可行的。

9.2.3.2 简易分析法

在缺乏环境经济影响评价的基本参数情况下，也可以简化具体项目的评价内容，进行环境经济效益的简易分析。这种分析法主要内容应包括环保项目投资估算、环保硬件设施的划分、投资比例、经济效益分析和环境效益分析等。简易分析法的步骤分为以下3个方面：

①估算具体的环保投资　主要包括环保设施划分和环保设施投资。

②分析投资分析投资总额占基建投资的比例大小　首先确定环保投资、各分项投资占基建总投资的比例，然后进行投资比例分析。

③分析环境保护效益　包括经济效益分析和环境效益分析。

9.2.4　碳再生循环利用

生物质的基本特点是天然性和再生性。它们在自然界中的循环再生主要表现为碳和氮素的循环，如图9-11所示。碳素的循环主要通过两种作用：产氧光合作用和呼吸与燃烧作用。能自氧化微生物及其他生物还原合成 CO_2 的作用对自然界的碳素循环贡献是很小的。绿色植物通过光合作用把 CO_2 和 H_2O 合成碳水化合物，并放出氧气。异养生物通过呼吸使有机物分解，再产生 CO_2 和 H_2O，又为光合作用提供原料，所有生物的呼吸作用都参与这个循环。大部分有机物质的分解氧化是靠细菌和真菌等微生物进行。由此可见，生物资源与矿产资源不同，它们是含有氮、碳、氧的有机物，在自然界中能够不断地循环再生，因此可以说是取之不尽、用之不竭。

在木材的元素构成中，有50%的碳、42.6%的氧以及6.4%的氢，可见木材是一个巨大的碳素储存库。通过光合作用，树木每生产1t生物质就要吸收1.6t CO_2，释放出1.1t O_2，可固定约0.5t碳。2009年，东北林业大学以"木材中碳素储存与保护机制的研究"课题获批

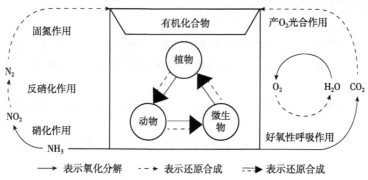

图9-11　在自然界中碳和氮的主要循环途径

国家自然科学基金项目，其研究的技术路线如图9-12所示。除木材外，我国每年收获的农作物秸秆约在7亿t左右，也是陆地植物中储存碳素最多的物质之一。以前对这类生物质的工业利用率很低，绝大部分丢弃或焚烧，燃烧时所释放的烟雾严重地危害了环境，甚至妨碍了航空安全。燃烧过程是将生长时储存的碳素又转化为CO_2气体排放的过程，这样使本来的碳汇生物质转变为碳源，愈发使我国的碳汇能力不足。目前国内外对木材、加工剩余物和农作物秸秆等生物质的再次利用，开展了大量的研究工作，重点在于新型生物质能和生物质复合材料的研究。这些生物质资源经复合加工后能使碳素进行再次固定和封存，并且在整个加工过程中少产生排放，从而减轻"温室效应"。以木质纤维和其他非木质原料复合制备的生物质复合材料，既保留了生物质特有的可再生、可自然降解、强重比高、加工能耗小等优点，还具有固碳等碳汇效应，对缓解全球气候变暖具有积极作用。

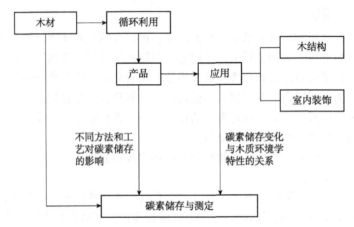

图9-12 "木材中碳素储存与保护机制的研究"的研究技术路线

生物质复合材料的再生循环不仅有利于抑制或减缓"温室效应"，还有利于促进材料的科学利用并实现资源可持续发展。生物质复合材料的再生循环利用度是以分数和星级评价方式来表示材料可再生循环利用的程度，其计算方法是首先打出某种产品的每种构成材料采用各种不同资源化方法时的再生循环利用度分数，然后归一化地确定选择各种材料分别应采用的资源化方法，并得到每种材料相应的再生利用度分数，最后将此分数与构成材料的比率相乘后再累加起来，再生循环利用度分数（E_A）的计算公式如下：

$$E_A = \sum E_i \cdot X_i / 100 \tag{9-20}$$

式中　X_i——构成材料在产品中所占比率；

　　　E_i——每种构成材料的再生循环利用度分数。

东北林业大学许民教授课题组将废旧木制品进行回收利用，计算了其进一步制成刨花板过程中的经济效益和碳素储量。木材的碳元素含量约为50%，根据以下公式计算木材中的含碳量：

$$木材含碳量 = [材积/m^3] \times [绝干密度/(t/m^3)] \times [单位绝干质量的碳储藏量 0.5(t\text{-}C/t)] \tag{9-21}$$

CO_2排放量的计算是基于中国节能网统计的数据，即节约1kWh电等于减排0.997kg的CO_2：

$$CO_2 排放量(kg) = 耗电千瓦时数 \times 0.997 \tag{9-22}$$

此外，每生产1 m³刨花板，CO_2排放量为129 Nm³，即253 kg。经计算，废旧木制品回收制成刨花板所带来的经济价值约为直接燃烧的 2 倍。这种方式不仅节约了木材，增加了材料中的碳素储存周期，减少了大气中的 CO_2 排放，还可获得较高的经济价值。

参考文献

孙玉泉，彭力争，吴建国，等，2011. 人造板耐老化性能检验方法的研究进展[J]. 中国人造板，18(8)：24-27.

曾祥玲，2016. 豆基胶黏剂制备杨木胶合板耐老化性研究[D]. 北京：北京林业大学.

李坚，2017. 生物质复合材料学[M]. 2 版. 北京：科学出版社.

韦亚南，2018. 基于热处理单板的重组木性能及光老化机制研究[D]. 北京：中国林业科学研究院.

温变英，2019. 塑料测试技术[M]. 北京：化学工业出版社.

刘江龙，2002. 材料的环境影响评价[M]. 北京：科学出版社.

邓南圣，王小兵，2003. 生命周期评价[M]. 北京：化学工业出版社.

张方文，于文吉，2015. 生命周期评价体系在人造板工业的应用及研究进展[J]. 林产工业，42(11)：18-21，30.

燕鹏飞，杨军，2008. 木结构产品物化环境影响的定量评价[J]. 清华大学学报(自然科学版)(9)：1395-1398.

张方文，2017. 定向刨花板生命周期评价(LCA)及环境影响评价研究[D]. 北京：中国林业科学研究院.

王天民，2000. 生态环境材料[M]. 天津：天津大学出版社.

李坚，2007. 木材的碳素储存与环境效应[J]. 家具，157(3)：32-36.

钟厉，韩西，刘江龙，等，2002. 环境材料及其评价方法[J]. 环境污染治理技术与设备，3(4)：52-55.

韩丽娜，于姝洋，刘一，等，2011. 废旧木材的回收利用与碳素储存[J]. 林业科技，36(4)：40-42.

YADAV S K J, VEDRTNAM A, GUNWANT D, 2020. Experimental and numerical study on mechanical behavior and resistance to natural weathering of sugarcane leave reinforced polymer composite[J]. Construction and Building Materials, 262：120785.

DOBBIN M J, DWIGHT M, 1993. Two accelerated aging test for wood-based panels[J]. Forest Product Journal, 43(7/8)：49-52.

STAFFA L H, AGNELLI J A M, MIGUEL L S, et al., 2020. Considerations about the role of compatibilizer in coir fiber polypropylene composites containing different stabilization systems when submitted to artificial weathering[J]. Cellulose, 27：9409-9422.

LIPATOVA I M, YUSOVA A A, MAKAROVA L I, 2021. Fabrication and characterization of starch films containing chitosan nanoparticles using in situ precipitation and mechanoactivation techniques[J]. Journal of Food Engineering, 304：110593.

SCHRIP A, WOLCOTT M P, 2005. Influence of fungal decay and moisture absorption on mechanical properties of extruded wood-plastic composites[J]. Wood and Fiber Science, 37(4)：643-652.

VERHEY S, LAKS P, 2002. Wood particle size affects the decay resistance of wood fiber/thermoplastic composites[J]. Forest Product Journal, 52(11/12)：78-81.

VERHEY S, LAKS P, 2001. Laboratory decay resistance of wood fiber/thermoplastic composites[J]. Forest Product Journal, 51(9)：44-49.

IMKEN A A P, BRISCHKE C, KÖGEL S, et al., 2020. Resistance of different wood-based materials against mould fungi：a comparison of methods[J]. European Journal of Wood and Wood Products, 78：661-671.

FENG J, CHEN J, CHEN M J, et al., 2017. Effects of biocide treatments on durability of wood and bamboo/

high density polyethylene composites against algal and fungal decay[J]. Journal of Applied Polymer Science, 134: 45148.

FENG J, LI S J, PENG R Q, et al., 2021. Effects of fungal decay on properties of mechanical, chemical, and water absorption of wood plastic composites[J]. Journal of Applied Polymer Science, 138: e50022.

CHETANACHAN W, SOOKKHO D, SUTTHITAVIL W, et al., 2001. PVC wood: A new look in construction [J]. Journal of Vinyl Additive Technology, 7: 134-137.

STARK N M, 2001. Influence of moisture absorption on mechanical properties of wood flour-poly propylene composites[J]. Journal of Thermoplastic Composites, 14(5): 421-432.

STARK N M, MATUANA L M, 2003. Ultraviolet weathering of photostabilized wood-flour-filled high-density polyethylene[J]. Journal of Apply Polymer Science, 90(10): 2609-2617.

ZHOU Y H, STANCHEV P, KATSOU E, et al., 2019. A circular economy use of recovered sludge cellulose in wood plastic composite production: Recycling and eco-efficiency assessment[J]. Waste Management, 99: 42-48.